LEÇONS

SUR

L'ÉLECTRICITÉ

TOURS, IMPRIMERIE DESLIS FRÈRES

COURS DE LA FACULTÉ DES SCIENCES DE PARIS
PUBLIÉS PAR L'ASSOCIATION AMICALE DES ÉLÈVES ET ANCIENS ÉLÈVES
DE LA FACULTÉ DES SCIENCES

LEÇONS
SUR
L'ÉLECTRICITÉ

(Électrostatique, Pile, Électricité atmosphérique)

Faites à la Sorbonne en 1888-89

PAR

H. PELLAT

MAITRE DE CONFÉRENCES A LA FACULTÉ DES SCIENCES DE PARIS

Rédigées par J. BLONDIN, agrégé de l'Université

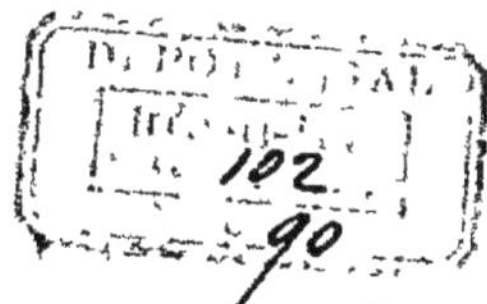

PARIS
GEORGES CARRÉ, ÉDITEUR
58, RUE SAINT-ANDRÉ-DES-ARTS, 58

1890

PRÉFACE

Ce volume contient les leçons que j'ai faites à la Sorbonne en 1888-89 sur l'Électricité statique et l'Électricité atmosphérique ainsi qu'une partie de celles qui concernent la pile. M. Blondin a bien voulu les recueillir et les publier ; qu'il me soit permis de lui en témoigner ici toute ma gratitude.

Dans ces leçons, je me suis attaché surtout à bien mettre en relief le nombre relativement petit des connaissances concernant l'Électricité que nous ne pouvons acquérir que par l'expérience et qui constituent les lois fondamentales ; les autres connaissances importantes ont été déduites ensuite de ces lois fondamentales par le raisonnement, aidé le plus souvent de l'analyse mathématique, et la vérification expérimentale de ces déductions a été indiquée toutes les fois qu'elle présentait quelqu'intérêt.

J'ai toujours placé, autant que possible, l'expérience à côté de la théorie, de façon à faire comprendre tout de suite l'utilité des notions introduites et à les matérialiser en quelque sorte. C'est pour cela que je n'ai pas groupé tous les théorèmes qu'on peut déduire des lois fondamentales, mais que je les ai espacés en ne les exposant que quand ils devenaient indispensables pour aller plus loin.

Sans rien sacrifier de leur rigueur, les démonstrations mathématiques ont été simplifiées autant qu'il m'a été possible de le faire, pour rendre ces leçons intelligibles aux élèves qui ne sont pas licenciés ès sciences mathématiques. Indépendamment même de cette considération, je crois qu'il y a un puissant intérêt à ne pas obscurcir l'idée par un appareil mathématique trop compliqué ; on risque moins ainsi d'introduire à son insu des hypothèses au cours même du raisonnement.

Un certain nombre de sujets ont été traités dans des conférences supplémentaires, et rejetés en notes à la fin de ce volume. Quelques-unes de ces questions, d'une importance capitale pourtant, gagnaient à être traitées isolément parce qu'elles faisaient appel à des notions vues un peu dans toutes les parties du cours ; d'autres, d'une importance plus secondaire et n'étant pas indispensables, auraient embarrassé la marche du cours si on les y avait intercalées.

Tant qu'on conservera en Physique la notion de force, il sera impossible d'expliquer les phénomènes électriques en ne tenant compte que des forces électriques obéissant aux lois de Coulomb. Outre ces forces, qui ont été désignées sous le nom de forces *électro-électriques*, il faut nécessairement introduire l'action qu'exerce la matière pondérable sur ce que nous appelons « électricité », c'est-à-dire faire intervenir des forces *pondéro-électriques*. Si ces forces n'existaient pas, nous ne pourrions ni conserver l'électricité sur un corps ni même développer l'état d'électrisation : l'électricité nous serait inconnue. De graves erreurs ont parfois été commises, faute d'avoir tenu compte de ces actions si évidentes de la matière sur l'électricité. C'est pour éviter ces erreurs, que j'ai souvent précisé plus longuement qu'on ne le fait d'habitude les conditions dans lesquelles tel ou tel théorème s'applique, ou que j'ai compliqué un peu leur démonstration. Le lecteur me pardonnera, je l'espère, d'avoir sacrifié une tournure plus leste à une plus grande rigueur.

H. PELLAT.

Paris, 5 *août* 1889.

ÉLECTROSTATIQUE

PHÉNOMÈNES GÉNÉRAUX. — LOIS FONDAMENTALES

L'étude de l'électricité repose sur un certain nombre de faits généraux qui nous sont fournis par l'expérience, et qui, dans l'état actuel de nos connaissances, ne peuvent pas être déduits les uns des autres; nous les appellerons *lois fondamentales*. On en déduit, par l'application de l'analyse mathématique, de nouvelles lois auxquelles on peut donner, par opposition, le nom de *lois dérivées*.

Nous commencerons par établir un certain nombre de ces lois fondamentales.

Électrisation par frottement. — Thalès de Milet, philosophe grec du VIe siècle avant J.-C., nous apprend que dès cette époque on connaissait la propriété que possède l'ambre jaune de pouvoir attirer les corps légers, et Pline l'Ancien (Ier siècle de notre ère) mentionne la nécessité de frotter préalablement l'ambre avec une étoffe de laine pour lui faire acquérir cette curieuse propriété. En 1600, Gilbert, dans son ouvrage « *De magnete* », indique un très grand nombre de substances capables, après leur frottement, d'attirer les corps légers. Quelques années après, Boyle convint de désigner l'état particulier dans lequel se trouve un corps quand il possède ces propriétés attractives en disant que ce corps est *électrisé* (du grec ἤλεκτρον, *ambre jaune*), et il appela *électricité* la cause inconnue des attractions. Aujourd'hui encore il est impossible de définir avec plus de précision ce qu'on doit entendre par ces termes; nous adopterons donc les définitions de Boyle.

Corps conducteurs et corps non conducteurs. — En 1727, le physicien anglais Gray constata que l'électricité peut se propager à travers certains corps. — Pour montrer cette propriété, prenons un cylindre métallique BC, et à quelque distance de l'extrémité C plaçons une petite balle de sureau D soutenue par un fil métallique. L'expérience étant ainsi disposée, si nous touchons l'extrémité B du cylindre avec un bâton de verre électrisé par frottement, nous constatons que la balle de sureau est attirée immédiatement par l'extrémité C ; la propriété électrique s'est donc transmise à travers le cylindre.

Fig. 1.

Gray découvrit cette transmission de l'électricité en électrisant un tube de verre à l'extrémité duquel se trouvait un bouchon de liège; le bouchon attirait les corps légers. Il renouvela l'expérience en enfonçant dans le bouchon une tige de sapin terminée par une boule d'ivoire; la boule d'ivoire possédait également la propriété d'attirer les corps légers. Enfin, après plusieurs autres expériences, il prit une corde de chanvre ayant 765 pieds de long, suspendue par des cordons de soie, et il constata que le contact d'une des extrémités de la corde avec un corps électrisé faisait apparaître à l'autre extrémité des signes d'électrisation.

Peu après la découverte de Gray, Désaguliers, physicien appartenant à une famille française que la révocation de l'Édit de Nantes avait contrainte à se réfugier à Londres, remarqua que tous les corps ne possèdent pas la propriété de transmettre l'électricité: en particulier, l'expérience de Gray ne réussit pas quand on prend une corde de soie à la place de la corde de chanvre. Il en résulte que l'on peut diviser les corps en deux catégories, ceux qui transmettent l'électricité et ceux qui ne la transmettent pas. Les corps de la première catégorie, appelés *corps bons conducteurs*, comprennent les métaux, les solides présentant l'éclat métallique, les sels et les acides en dissolution, tous les corps humides, le corps humain, le sol, etc... Ceux de la seconde catégorie, *corps non conducteurs* ou *corps mauvais conducteurs*, comprennent les solides transparents, les liquides qui ne sont pas des dissolutions aqueuses tels que, l'alcool, l'éther ou les carbures d'hydrogène et tous les gaz.

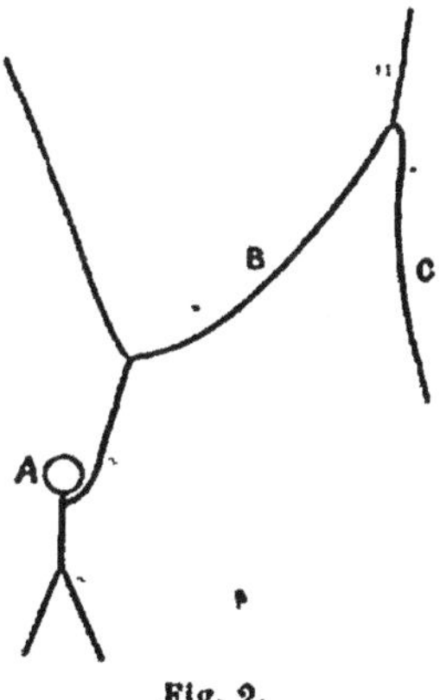

Fig. 2.

D'ailleurs, il n'y a pas de limite bien tranchée entre ces deux catégories de corps et il existe des corps qui, sans conduire l'électricité aussi rapidement que les métaux, ne peuvent être rangés parmi les corps non conducteurs. Ainsi, si nous attachons l'extrémité A d'un fil de coton ABC, suspendu par des fils de soie, à un électroscope à feuilles d'or, instrument qui accuse la présence de l'électricité par l'écartement des feuilles d'or, nous pourrons constater qu'en touchant un point C de ce fil avec un corps électrisé les feuilles divergent, mais qu'il s'écoule un temps appréciable entre le moment du contact et celui de la divergence.

En réalité il n'y a pas de corps absolument non conducteur de l'électricité ; si on touche un fil de soie avec un corps électrisé, l'électricité se propage de part et d'autre du point touché, mais la propagation s'arrête à une très petite distance. Pourtant la manière dont se comporte un corps de la première catégorie et un corps de la seconde est assez différente pour que la distinction soit indispensable.

Isolateurs. — Quand on touche avec la main un corps bon conducteur électrisé, on constate qu'après le contact le corps n'est pas sensiblement électrisé (il n'est plus du tout électrisé, si, comme c'est le cas ordinaire, il est placé dans une salle fermée). Il en est encore de même si on met en contact le corps électrisé avec un corps conducteur communiquant avec le sol. Nous devrons donc nous servir de corps *isolants* (1), c'est-à-dire formés de substances

(1) Le plus souvent on emploie des supports en verre. Le verre conduisant l'électricité lorsqu'il est humide et le verre étant en général très hygrométrique, il y a quelques difficultés à obtenir un bon isolement. On y

mauvaises conductrices de l'électricité, pour supporter les conducteurs sur lesquels nous voulons garder l'électricité.

parvient assez bien par le procédé suivant. On commence par laver le verre à l'eau distillée de manière à enlever les substances salines qui peuvent se trouver à la surface, on sèche bien et ensuite on empêche la formation du dépôt d'humidité en frottant le verre avec un linge chaud enduit de pétrole.

Sir W. Thomson maintient le verre sec en mettant sa surface en contact avec une atmosphère d'air desséché par de l'acide sulfurique concentré

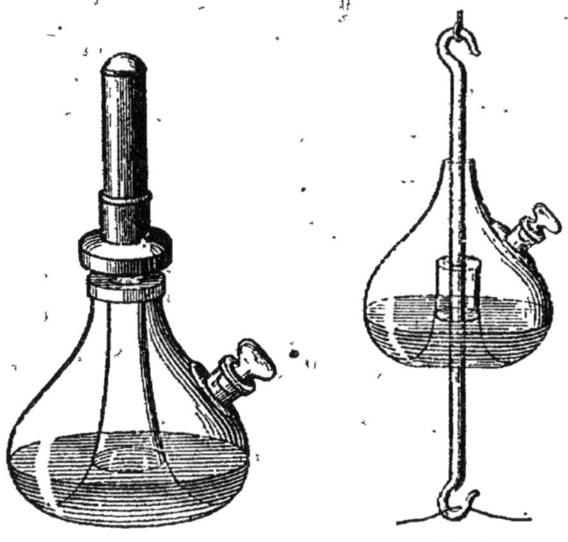

Fig. 3. Fig. 4.

et bouilli. Les figures (3) et (4) représentent la disposition de ces supports isolants.

Le verre peut être avantageusement remplacé par l'ébonite et surtout par la paraffine. La paraffine ayant l'inconvénient de ne pas être assez résistante, on construit aujourd'hui des supports isolants formés d'une tige de verre recouverte d'une épaisse couche de paraffine.

Pour isoler les corps légers, on peut, comme le faisait Coulomb, se servir d'un fil de gomme laque étirée.

Pour isoler les balles de sureau des *pendules électriques*, il faut employer un fil de soie extrêmement fin.

Tous les corps s'électrisent par le frottement. — L'étude des corps au point de vue de leur conductibilité électrique montra que tous ceux que Gilbert avait reconnu aptes à s'électriser par le frottement appartenaient à la catégorie des corps mauvais conducteurs. On pensa alors que si Gilbert n'avait pu constater l'électrisation par le frottement des corps conducteurs, cela provenait de ce que ces corps, étant tenus à la main, perdaient l'électricité que le frottement développait. L'expérience répétée en séparant le corps conducteur de la main de l'expérimentateur au moyen d'un isolant montra que tous les corps conducteurs peuvent s'électriser dans ces conditions. Nous pouvons donc dire, d'une manière générale, que tous les corps de la nature peuvent être électrisés par frottemnt.

Deux espèces d'électricité. — Dès 1672, Otto de Guéricke découvrit qu'un corps léger, après avoir été attiré par un corps électrisé et l'avoir touché, est ensuite repoussé par lui. Ces deux phénomènes inverses, attraction électrique et répulsion électrique, conduisirent le physicien français du Fay, en 1733, à la découverte de deux espèces d'électricité. Il reconnut qu'une balle de sureau isolée, électrisée par contact avec un bâton de résine frotté, est repoussée par la résine et attirée par le verre électrisé et que réciproquement une balle de sureau isolée, électrisée par contact avec un bâton de verre frotté, est repoussée par le verre et attirée par la résine. Il y a donc deux espèces d'électricité; celle du verre (*électricité vitrée*) et celle de la résine (*électricité résineuse*). Il n'y a d'ailleurs que deux espèces d'électricité au point de vue des attractions et des répulsions, car on constate qu'un corps quelconque électrisé se comporte toujours soit comme le verre, soit comme la résine : s'il attire un corps électrisé par le verre, il repousse un corps électrisé par la résine ou inversément. Nous verrons par la suite, qu'au point de vue des autres phénomènes que nous aurons à considérer il n'y a aussi que deux espèces d'électricité.

Les expériences de du Fay l'ont conduit à la loi suivante : *Deux corps chargés d'électricités de noms contraires s'attirent; deux corps chargés d'électricité de même nom se repoussent.*

Les noms donnés par du Fay n'ont pas été conservés. L'expérience montre que deux corps isolés frottés l'un contre l'autre se chargent toujours d'électricités de noms contraires. Il en résulte, par exemple, qu'un morceau de drap peut se charger par frottement tantôt d'électricité vitrée, tantôt d'électricité résineuse, puisque la résine et le verre s'électrisent par leur frottement avec le drap. La nature de l'électricité qui se développe sur un corps frotté dépend donc non seulement de la substance frottée mais aussi de la substance frottante; par suite il est vraisemblable que le verre pourra se charger d'électricité résineuse dans des circonstances particulières. Aussi a-t-on préféré changer les noms d'électricité vitrée et d'électricité résineuse en ceux d'*électricité positive* et d'*électricité négative*.

L'électricité est le point d'application des forces électriques. — Continuant à nous laisser guider uniquement par l'expérience, nous allons montrer que ce que nous avons appelé électricité, c'est-à-dire d'après la définition de Boyle, la cause des forces attractives que possède un corps électrisé, est le point d'application de ces forces électriques.

Fig. 5.

Considérons en effet un cylindre conducteur BB' (*fig.* 5)

aux différents points duquel sont attachées par des fils conducteurs se réunissant deux à deux, des balles de sureau b, b'. Electrisons ce conducteur par un procédé quelconque, par exemple en le touchant avec un bâton de résine frotté et retirant ensuite le bâton de résine. Nous voyons les balles de sureau se repousser, conformément à la loi précédente puisque ces balles, en communication avec le cylindre, sont chargées d'électricité de même nom. Si nous approchons maintenant le bâton de résine de l'extrémité B du cylindre nous constatons que pour une certaine position du bâton de résine les pendules b viennent au contact tandis que les pendules b' divergent davantage ; l'électricité a donc abandonné l'extrémité B du conducteur pour se porter à l'extrémité B'. Inversement, si nous approchons de l'extrémité B un bâton de verre électrisé, nous voyons les pendules b' se rapprocher jusqu'à venir au contact tandis que les pendules b s'écartent davantage. Nous sommes donc conduits à considérer l'électricité que possède le cylindre B comme constituée par des particules qui sont les points d'application des forces répulsives ou attractives exercées par le bâton de résine ou le bâton de verre et qui sous l'influence de ces forces se déplacent d'une extrémité à l'autre du cylindre. Nous pouvons alors énoncer la loi des attractions et des répulsions électriques de la manière suivante : *Les électricités de même nom se repoussent ; les électricités de noms contraires s'attirent.*

Remarquons que si nous considérons l'électricité comme formée de particules mobiles, nous ne voulons pas dire par là que l'électricité est un *fluide* ; il faudrait pour qu'il en soit ainsi que ces particules aient une masse mécanique, ce qui n'est pas prouvé.

Il peut paraître subtil de rechercher si les forces électriques ont pour points d'application les molécules matérielles des corps électrisés ou ce que nous avons appelé électricité. En réalité cette distinction est indispensable pour l'étude des conducteurs électrisés, et ce qui montre bien la nécessité de l'établir, c'est qu'il existe en Électricité des exemples où les forces sont, au contraire, directement appliquées aux molécules matérielles ; c'est ce qui a lieu dans l'action d'un aimant sur un circuit traversé par un courant électrique : ce n'est pas l'électricité en mouvement qui est le point d'application des forces électromagnétiques, c'est la matière traversée par le courant.

Forces pondéro-électriques. — Nous venons de voir que les forces électriques d'attraction ou de répulsion ont pour point d'application l'électricité des corps électrisés. D'autre part nous savons que deux petits corps électrisés s'attirent ou se repoussent. Il doit donc exister des forces entre la matière du corps électrisé et l'électricité dont ce corps est chargé. Nous appellerons ces forces, *forces pondéro-électriques.*

L'existence des forces pondéro-électriques se trouve encore prouvée par la manière dont se comportent les corps mauvais conducteurs. Puisque l'électricité apportée par contact en un point d'un de ces corps ne peut se propager qu'à une petite distance du point touché, c'est que les forces répulsives qui s'exercent entre les particules de l'électricité sont équilibrées par des forces qui ne peuvent provenir que de l'action de la matière sur l'électricité, forces qui s'opposent à la propagation de celle-ci.

Les forces pondéro-électriques ne s'exercent qu'à des distances excessivement petites. Ce qui le prouve, c'est que dans le calcul de l'attraction ou de la répulsion qu'exerce un corps électrisé A sur un autre corps électrisé B placé même à très petite distance, si l'on néglige les forces pondéro-électriques de la matière de A sur l'électricité de B et celles de la matière de B sur l'électricité de A, on arrive à des résultats confirmés par l'expérience. Les forces pondéro-électriques deviennent donc insensibles dès que la distance devient notable, comme cela a lieu pour les forces de cohésion.

Les forces pondéro-électriques ne s'exerçant qu'à des distances très petites, nous pouvons considérer autour de chaque point électrisé une sphère de très petit rayon au delà de laquelle les forces pondéro-électriques n'ont plus d'effet. Nous appellerons cette sphère, la *sphère d'activité.*

C'est grâce à ces forces pondéro-électriques que l'électricité peut se maintenir sur un corps bon conducteur isolé. Dans certains cas ces forces peuvent être vaincues par les forces électriques : prenons deux conducteurs chargés, l'un d'électricité positive, l'autre d'électricité négative, et mettons-les en présence ; il en résultera des forces électriques qui auront pour effet d'accumuler sur les parties en regard les électricités contraires dont ces conducteurs sont chargés ; si la distance qui les sépare est suffisamment grande, les forces pondéro-électriques maintiennent les électricités sur chacun des conducteurs malgré leur attraction ; mais si cette distance vient à diminuer, les forces pondéro-électriques ne peuvent plus faire équilibre aux forces électriques et les deux électricités s'échappent des conducteurs en produisant une *étincelle électrique.*

Électrisation par influence. — Outre les deux modes d'électrisation que nous avons déjà vus (électrisation par frottement et électrisation par conductibilité), il existe une troisième manière de développer de l'électricité. Si nous plaçons une sphère S (*fig.* 6) électrisée, positivement par exemple, à quelque distance d'un cylindre conducteur AB isolé et primitivement non électrisé, nous constatons que les pendules placés aux extrémités du cylindre s'écartent de sa surface ; le cylindre est donc électrisé. Une balle de sureau électrisée positivement et suspendue par un fil de soie est attirée par le cylindre quand on l'approche de l'extrémité A et est repoussée quand on l'approche de l'extrémité B. Le cylindre possède donc à la fois les deux espèces d'électricité ; la partie supérieure est chargée positivement, la partie inférieure négativement.

Fig. 6.

Pour interpréter cette expérience, nous aurons recours à une hypothèse. Nous admettrons qu'un corps non électrisé renferme à la fois dans chacune de ses parties de l'électricité positive et de l'électricité négative en quantités telles que les attractions exercées par l'une d'elles sur un corps électrisé extérieur soient exactement contrebalancées par les répulsions exercées par l'autre. Cette hypothèse recevra d'ailleurs une confirmation *a posteriori* par la concordance de ses conséquences avec les faits expérimentaux.

L'explication de l'expérience précédente devient alors très simple ; l'électricité positive de la sphère attire l'électricité négative du cylindre dans la partie inférieure de celui-ci, et repousse l'électricité positive dans la partie supérieure.

Loi de la variation de la force électrique avec la distance. — La loi suivant laquelle les attractions ou les répulsions qui s'exercent entre deux corps électrisés varient avec leur distance a été établie par Coulomb. Les forces électriques étant très faibles quand on opère, comme le faisait Coulomb, avec des sphères électrisées de petite dimension, il faut, pour les mesurer, employer un dynamomètre d'une grande délicatesse. La torsion d'un fil d'argent long et fin a permis à Coulomb de réaliser un dynamomètre d'une sensibilité convenable.

L'étude de la torsion d'un fil montre que sous l'action de deux forces formant un couple un fil tordu peut être maintenu en équilibre ; la torsion d'un fil équivaut donc à un couple. Coulomb a prouvé que le *moment du couple de torsion est proportionnel à l'angle de torsion* par l'expérience suivante. Un levier horizontal, attaché à l'extrémité inférieure d'un fil métallique fixé à la partie supérieure, est écarté de sa position d'équilibre; sous l'action de la torsion du fil il exécute des oscillations. Or, Coulomb a constaté que la durée de ces oscillations est rigoureusement indépendante de l'amplitude, quelque grande que soit celle-ci, ce qui ne peut avoir lieu que si le couple de torsion est proportionnel à l'angle de torsion. Par cette même méthode, Coulomb a montré que le moment du couple de torsion est proportionnel à la quatrième puissance du diamètre du fil et inversement proportionnel à sa longueur; ce moment est donc très faible pour un fil long et fin, ce qui explique l'emploi d'un tel fil pour la mesure des forces très petites.

On ne peut faire équilibre au couple de torsion qu'au moyen d'un couple ; cependant si on suppose une seule force appliquée à l'extrémité d'un levier fixé à la partie inférieure du fil, ce fil pourra être maintenu en équilibre sous l'action de cette force, du couple de torsion et de la pesanteur. Soient en effet (*fig.*7) O la section du fil par le plan de la figure supposé horizontal et F la force appliquée à l'extrémité du levier OA, perpendiculairement à ce levier. Nous pouvons appliquer en O deux forces F' et F'' de sens opposés, égales et parallèles à F. Les deux forces F' et F constitueront un couple pouvant faire équilibre au couple de torsion; la force F'' se composera avec le poids du fil pour donner une résultante dont l'effet sera de devier le fil de la verticale; mais la force F'' étant très petite par rapport au poids qui tend le fil, cette déviation sera négligeable. Lorsque l'équilibre a lieu, on a donc $\overline{OA} \times F =$ moment du couple de torsion.

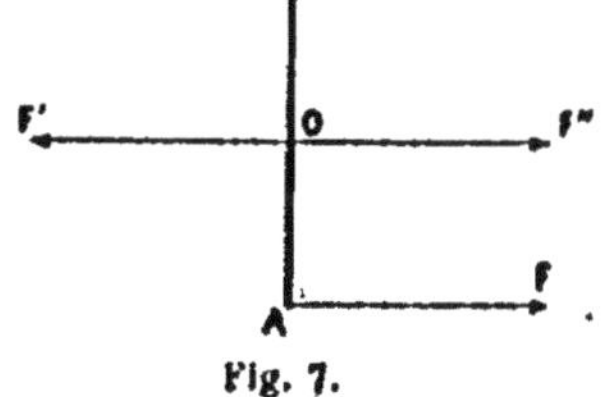

Fig. 7.

[M Pellat donne ensuite la description de la balance de Coulomb. Il insiste sur la nécessité d'un isolement parfait des balles de sureau. Coulomb formait le levier mobile d'une paille enduite de cire d'Espagne, terminée par un fil de gomme laque de la grosseur d'un crin, qui portait la balle de sureau. La balle fixe était isolée avec la même précaution.]

Pour étudier la manière dont la force électrique varie avec la distance, Coulomb commençait par régler l'appareil de façon que, la balle fixe étant ôtée, la balle mobile au repos ait son centre vis-à-vis du zéro de la graduation. Il plaçait ensuite vis-à-vis de ce zéro la balle fixe, en écartant légèrement la balle mobile : les deux balles se touchaient ainsi. Il les électrisait par le contact d'un petit corps chargé d'électricité : la balle mobile A était alors repoussée par la balle fixe B. En tournant d'un angle β dans un sens convenable la partie supérieure du fil, il amenait, en équilibre, la balle A à une distance angulaire α de la balle B (*fig.* 8). Désignons par f la force électrique qui s'exerçait entre A et B, par c le moment du couple de torsion correspondant à un angle de torsion égal à l'unité, par d la distance AB et enfin par r le rayon OA du cercle décrit par le centre de la balle mobile ; nous aurons, puisque l'équilibre existait :

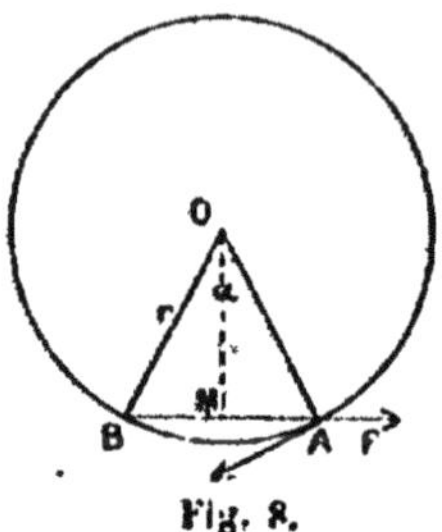

Fig. 8.

$$c(\alpha+\beta) = f \times OM = fr \cos\frac{\alpha}{2};$$

d'où :

$$f = \frac{c(\alpha+\beta)}{r\cos\frac{\alpha}{2}},$$

et

$$d = 2r\sin\frac{\alpha}{2}.$$

En tournant de nouveau la partie supérieure du fil, α et β prenaient de nouvelles valeurs α' et β' auxquelles correspondaient f' pour la force et d' pour la distance des deux balles. Une troisième rotation donnait des valeurs α'' et β'', etc. En comparant entre elles les valeurs des forces et celles des distances, Coulomb constata que les forces variaient en raison inverse du carré des distances, c'est-à-dire que les relations

$$fd^2 = f'd'^2 = f''d''^2 = \dots$$

ou

$$(\alpha+\beta)\sin\frac{\alpha}{2}\tang\frac{\alpha}{2} = (\alpha'+\beta')\sin\frac{\alpha'}{2}\tang\frac{\alpha'}{2} = \cdots$$

étaient vérifiées.

L'étude des attractions qui s'exercent entre deux corps chargés d'électricité de noms contraires conduisit Coulomb à la même loi.

La distance qui sépare les balles étant trop grande pour que les forces pondéro-électriques entre la matière de l'une des balles et l'électricité de l'autre soient sensibles, nous pouvons conclure de ces expériences que *les forces électriques varient en raison inverse du carré de la distance.*

Quantités d'électricité. — Plaçons successivement deux corps A et B chargés de la même électricité à une même distance d'un troisième corps électrisé C, les dimensions de ces corps étant négligeables par rapport à la distance. Nous trouverons que B exerce sur C une force attractive ou répulsive égale à n fois celle qui s'exerce entre A et C. Faisons maintenant agir successivement et à la même distance les corps A et B sur un nouveau corps électrisé D; l'expérience nous montre que la force exercée par B sur D est encore n fois plus grande que celle qui s'exerce entre A et D. Nous conviendrons de dire que B possède une *quantité d'électricité* n fois plus grande que A. En outre, nous conviendrons de dire qu'un corps A possède une quantité d'électricité positive égale à la quantité d'électricité négative que possède un corps B, quand la force répulsive qu'exerce un de ces corps sur un troisième corps électrisé C égale la force attractive qu'exerce l'autre sur le même corps C placé à la même distance.

Nous prendrons pour unité de quantité d'électricité *la quantité qui, agissant sur une quantité égale placée à l'unité de distance, la repousse ou l'attire avec une force égale à l'unité adoptée.*

Ainsi, par définition, une quantité d'électricité égale à

l'unité agit sur une autre quantité égale aussi à l'unité placée à l'unité de distance, avec l'unité de force. Supposons maintenant qu'une des quantités d'électricité devienne m fois plus grande, la force électrique devient en même temps m fois plus grande d'après la définition des quantités d'électricité. Si l'autre quantité devient à son tour m' fois plus grande, la force croît dans le même rapport ; par conséquent la force électrique qui s'exerce entre les quantités d'électricité m et m' placées à l'unité de distance est mm'. Quand la distance deviendra d la force aura pour valeur, d'après la loi de Coulomb,

$$f = \frac{mm'}{d^2}. \qquad (1)$$

Nous sommes arrivés à cette formule en nous appuyant sur la loi de Coulomb, la définition de la quantité d'électricité et la définition de l'unité de quantité. Si nous prenions une autre unité d'électricité, la formule ne serait plus exacte et l'introduction d'un facteur numérique s'imposerait. L'unité que nous avons adoptée s'appelle *l'unité électrostatique d'électricité*. Dans le système C. G. S, cette unité est *la quantité d'électricité qui, agissant sur une quantité égale placée à un centimètre de distance, la repousse ou l'attire avec une force égale à une dyne.*

Nous allons maintenant être amenés à donner des signes différents aux nombres qui représentent des quantités d'électricité de nature différente, pour rester fidèles à la définition de l'électricité et à l'hypothèse de l'électricité neutre. Nous avons admis, en effet, qu'un corps non électrisé renfermait en chacune de ses parties des quantités d'électricité positive et négative telles que l'action attractive qu'exerce l'une de ces électricités sur un corps électrisé détruit exactement l'action répulsive qu'exerce l'autre.

Il faut pour cela que chaque partie d'un corps non électrisé renferme les deux électricités en *quantités égales*. Mais puisque le corps n'est pas électrisé, nous devons dire, d'après la définition de l'électricité, que la quantité d'électricité contenue dans chacune de ses parties est *nulle* ; il faut donc, pour qu'il y ait accord, représenter des quantités égales des deux électricités par des nombres égaux mais affectés de signes contraires, afin que la somme algébrique d'une quantité d'électricité positive et d'une égale quantité d'électricité négative soit nulle. Conformément à l'usage, c'est l'électricité positive que nous affecterons du signe + et la négative du signe —, puisque c'est de cette convention que sont tirés leurs noms.

Remarquons qu'en adoptant la convention que nous venons de faire sur les signes des nombres exprimant la mesure des quantités d'électricité, le signe de la force f donnée par la formule (1) nous indique immédiatement si cette force est attractive ou répulsive. En effet, si les électricités qui agissent l'une sur l'autre sont de même nom, les quantités m et m' sont toutes deux positives ou toutes deux négatives ; leur produit est positif. Si les électricités sont de noms contraires, m et m' ont des signes contraires et leur produit est négatif. Or dans le premier cas il y a répulsion, dans le second attraction ; au signe + correspondra donc une force répulsive, au signe — une force attractive.

Maintenant que nous savons ce qu'il faut entendre par une quantité d'électricité, revenons au phénomène de l'influence.

Nous pouvons constater que plus la charge électrique de la sphère influençante augmente, plus les quantités d'électricité qui apparaissent aux extrémités du cylindre influencé deviennent grandes sans qu'il y ait de limite à cet accroissement. Nous devons donc admettre qu'un corps non électrisé possède des quantités *indéfinies* et égales d'électricité positive et d'électricité négative.

Une conséquence immédiate de cette hypothèse est qu'il revient au même d'ajouter à un corps une quantité $+q$ d'électricité positive ou lui retirer une quantité $-q$ d'électricité négative.

Remarquons enfin que la quantité d'électricité qui charge un corps d'après les définitions données plus haut est égale à la somme algébrique des quantités d'électricité positive et négative qui s'y trouvent. Cette loi se démontre en comparant l'action qu'exerce ce corps A à celle qu'exerce un corps B, chargé de l'unité d'électricité sur un troisième corps électrisé C placé assez loin pour que les dimensions des corps soient négligeables vis-à-vis de la distance : chaque partie du corps A doit alors être considérée comme étant à la même distance du corps C et l'évaluation de la résultante des forces qu'exerce chaque partie de A sur C conduit immédiatement à la loi indiquée.

CHAMP ÉLECTRIQUE. — POTENTIEL

Champ électrique.— On appelle *champ électrique* un espace tel que, si on y introduit un point électrisé, ce point est soumis à une force électrique. Nous supposerons toujours que l'introduction du point électrisé qui nous sert à reconnaître l'existence d'un champ, n'apporte aucune perturbation dans ce champ.

La *valeur* ou l'*intensité* du champ électrique en un point est la force qui agit sur l'unité d'électricité positive placée en ce point ; nous regarderons toujours cette grandeur comme positive. La *direction* et le *sens* du champ en un point sont la direction et le sens de cette force ; la direction menée suivant le sens du champ sera appelée *direction positive*. D'après ces définitions, si nous désignons par φ la valeur du champ en un point A, la force électrique qui s'exercera sur une quantité m d'électricité positive placée en ce point sera $m\varphi$; celle qui s'exercera sur une même quantité m d'électricité négative aura la même valeur absolue et la même direction mais sera de sens inverse. Par conséquent, un changement de signe dans la valeur de la force $m\varphi$ exercée sur un point électrisé, provenant d'un changement de la nature de l'électricité qui charge ce point, indique un changement de sens de la force.

Champ à l'intérieur d'un corps.— Le champ électrique à l'intérieur *d'un conducteur homogène et en équilibre électrique est nul.*

Considérons en effet l'électricité positive faisant partie de l'électricité neutre qui se trouve en un point A placé à l'intérieur du conducteur. Elle est soumise à deux espèces de forces : les forces pondéro-électriques et les forces électriques. Décrivons du point A comme centre une sphère de rayon égal au rayon d'activité des forces pondéro-électriques ; les points matériels situés à l'intérieur de cette sphère pourront seuls agir sur l'électricité de A. Si le point A n'est pas très près de la surface du corps, cette sphère ne coupe pas cette surface ; l'hypothèse de l'homogénéité de ce corps et la raison de symétrie nous montrent alors que la résultante des forces pondéro-électriques agissant sur l'électricité du point A est nulle. Les forces électriques restent donc seules à considérer ; leur résultante doit être nulle, autrement l'électricité positive de A se déplacerait dans un sens, l'électricité négative dans le sens inverse ; ce qui est contraire à l'hypothèse de l'équilibre.

A l'intérieur d'un *corps médiocre conducteur*, l'électricité se déplace avec plus de lenteur, mais tant que le champ n'est pas nul, l'équilibre n'existe pas.

Si le corps est *mauvais conducteur* et le champ faible, le mouvement de l'électricité peut s'arrêter sans que le champ soit nul : il peut donc y avoir équilibre avec un champ inférieur à une valeur limite d'autant plus grande que le corps est plus mauvais conducteur. Même dans l'air ou les autres gaz, qui sont les corps les plus mauvais conducteurs, un champ très intense détermine un mouvement électrique qui se manifeste par l'*aigrette électrique*.

Considérons maintenant un conducteur formé de *deux conducteurs homogènes* et de nature différente. Si l'équilibre électrique existe, le champ en tout point intérieur situé à une distance de la surface de chacun des conducteurs supérieure au rayon d'activité des forces pondéro-électriques doit être nul. Mais pour un point situé dans l'un ou l'autre conducteur à une distance de leur surface de séparation moindre que le rayon d'activité, la sphère d'activité ayant ce point pour centre n'est plus matériellement homogène. Les forces pondéro-électriques agissant sur l'électricité placée en ce point peuvent donc avoir une résultante différente de zéro, et s'il en est ainsi, puisque l'équilibre existe, les forces électriques doivent avoir une résultante, égale et directement opposée à celle des forces pondéro-électriques. Le champ peut donc n'être pas nul aux points voisins de la surface de séparation des conducteurs, et nous verrons que l'expérience prouve qu'en général ce champ n'est pas nul.

Lignes de force. — Si un point électrisé se meut toujours suivant la direction de la force qui agit sur lui, ce point décrit ce qu'on appelle une *ligne de force* du champ.

De cette définition il résulte que le champ électrique en un point est tangent à la ligne de force passant par ce point.

Si un champ électrique comprend des conducteurs, il n'y a pas de ligne de force à l'intérieur des conducteurs puisque le champ y est nul. En tout point où le champ n'est pas nul, passe une ligne de force.

Potentiel électrique. — Considérons le champ électrique produit par un seul point O électrisé contenant une quantité d'électricité positive m. Si en un point quelconque M (*fig.* 9) de ce champ situé à une distance x de O, nous plaçons l'unité d'électricité positive, la force qui s'exerce sur ce point est

(1) $$f = \frac{m}{x^2}.$$

Le travail accompli par cette force quand le point chargé de l'unité d'électricité passe de la position M à une position infiniment voisine M_1 a pour valeur

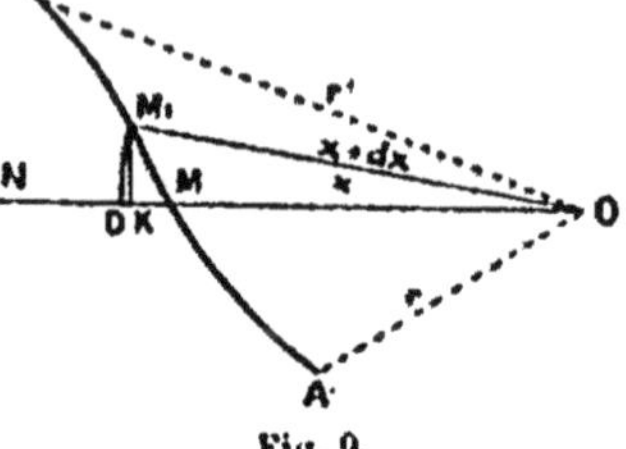

Fig. 9.

$$dW = f \times MK,$$

K étant la projection du point M_1 sur la direction de la force. La droite MD, comprise entre le point M et l'arc de cercle M_1D décrit de O comme centre, a pour longueur l'accroissement dx de la distance OM ; MK ne diffère de dx que par la quantité DK qui est un infiniment petit du second ordre quand dx est du premier ordre. Nous pouvons donc, en négligeant des quantités du second ordre, remplacer MK par dx dans l'expression du travail élémentaire dW ; on obtient alors

$$dW = f dx = \frac{m}{x^2} dx.$$

Quand le point chargé de l'unité d'électricité se déplacera d'une quantité finie de A à B, le travail accompli par la force électrique sera

$$W = \int_r^{r'} \frac{m}{x^2} dx = -\frac{m}{r'} + \frac{m}{r};$$

ce travail ne dépend que de la position initiale et de la position finale du point et non du chemin parcouru.

Si on suppose le point B à l'infini, le travail de la force électrique devient

$$(2) \qquad V = \frac{m}{r};$$

il ne dépend plus que de la position du point A.

Si le point O contenait une quantité d'électricité négative égale à la quantité d'électricité positive que nous venons d'y supposer, chaque travail élémentaire aurait la même valeur absolue que dans le cas précédent, mais serait changé de signe, puisque la force ne différerait que par le sens. Ainsi le travail total aurait la même valeur absolue, mais serait de signe contraire. Or, comme $\frac{m}{r}$ change de signe avec m, le travail serait encore exactement représenté par la relation (2).

Prenons maintenant un champ quelconque. Il peut toujours être considéré comme formé par un grand nombre de points électrisés tels que O_1, O_2, O_3... Ces points exercent sur l'unité d'électricité positive placée en M des forces électriques dont la résultante est la valeur du champ en M. Le travail de la résultante de plusieurs forces étant égal à la somme des travaux des composantes, le travail accompli par les forces électriques quand l'unité d'électricité positive passe d'un point A à l'infini, a pour expression

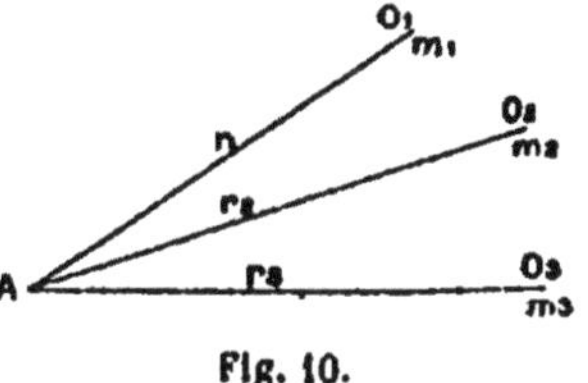

Fig. 10.

$$V = \frac{m_1}{r_1} + \frac{m_2}{r_2} + \frac{m_3}{r_3} + \ldots,$$

r_1, r_2, r_3,.... désignant les distances du point A aux points électrisés. Ce travail, on le voit, est indépendant de la trajectoire décrite et du point de l'infini atteint ; il ne dépend que de la position du point de départ A. C'est ce travail qu'on appelle le potentiel en A.

Donc *le potentiel en un point est le travail de la force électrique agissant sur l'unité d'électricité positive quand celle-ci va du point considéré à l'infini.* Il a pour expression

$$V = \sum \frac{m}{r}. \tag{3}$$

Remarquons que cette somme ne représente le potentiel que si on prend pour unité de quantité d'électricité l'unité électrostatique. Si on fait choix d'une autre unité, la force n'est plus donnée par la formule (1) ; il faut introduire dans cette formule un coefficient numérique. On a alors :

$$f = a \frac{m}{x^2}, \qquad \text{d'où} \qquad V = a \sum \frac{m}{r}.$$

Si donc, comme on le fait quelquefois, on définit le potentiel par l'expression (3), la définition ne concorde avec celle que nous avons donnée que dans le cas où l'on évalue les quantités d'électricité avec l'unité électrostatique.

Travail des forces électriques dans un déplacement. — Considérons l'unité d'électricité positive se déplaçant d'un point A_1, où le potentiel est V_1, au point A_2, où le potentiel est V_2. Soit X le travail de la force électrique dans ce déplacement. Si l'unité d'électricité continue à se déplacer depuis A_2 jusqu'à l'infini, le travail de la force électrique dans ce nouveau déplacement est V_2 par suite de la définition du potentiel. Le travail total résultant de l'ensemble de ces deux déplacements est $X + V_2$. D'autre part il a pour valeur V_1, l'unité d'électricité allant de A_1 à l'infini. On a donc

$$X + V_2 = V_1,$$

d'où :

$$X = V_1 - V_2.$$

Si au lieu de l'unité on fait mouvoir une quantité d'électricité quelconque m, on a pour le travail des forces électriques,

$$W = mX = m(V_1 - V_2),$$

expression générale, m pouvant être positif ou négatif.

Surfaces équipotentielles. — On appelle ainsi le lieu des points pour lesquels le potentiel a la même valeur.

Il est évident que dans le cas général, ce lieu est une surface. En effet, donnons à un point électrisé A un déplacement infiniment petit AB normal à la force électrique qui s'exerce en A. Le travail de cette force est nul ; par suite le potentiel a la même valeur en B qu'en A. Comme on peut effectuer ce déplacement dans une infinité de directions autour de celle de la force, les points d'égal potentiel sont bien sur une surface.

Deux surfaces équipotentielles ne peuvent se couper, car chacune de ces surfaces correspondant à deux valeurs différentes du potentiel, le potentiel d'un point de leur intersection aurait deux valeurs.

En chaque point d'une surface équipotentielle la direction du champ est normale à cette surface. En effet, si l'unité d'électricité positive passe d'un point à un autre point infiniment voisin de la surface le travail élémentaire $(V_1 - V_2)$ de la force électrique est nul puisque $V_1 = V_2$. La force n'étant pas nulle, elle doit être perpendiculaire au déplacement. La force étant ainsi perpendiculaire à toutes les droites infiniment petites menées d'un point A de la surface aux points infiniment voisins situés sur cette surface, est normale en A à celle-ci.

Une surface équipotentielle coupe normalement une ligne de force puisque par définition la direction du champ en un point est tangente à la ligne de force passant par ce point. Les lignes de forces sont donc les *lignes orthogonales* du système formé par les surfaces équipotentielles.

Fig. 11.

Expression du champ en fonction du potentiel. — Soit φ la valeur du champ en un point A (*fig.* 11) d'une ligne de force OA ; prenons sur cette ligne de force et *dans le sens* du champ un point B infiniment voisin de A. Si n est la longueur de l'arc OA, le point O étant d'ailleurs quelconque, la longueur AB a pour valeur dn. Le travail des forces électriques quand l'unité d'électricité positive se déplace de A en B est :

$$dW = \varphi dn.$$

Mais d'autre part, si V est le potentiel en A, $V + dV$ est le potentiel en B ; on a donc :

$$dW = V - (V + dV) = - dV.$$

Par conséquent,

$$\varphi = - \frac{dV}{dn}$$

Comme φ est toujours positif, et que par suite de l'hypothèse faite sur la position du point B, dn est positif, il en résulte que dV est négatif, c'est-à-dire que *le potentiel va en diminuant quand on se déplace dans le sens du champ.*

Expressions des composantes du champ. — Si X, Y, Z sont les composantes suivant trois axes rectangulaires du champ en un point A (x, y, z), le travail des forces électriques agissant sur l'unité d'électricité positive quand on passe de A à un point infiniment voisin B $(x + dx, y + dy, z + dz)$, a pour expression

$$dW = Xdx + Ydy + Zdz.$$

En désignant par V le potentiel en A et par $V + dV$ le potentiel en B, on obtient une nouvelle expression du travail

$$dW = -dV = -\left(\frac{\partial V}{\partial x} dx + \frac{\partial V}{\partial y} dy + \frac{\partial V}{\partial z} dz\right).$$

Par conséquent

$$Xdx + Ydy + Zdz = -\left(\frac{\partial V}{\partial x} dx + \frac{\partial V}{\partial y} dy + \frac{\partial V}{\partial z} dz\right).$$

Cette égalité doit avoir lieu quels que soient dx, dy, dz. Si, en particulier, nous supposons nulles à la fois deux de ces quantités, nous obtenons :

$$X = -\frac{\partial V}{\partial x}, \qquad Y = -\frac{\partial V}{\partial y}, \qquad Z = -\frac{\partial V}{\partial z}.$$

C'est-à-dire que *les composantes du champ en un point ont pour valeur les dérivées partielles changées de signe du potentiel par rapport aux coordonnées du point considéré.*

Remarque. — Toutes les définitions et les propriétés que nous venons d'exposer à propos des champs électriques reposent uniquement sur la loi fondamentale exprimée par la formule de Coulomb :

$$f = \frac{mm'}{r^2}.$$

Elles seront donc applicables à tout phénomène obéissant à la même loi fondamentale comme la Gravitation universelle et le Magnétisme.

Parmi les propositions que nous établirons dans la suite quelques-unes reposeront sur des propriétés spéciales de l'électricité, comme la conductibilité, qui ne présente rien d'analogue dans la Gravitation ou dans le Magnétisme ; ces propositions ne seront donc pas applicables à l'étude de ces deux sciences.

Potentiel à l'intérieur des conducteurs. — Nous avons vu qu'à l'intérieur d'un conducteur *homogène* et en équilibre électrique, le champ est nul. Si donc on fait passer l'unité d'électricité positive d'un point à un autre de l'intérieur du conducteur par une ligne qui ne rencontre pas sa surface, le travail de la force électrique est nul. Par conséquent *en tout point d'un conducteur le potentiel a la même valeur.* Il ne pourrait y avoir exception que pour les points situés à une distance de la surface moindre que le rayon d'activité des forces pondéro électriques.

Dans le cas d'un conducteur *hétérogène* formé de deux conducteurs homogènes A et B, le potentiel, constant à l'intérieur de A et constant à l'intérieur de B d'après ce qui précède, peut n'avoir pas la même valeur dans A et dans B. En effet nous avons vu que dans la couche limitée par deux surfaces S_A et S_B parallèles à la surface de séparation S des conducteurs et distantes de S de quantités égales aux rayons d'activité des forces pondéro-électriques, le champ peut n'être pas nul. En déplaçant l'unité d'électricité positive d'un point de A à un point de B, on traverse cette couche ; le travail des forces électriques peut donc être différent de zéro et par suite le potentiel n'avoir pas la même valeur au point de départ et au point d'arrivée.

L'expérience montre qu'en effet entre deux conducteurs différents en contact il existe en général une différence de potentiel. Une lame de cuivre et une lame de zinc terminée par un fil de cuivre, toutes deux plongées dans l'eau acidulée, constituent un conducteur formé de quatre substances en contact : cuivre, eau acidulée, zinc, cuivre. Quand ce conducteur complexe est en équilibre (il faut que la lame de zinc ne soit pas réunie à celle de cuivre par un conducteur extérieur), un électromètre permet de constater que le potentiel de la lame de cuivre n'est pas le même que celui du fil de cuivre soudé à la lame de zinc. Il faut donc qu'il existe une différence de potentiel au moins entre deux des conducteurs en contact.

Mais cette expérience prouve que ces différences de potentiel sont très petites par rapport aux différences de potentiel que présentent deux corps qui s'attirent d'une quantité appréciable ; on pourra donc les négliger dans bien des cas et dire que deux conducteurs en équilibre et au contact sont au même potentiel. C'est ce que nous ferons le plus souvent jusqu'à ce que nous traitions des piles.

Potentiel à la surface d'un conducteur. — Par suite de l'existence des forces pondéro-électriques le champ n'est pas nul dans la couche comprise entre la surface du conducteur et une surface parallèle située à une distance égale au rayon d'activité des forces pondéro-électriques. Mais l'épaisseur de cette couche étant excessivement petite, le travail des forces électriques sur un point électrisé passant de l'intérieur d'un conducteur à sa surface sera lui-même excessivement petit. Aussi, avec une approximation beaucoup plus grande que celle que nous avons faite en admettant que tout point d'un conducteur hétérogène est au même potentiel, pouvons-nous dire *que le potentiel est le même en tout point de la surface ou de l'intérieur d'un conducteur.*

Puisque la surface d'un conducteur est une surface équipotentielle *la direction du champ en un point de cette surface est celle de la normale en ce point.*

Principe de la mesure des potentiels. — La propriété que possèdent les conducteurs d'avoir leurs points au même potentiel nous permet d'indiquer immédiatement un moyen de mesurer la différence entre le potentiel d'un conducteur et celui du sol. En effet, si nous réunissons un corps conducteur à la boule d'un électroscope à feuilles d'or au moyen d'un fil métallique, le conducteur, la boule de l'électroscope et les feuilles d'or forment un conducteur unique dont tous les points sont au même potentiel. L'écartement des feuilles d'or de l'électroscope, qui a pour cause la force répulsive qu'exercent les électricités de même nom dont elles sont chargées, dépend de la quantité d'électricité qui s'y trouve. Or nous verrons plus tard que cette quantité ne dépend elle-même que de l'excès du potentiel des feuilles sur le potentiel du sol; l'instrument peut donc servir à mesurer cet excès de potentiel par une graduation convenable, et, par conséquent, fera connaître la différence de potentiel entre un corps conducteur et le sol.

Égalisation des potentiels. — Si l'on met en communication par un fil métallique deux conducteurs A et B à des potentiels différents, l'équilibre électrique ne peut avoir lieu ; il y a donc mouvement d'électricité d'un conducteur vers l'autre. Quel est le sens de ce mouvement? Tant que l'équilibre n'est pas atteint, la valeur du potentiel aux divers points du fil va en décroissant quand on passe du corps du plus haut potentiel A au corps de potentiel moins élevé B ; le sens de la force électrique agissant sur l'électricité positive étant celui des potentiels décroissants, l'électricité positive devra se mouvoir de A vers B jusqu'à ce que, les conducteurs étant au même potentiel, l'équilibre électrique soit atteint.

Ces propriétés nous montrent que le potentiel joue en Électricité un rôle analogue à la température en Chaleur : l'équilibre électrique n'existe entre conducteurs en communication que si leur potentiel a la même valeur ; de même l'équilibre calorifique n'existe entre conducteurs en communication que si leur température a la même valeur. En Chaleur, une différence de température est presque la seule grandeur qu'on mesure directement ; de même en Électricité statique une différence de potentiel est la grandeur qu'on mesure le plus facilement. On voit par là de quelle importance est la notion du potentiel, même au point de vue expérimental.

Les phénomènes électriques ne dépendent que des différences de potentiels. — Si nous supposons que les potentiels des divers points d'un champ électrique augmentent de la même quantité, la forme des surfaces équipotentielles ne sera pas changée ; en chaque point la direction du champ électrique, normale à ces surfaces, restera donc la même. En outre, la variation du potentiel entre deux points infiniment voisins conservera la même valeur; par conséquent la valeur du champ sera la même dans les deux cas. Le champ reste donc le même puisqu'il n'a varié ni en direction ni en grandeur. Les phénomènes électriques dans l'état d'équilibre ou dans l'état dynamique, ne dépendant que du champ, dépendront uniquement des différences de potentiel et non de la valeur absolue des potentiels.

Nous ne pouvons donc pas connaître en valeur absolue les potentiels, nous ne pouvons connaître expérimentalement que des différences de potentiel. A première vue, l'expression du potentiel, $V = \sum \frac{m}{r}$, semble pouvoir permettre, au moins dans des cas particuliers, de calculer la valeur absolue de V. Il n'en est rien, car nous ne pouvons tenir compte de toutes les masses électriques agissantes; ainsi suivant qu'il existe ou n'existe pas d'électricité libre dans le Soleil, les potentiels sur la Terre n'auront pas la même valeur absolue, sans que leur différence soit modifiée.

FLUX DE FORCE. — APPLICATIONS

Définitions. — Par un point A d'un champ électrique faisons passer une surface quelconque et considérons un élément ds de cette surface contenant le point A. Menons la normale à la surface en ce point et convenons de prendre pour direction positive de cette normale la portion AN, située d'un certain côté de la surface. L'angle formé par la direction positive AF du champ au point A avec la normale sera alors parfaitement déterminé ; soit α cet angle. On appelle *flux de force à travers l'élément de surface A le produit de la surface de cet élément par la projection du champ sur la normale à l'élément.*

De cette définition il résulte que si φ représente la valeur du champ et dj la valeur du flux de force, on a :

$$dj = \varphi ds \cos\alpha.$$

Les quantités φ et ds étant essentiellement positives, le flux de force sera positif ou négatif suivant que α sera plus petit ou plus grand que 90°; il sera nul pour $\alpha = 90°$

Si nous considérons maintenant une surface finie, nous pouvons la décomposer en un nombre infiniment grand d'éléments infiniment petits pour lesquels nous prendrons comme direction positive de la normale la demi-normale située d'un même côté de la surface. Nous appellerons *flux de force à travers une surface finie la somme algébrique des flux de force à travers ses éléments.* On aura donc

$$j = \int \varphi \cos\alpha \, ds.$$

Cette notion de flux de force tire son importance d'une relation établie par Gauss entre le flux de force à travers une surface fermée et la quantité d'électricité contenue à l'intérieur de cette surface.

Pour en donner la démonstration, établissons d'abord le lemme suivant.

Lemme. — *Le flux de force à travers une surface est égal à la somme des flux de force que produirait chacun des corps électrisés qui constituent le champ, si ce corps existait seul.*

Considérons un point A du champ et soient φ_1, φ_2, φ_3,..... les valeurs que posséderait le champ en ce point si chacun des corps électrisés C_1, C_2, C_3,... existait seul. Le champ en A quand tous ces corps existent en même temps est la résultante φ des champs individuels $\varphi_1, \varphi_2, \varphi_3$,..... La projection de cette résultante sur la normale à un élément ds passant par A est égale à la somme des projections des composantes ; on aura donc, en désignant par α, α_1, α_2, α_3,..... les angles de φ, φ_1, φ_2, φ_3,..... avec la normale

$$\varphi \cos\alpha = \varphi_1 \cos\alpha_1 + \varphi_2 \cos\alpha_2 + \varphi_3 \cos\alpha_3 + \dots$$

En multipliant par ds, on obtient la relation

$$\varphi \cos\alpha \, ds = \varphi_1 \cos\alpha_1 ds + \varphi_2 \cos\alpha_2 ds + \varphi_3 \cos\alpha_3 ds + \dots$$

qui démontre le lemme dans le cas d'un élément de surface.

L'intégration des deux membres de cette relation, étendue à une surface finie, démontre le lemme dans toute sa généralité :

$$\int \varphi \cos\alpha\, ds = \int \varphi_1 \cos\alpha_1\, ds + \int \varphi_2 \cos\alpha_2\, ds + \int \varphi_3 \cos\alpha_3\, ds + \ldots$$

Théorème de Gauss (¹). — Considérons d'abord le cas où le champ ne contient qu'un seul point électrisé O (*fig.* 12) chargé d'une quantité m d'électricité positive. Le champ électrique en un point A situé à une distance r du point O a pour valeur $\varphi = \frac{m}{r^2}$ et le flux de force à travers un élément de surface AB passant par le point A, est

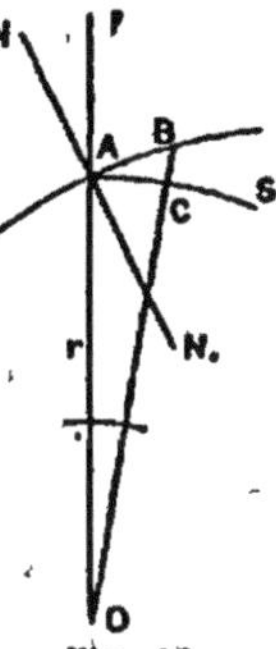

Fig. 12.

$$dj = \varphi \cos\alpha\, ds = \frac{m}{r^2} \cos\alpha\, ds,$$

α désignant l'angle de la direction du champ avec la direction positive AN de la normale, que nous supposons d'abord du côté de la surface qui ne regarde pas le point O.

Cette valeur du flux de force peut se mettre sous une autre forme. Si nous désignons par $d\Omega$ l'aire découpée dans la sphère S de rayon r par le cône ayant pour sommet O et pour base l'élément AB, et par $d\omega$ l'aire découpée par ce même cône dans la sphère s de rayon 1, c'est-à-dire l'angle solide sous lequel l'élément ds est vu du point O, nous avons

$$ds = \frac{d\Omega}{\cos\alpha} = \frac{r^2 d\omega}{\cos\alpha},$$

(¹) Ce théorème a été démontré par Gauss en 1813 dans un mémoire intulé : *Theoria attractionis corporum spheroidicorum ellipticorum homogeneorum, methodo nova tractata.*

et par suite

$$dj = md\omega.$$

Si l'on prenait comme direction positive de la normale la demi-normale AN_1 dirigée du côté du point O, le flux de force changerait de signe mais conserverait la même valeur absolue que dans le cas précédent. On a donc d'une manière générale

$$(1) \qquad dj = \pm\, md\omega,$$

le signe + convenant quand la direction positive de la normale est du côté de la surface qui ne regarde pas le point électrisé, le signe — convenant quand la direction positive de la normale est du côté du point électrisé.

Nous avons supposé que le point O était électrisé positivement ; si au contraire il possédait une quantité d'électricité négative égale en valeur absolue à celle que nous venons de considérer, le flux de force conserverait la même valeur absolue, mais son signe serait changé, car la direction du champ électrique deviendrait opposée à ce qu'elle était. Mais puisque le second membre de la relation (1) change de signe avec m, cette relation reste exacte quel que soit le signe de l'électricité du point O.

Cherchons maintenant la valeur du flux à travers une surface fermée S (*fig.* 13) comprenant dans son intérieur le point électrisé O, en convenant de prendre comme direction positive de la normale, la demi-normale menée vers l'extérieur de la surface. Décrivons du point O comme centre une sphère de rayon 1 et décomposons la totalité de la surface de cette sphère en éléments infiniment petits. Les cônes de sommet O et circonscrits à ces éléments décomposent la totalité de la surface S en éléments tels que AB.

Le flux de force à travers chacun de ces éléments a pour valeur $\pm m d\omega$, le signe $+$ convenant pour les éléments

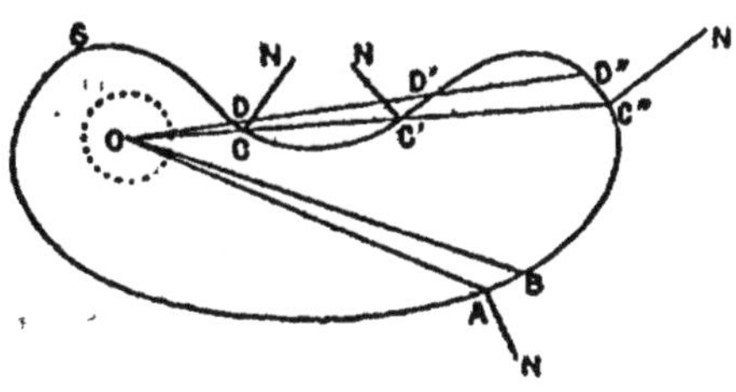

Fig. 13.

tels que AB ou CD, où le cône sort de la surface, puisqu'alors la direction positive de la normale est du côté de la surface qui ne regarde pas le point O, le signe — convenant pour les éléments tels que C'D' où le cône rentre dans la surface, puisque la direction positive de la normale est du côté de la surface qui regarde le point O. Or, comme il y a toujours pour un même cône un nombre de sorties supérieur d'une unité au nombre des rentrées, la somme algébrique des flux de force à travers les éléments d'un même cône est toujours $+ m d\omega$, qu'il coupe une seule fois la surface ou plusieurs fois. On a donc pour la somme j des flux de force à travers tous les éléments de la surface fermée

$$j = \int + m d\omega = m \int d\omega = 4\pi m.$$

c'est la valeur du flux de force total à travers la surface S.

Prenons maintenant un point électrisé O (*fig.* 14) extérieur à la surface fermée. Chaque cône de sommet O circonscrit à un élément de surface de la sphère de rayon 1 découpe, sur la surface S, $2n$ éléments, n étant un nombre entier quelconque pouvant d'ailleurs être zéro. Les flux de force à

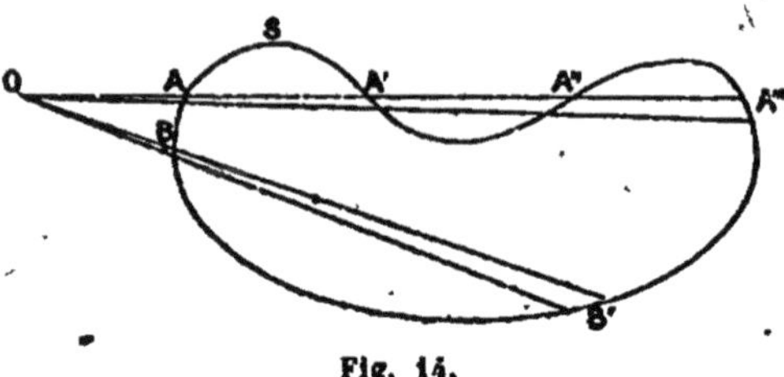

Fig. 14.

travers les éléments découpés par un même cône ont même valeur absolue et sont alternativement positifs et négatifs; leur nombre étant pair la somme de ces flux est nulle. Comme il en est ainsi pour tous les cônes élémentaires le flux de force total à travers la surface fermée S est nul.

Considérons enfin le cas général où le champ est formé de corps électrisés quelconques; ce champ peut être regardé comme formé d'une infinité de points électrisés, les uns extérieurs à la surface S, les autres intérieurs à cette surface. D'après le lemme, le flux de force est la somme des flux donnés par chacun de ces points. Or, les points extérieurs donnant un flux de force nul n'interviennent pas dans la valeur du flux à travers la surface; pour chacun des points intérieurs le flux de force est $4\pi m$. Par conséquent le flux de force total à travers le surface est :

$$j = 4\pi m_1 + 4\pi m_2 + 4\pi m_3 + \ldots = 4\pi M.$$

C'est là l'expression du théorème de Gauss que l'on peut

énoncer ainsi : *Le flux de force total à travers une surface fermée est égal au produit par 4π de la quantité d'électricité comprise à l'intérieur de la surface.*

La démonstration de ce théorème reposant uniquement sur la loi fondamentale de Coulomb, le théorème de Gauss s'applique à la Gravitation universelle et au Magnétisme.

Champ d'une couche sphérique homogène. — Comme application immédiate de ce théorème cherchons la valeur en un point extérieur A du champ produit par une couche électrique positive homogène comprise entre deux surfaces sphériques voisines S et S' (*fig.* 15).

Décrivons de O comme centre une sphère de rayon $OA = r$;

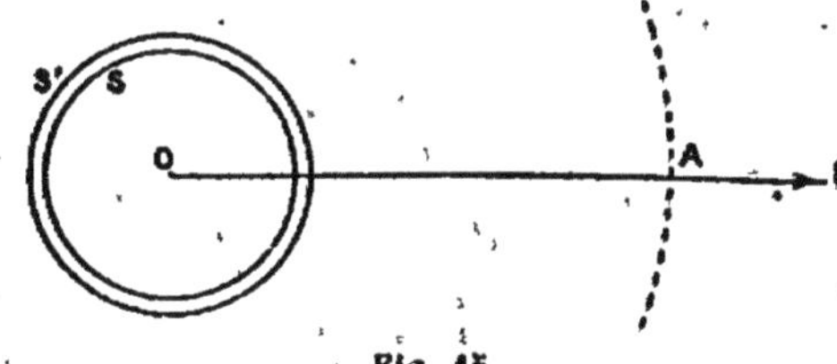

Fig. 15.

le flux de force à travers un élément de surface ds de cette sphère contenant le point A est :

$$dj = \varphi ds \cos \alpha$$

φ désignant la valeur du champ en A. La direction du champ étant celle de la droite OA, c'est-à-dire celle de la demi-normale extérieure à la sphère, on a $\alpha = o$ et par suite

$$dj = \varphi ds$$

En intégrant par rapport à la surface entière de la sphère OA, et remarquant que, par raison de symétrie, le champ doit avoir la même valeur en tout point de cette sphère, nous avons :

$$j = \int \varphi ds = \varphi \int ds = \varphi 4\pi r^2.$$

Mais d'après le théorème de Gauss,

$$j = 4\pi M,$$

M étant la quantité d'électricité contenue dans la couche sphérique. En égalant ces deux valeurs de j, on obtient après réduction

$$\varphi = \frac{M}{r^2}.$$

Si on supposait qu'en O se trouve une quantité d'électricité égale à M, la valeur du champ en A serait précisément donné par l'expression précédente. Par conséquent *la valeur en un point extérieur du champ produit par une couche sphérique homogène est la même que si toute l'électricité était placée au centre de la couche.*

La même démonstration nous fait voir que si le point A est intérieur à la couche électrique le champ en A est nul, puisqu'on a alors $M = 0$.

Ce théorème est applicable à la Gravitation universelle. On voit qu'une sphère matérielle composée de couches sphériques homogènes, comme le sont à peu près tous les astres, produit sur un corps matériel extérieur la même attraction que si toute la masse était concentrée au centre de la sphère.

Électricité à l'intérieur d'un corps électrisé. — Si l'on prend un conducteur homogène et en équilibre électrique, *il n'y a pas d'électricité libre à l'intérieur de ce conducteur.*

A l'intérieur du conducteur C (*fig.* 16), menons une surface S dont tous les points soient à une distance de la surface du conducteur au moins égale au rayon d'activité des forces pondéro-électriques. En tout point de cette surface le champ électrique est nul et par conséquent le flux de force à travers cette surface est nul. Il résulte alors du théorème de Gauss que les quantités d'électricité positive et négative situées à l'intérieur de la surface S sont égales.

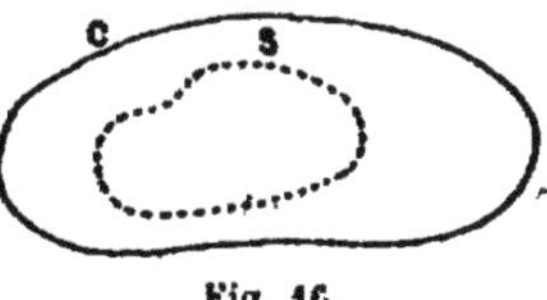

Fig. 16.

Il en sera de même quelque petite que soit la surface S et quelle que soit sa position à l'intérieur du conducteur; toutes les parties du conducteur, renfermant autant des deux électricités, sont à l'état neutre.

D'après notre raisonnement, cette conséquence ne peut s'appliquer aux points des conducteurs situés à une distance de sa surface inférieure au rayon d'activité des forces pondéro-électriques; il peut y avoir de l'électricité libre en ces points. Par conséquent l'électricité contenue dans un conducteur électrisé forme une couche superficielle d'une certaine épaisseur, très petite, il est vrai, mais non nulle; il ne faut donc pas prendre le nom de distribution superficielle dans le sens mathématique du mot.

Faisons remarquer qu'il est impossible de constater expérimentalement qu'il n'y a pas d'électricité libre à l'intérieur d'un conducteur solide puisqu'il est impossible de pénétrer en un point intérieur sans enlever la matière conductrice qui entoure ce point. Les expériences que l'on fait ordinairement avec les conducteurs creux ne sont nullement probantes; elles sont la démonstration expérimentale de la justesse d'autres considérations que nous exposerons plus tard. A la rigueur on pourrait tenter des expériences avec un conducteur liquide, mais ces expériences, qui n'ont jamais été faites, ne sont pas indispensables, puisque les considérations théoriques précédentes ne laissent aucun doute à ce sujet.

Dans un conducteur homogène qui n'est pas en équilibre électrique il peut y avoir de l'électricité libre, puisque le champ n'est pas nul à son intérieur.

A l'intérieur d'un conducteur hétérogène le champ n'est pas nul partout à cause des forces pondéro-électriques; aussi peut-il y avoir de l'électricité libre en certains points intérieurs même dans l'état d'équilibre.

Enfin quand le corps électrisé est mauvais conducteur le champ électrique en un point intérieur n'est pas nul en général, et par conséquent, il peut y avoir de l'électricité libre.

Densité électrique cubique. — Si nous désignons par m la quantité d'électricité libre contenue dans un corps électrisé de volume v, le quotient $\frac{m}{v}$ est appelé la *densité électrique cubique moyenne* pour ce volume v.

Si autour d'un point A d'un conducteur électrisé nous considérons un certain volume v contenant le point A et chargé d'une quantité d'électricité libre m, la limite de la densité cubique moyenne $\frac{m}{v}$, quand v tend vers zéro de façon que tous les points de la surface qui limite ce volume tendent vers le point A, est parfaitement déterminée ; on appelle cette limite la *densité électrique cubique au point A*. Si donc nous désignons par ρ cette densité nous avons,

$$\rho = \frac{dm}{dv}.$$

Relation de Poisson. — Poisson a établi une relation importante entre la valeur de la densité électrique en un point et les valeurs des dérivées secondes du potentiel en ce point.

Soit A (*fig.* 17) un point quelconque du champ, point que nous supposons défini par ses coordonnées x, y, z, par rapport à

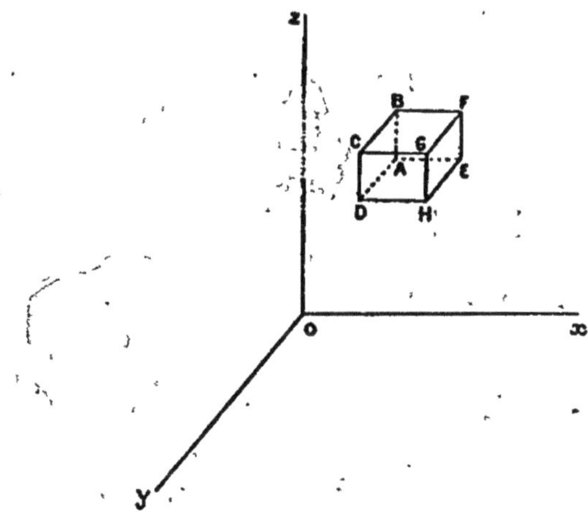

Fig. 17.

trois axes rectangulaires. Par ce point menons trois droites parallèles aux axes, sur lesquelles nous prendrons des longueurs infiniment petites AB, AD, AE, que nous désignerons par dx, dy, dz. En faisant passer par les points B, D E des plans parallèles aux trois plans de coordonnées, nous formons un parallélipipède rectangle. Le flux de force à travers la face

ABCD de ce parallélipipède est, en désignant par X la composante suivant Ox du champ en A et en prenant pour direction positive de la normale à cette face la portion située en dehors du parallélipipède :

$$-Xdydz$$

Le flux de force à travers la face opposée EFGH a pour expression en adoptant la même convention pour la direction positive de la normale :

$$\left(X + \frac{\partial X}{\partial x} dx\right) dydz.$$

Par conséquent la somme des flux qui traversent l'ensemble des deux faces normales à OX est :

$$-Xdydz + \left(X + \frac{\partial X}{\partial x} dx\right) dydz = \frac{\partial X}{\partial x} dxdydz.$$

En répétant un raisonnement analogue pour les quatre autres faces du parallélipipède nous trouvons pour la valeur du flux de force à travers la surface de ce parallélipipède,

$$dj = \left(\frac{\partial X}{\partial x} + \frac{\partial Y}{\partial y} + \frac{\partial Z}{\partial z}\right) dxdydz.$$

Or, d'après le théorème de Gauss, cette expression est égale à la quantité d'électricité dm contenue dans le parallélipipède multipliée par 4π. Si nous désignons par ρ la densité cubique au point A nous avons $dm = \rho\, dxdydz$ et par suite

$$4\pi\rho dxdydz = \left(\frac{\partial X}{\partial x} + \frac{\partial Y}{\partial y} + \frac{\partial Z}{\partial z}\right) dxdydz,$$

ou

$$4\pi\rho = \frac{\partial X}{\partial x} + \frac{\partial Y}{\partial y} + \frac{\partial Z}{\partial z}.$$

Nous avons déjà vu que les composantes du champ en un point avaient pour valeurs les dérivées partielles du potentiel en ce point par rapport à x, y, z, changées de signe.

On a donc :

$$X = -\frac{\partial V}{\partial x} \qquad \text{d'où} \qquad \frac{\partial X}{\partial x} = -\frac{\partial^2 V}{\partial x^2},$$

et des expressions analogues pour les autres dérivées. Par conséquent nous pouvons écrire

$$\frac{\partial^2 V}{\partial x^2} + \frac{\partial^2 V}{\partial y^2} + \frac{\partial^2 V}{\partial z^2} = -4\pi\rho$$

ou

$$\Delta V = -4\pi\rho.$$

Telle est la relation de Poisson.

La somme ΔV des dérivées secondes du potentiel ayant été introduite par Laplace dans l'analyse mathématique, nous pouvons pour la commodité du langage, et pour rendre hommage au célèbre mathématicien, désigner cette somme sous le nom de *la laplacienne*, suivant en cela l'exemple des Anglais qui l'appellent *laplacian function* et ne faisant qu'étendre un mode de dénomination souvent adopté en mathématiques (fonction de Lagrange, série de Taylor, etc...). On pourra alors énoncer la relation de Poisson de la manière suivante : *La laplacienne du potentiel en un point est égale au produit de la densité électrique cubique en ce point par le facteur* -4π.

La relation de Poisson se déduisant immédiatement du théorème de Gauss, s'applique, comme ce théorème, au Magnétisme et à la Gravitation universelle, pourvu toutefois qu'on introduise dans le second membre un facteur numérique dont la valeur dépend des unités adoptées. La lettre ρ désigne alors la densité magnétique ou la densité de la matière au point considéré.

Dans le cas où ρ est nul, la relation de Poisson se réduit à

$$\frac{\partial^2 V}{\partial x^2}+\frac{\partial^2 V}{\partial y^2}+\frac{\partial^2 V}{\partial z^2}=0.$$

Cette dernière relation a été établie pour la première fois par Laplace, dans le cas de la Gravitation, où elle s'applique à l'espace interplanétaire.

Conséquences de la relation de Poisson. — Une première application de cette relation est de permettre de reconnaître si une fonction peut représenter le potentiel des divers points d'un champ électrique. En effet, si on considère un champ électrique formé de corps électrisés situés dans l'air, cet air, en général, n'est pas électrisé ; par conséquent, d'après la relation de Poisson, la valeur de ΔV pour un point de l'air doit être nulle. Il en résulte que la première condition à laquelle doit satisfaire une fonction pour représenter le potentiel, est que la laplacienne (ΔV) de cette fonction soit nulle pour tous les points de l'espace occupé par l'air.

Réciproquement, si la laplacienne d'une fonction est nulle et si celle-ci prend sur les conducteurs la valeur du potentiel, cette fonction est identique au potentiel pour l'espace isolant compris entre les conducteurs quand cet espace est à l'état neutre (Voir la note A, pour la démonstration de cette proposition).

Une autre conséquence de la relation de Poisson est qu'en un point intérieur d'un conducteur homogène en équilibre, la densité électrique est nulle, en d'autres termes, qu'il n'y a pas d'électricité libre à l'intérieur de ce conducteur. En effet, nous avons démontré que le potentiel a la même valeur en tout point intérieur d'un conducteur homogène en équilibre; il en résulte que les dérivées secondes qui entrent dans ΔV sont nulles; ρ doit donc être nul. Nous sommes d'ailleurs arrivés à établir cette même propriété sans aucun calcul, en nous appuyant directement sur le théorème de Gauss.

DISTRIBUTION DE L'ÉLECTRICITÉ

Densité superficielle. — Puisqu'un conducteur homogène en équilibre ne renferme pas d'électricité libre dans son intérieur, l'électricité que possède un conducteur électrisé doit toute entière se porter vers sa surface. Mais nous avons déjà fait observer que la couche d'électricité répandue à la surface d'un conducteur a une certaine épaisseur et ne peut être assimilée à une surface mathématique. Il est donc nécessaire de préciser ce que nous entendons par quantité d'électricité répandue sur une surface.

Considérons une portion AB (*fig.* 18) de la surface d'un conducteur électrisé. La couche électrique qui se trouve sur cette surface a de part et d'autre de AB une épaisseur environ égale au rayon d'activité des forces pondéro-électriques dans chacun des milieux que sépare AB. Si donc nous menons deux surfaces A_1B_1, A_2B_2 parallèles à AB à une distance un peu plus grande que ces rayons, la couche électrique est tout entière contenue entre ces surfaces. En menant par les divers points du contour de AB des normales à cette surface, nous limitons un volume A_1B_1 A_2B_2, contenant une certaine quantité d'électricité m ; nous dirons que m est la quantité d'électricité

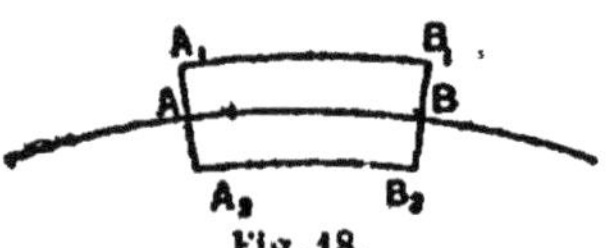

Fig. 18.

répandue sur la surface AB. La *densité superficielle moyenne* est le rapport $\frac{m}{s}$ de la quantité d'électricité à la surface s de AB. Quand le périmètre de la surface s tend vers zéro, tout en englobant un certain point A, le rapport $\frac{m}{s}$ tend vers une limite que l'on appelle la *densité superficielle au point* A. En désignant par μ cette quantité, on a donc :

$$\mu = \frac{dm}{ds}.$$

On tire de cette égalité, pour la quantité d'électricité m répandue sur une surface d'étendue finie,

$$m = \int \mu ds.$$

Si μ a la même valeur en tous les points de la surface considérée, on a :

$$m = \mu s, \qquad \text{d'où} \qquad \mu = \frac{m}{s};$$

la densité en un point se confond donc dans ce cas avec la densité moyenne, ce qui était évident. Pour une surface égale à 1, il vient $\mu = m$, c'est-à-dire que la densité en un point d'une surface uniformément électrisée est égale à la quantité d'électricité par unité de surface.

Mesure absolue de la densité superficielle. — On doit à Coulomb de nombreuses recherches expérimentales sur la manière dont varie la densité électrique aux divers points d'un conducteur électrisé. La méthode suivie par ce physicien peut être employée pour la mesure de la densité superficielle en valeur absolue.

Dans ses recherches, Coulomb se servait d'un *plan d'épreuve* formé d'un petit disque de papier doré, fixé par son centre à un fil de gomme laque courbé à angle droit et placé à l'extrémité d'une petite tige de bois couverte de cire d'Espagne.

Prenons un de ces plans d'épreuve et introduisons-le dans une balance de Coulomb dont la balle de sureau, qui constitue ordinairement la boule mobile, a été remplacée par un disque de papier doré identique à celui du plan d'épreuve. Les deux disques étant amenés au contact, chargeons-les d'électricité, en les touchant en un point de leur contour avec une petite sphère électrisée. Les deux disques s'écarteront et nous pouvons admettre que, par raison de symétrie, ils ont pris la même charge m. Si donc on connaît la valeur absolue du couple de torsion et la distance qui sépare les deux disques dans une position d'équilibre de la balance, on pourra en déduire la valeur absolue de la charge des disques par la formule

$$f = \frac{m^2}{r^2}.$$

Cette mesure préliminaire étant faite, déchargeons le plan d'épreuve et appliquons-le sur la surface d'un conducteur électrisé. Le disque étant très petit, il se substituera tout entier à la surface qu'il recouvre, et la quantité d'électricité m' qui se trouvait sur cette surface se portera tout entière sur la face postérieure du disque. En retirant le plan d'épreuve, il emportera la quantité d'électricité m' : si alors nous le replaçons dans la balance, le disque mobile étant toujours supposé chargé de la quantité m, la force électrique qui s'exerce entre les disques sera

$$f_1 = \frac{mm'}{r_1^2}.$$

De cette formule nous pourrons déduire la valeur absolue de m' puisque m est connu. Divisant ensuite m' par la surface du disque, nous aurons la valeur absolue de la densité moyenne sur une petite surface du conducteur, densité qui se confond sensiblement avec la densité au point A.

Mesure relative des densités superficielles. — Dans ses expériences, Coulomb s'est contenté de chercher le rapport des densités superficielles en divers points d'un conducteur; l'opération est alors plus simple. Si les isolements étaient parfaits, il suffirait en effet, pour cela, de mettre successivement en contact le plan d'épreuve avec les deux points considérés A et B de la surface du conducteur, et de porter, après chaque contact, le plan d'épreuve dans la balance dont le disque mobile est électrisé. En amenant les deux disques à la même distance dans les deux expériences, le rapport des charges du plan d'épreuve serait donné par le rapport des angles de torsion, qui serait ainsi le rapport des densités.

Mais, pendant l'intervalle qui sépare les deux mesures, il y a eu déperdition de l'électricité située sur le conducteur. Pour éliminer la cause d'erreur introduite par cette déperdition, Coulomb opérait par contacts alternatifs. Touchant d'abord le point A, il observait une torsion T_1; touchant ensuite le point B, il observait, pour une même distance des disques, une torsion T'. Il revenait alors au point A et trouvait une torsion T_2 plus petite que T_1. Il admettait que la moyenne arithmétique $\frac{T_1 + T_2}{2}$ de ces deux quantités était la torsion qu'il aurait observée s'il avait pu opérer sur le point A au moment même où il opérait sur B. Cette hypothèse est légitime si T_1 et T_2 sont peu différents et si l'intervalle qui sépare deux contacts est sensiblement le même. En admettant cette hypothèse, le rapport des densités superficielles μ et μ' en A et B, à l'instant où l'on touche B, est donné par

$$\frac{\mu}{\mu'} = \frac{\frac{T_1 + T_2}{2}}{T'}.$$

Une autre méthode consiste à prendre deux plans d'épreuve identiques que l'on conserve jusqu'au moment des expériences dans une éprouvette au fond de laquelle se trouve de l'acide sulfurique concentré destiné à dessécher l'air. On touche en même temps les deux points A et B; on porte l'un des plans d'épreuve dans la balance et l'on remet le second dans l'éprouvette. Dans ces conditions, ce dernier plan d'épreuve conserve très bien sa charge jusqu'au moment où on le place dans la balance pour mesurer cette charge, la mesure de la charge du premier étant terminée. On peut d'ailleurs toucher de nouveau les mêmes points en intervertissant les plans d'épreuve, et recommencer ainsi une nouvelle expérience dans laquelle on portera encore en premier dans la balance le même plan d'épreuve que dans l'expérience précédente. On réalise ainsi la méthode des contacts alternatifs et la déperdition de l'électricité se trouve complètement éliminée.

Résultats des expériences de Coulomb. — Il résulte de ces expériences que, sauf le cas d'une symétrie parfaite dans la forme du conducteur (sphère, plan indéfini) et dans l'espace environnant, la densité superficielle varie d'un point à un autre d'un conducteur en équilibre électrique : elle augmente avec la courbure, et devient excessivement grande quand on s'approche d'une arête ou d'une pointe. Coulomb a d'ailleurs étudié la distribution de l'électricité sur des conducteurs de formes très variées ; nous n'insisterons pas davantage sur les résultats de cette étude.

Une remarque importante, due également à Coulomb, est qu'il n'existe pas d'électricité sur la surface intérieure d'un conducteur creux. Nous rappellerons que cette propriété se démontre le plus souvent dans les cours par l'expérience de la sphère creuse et par celle des hémisphères. Diverses expériences de Faraday montrent qu'il n'est pas nécessaire que la surface du conducteur soit complètement fermée pour que cette propriété subsiste, non pas rigoureusement, mais avec un haut degré d'approximation.

Nous montrerons plus loin que cette propriété résulte de la loi fondamentale des actions électriques ; mais, comme nous ferons usage pour cela des *tubes de force*, il convient d'abord de présenter cette nouvelle notion.

Tube de force. — Si par les divers points du contour d'un élément de surface situé dans un champ électrique nous menons les lignes de force, nous formons une surface à laquelle on donne le nom de *tube de force*, ou de *canal orthogonal*.

Propriétés des tubes de force. — 1° Le flux de force à travers un élément de surface de la paroi d'un tube de force est nul ; car, la direction du champ étant perpendiculaire à celle de la normale à l'élément, on a $\alpha = 90°$, et par suite

$$df = \varphi\, ds \cos\alpha = 0.$$

Le flux à travers une surface finie de la paroi sera donc nul aussi.

2° Limitons un tube de force par deux surfaces quelconques A_1B_1 et A_2B_2 (*fig.* 19) coupant ses parois, et appliquons le théorème de Gauss à la surface fermée $A_1 A_2 B_2 B_1$. Le flux de force à travers cette surface se réduit aux flux traversant les *bases* A_1B_1 et A_2B_2 puisque, d'après ce qui précède, le flux à travers les parois du tube est nul. Représentons par $A_1 F_1$ et $A_2 F_2$ les directions et les valeurs du champ aux points A_1 et A_2, ces droites A_1F_1 et A_2F_2 étant tangentes à la ligne de force A_1A_2, d'après la définition des lignes de force.

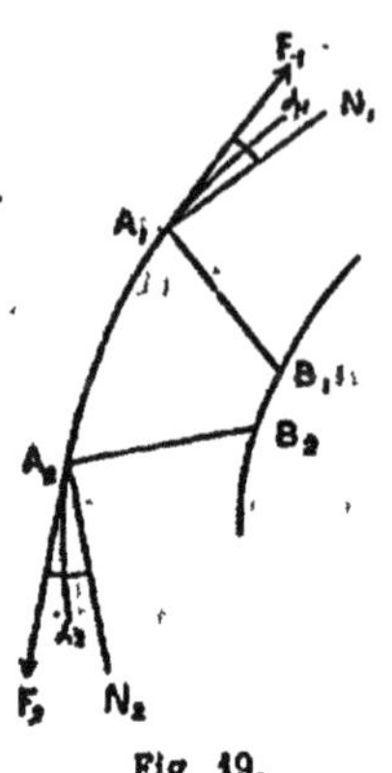

Fig. 19.

En appelant α_1 et α_2 les angles formés par ces droites avec les normales *extérieures* A_1N_1 et A_2N_2, le théorème de Gauss nous donne la relation

$$\varphi_1 d\sigma_1 \cos\alpha_1 + \varphi_2 d\sigma_2 \cos\alpha_2 = 4\pi m,$$

φ_1 et φ_2 étant les valeurs du champ en A_1 et A_2, $d\sigma_1$ et $d\sigma_2$ les surfaces des bases du tube de force, et m la quantité d'électricité contenue à l'intérieur de la surface $A_1 A_2 B_2 B_1$.

Dans le cas où la quantité m est nulle, ce qui aura lieu quand, par exemple, on considérera une portion de tube de force située dans l'air non électrisé, la relation précédente se réduit à

$$(1) \qquad \varphi_1 d\sigma_1 \cos\alpha_1 + \varphi_2 d\sigma_2 \cos\alpha_2 = 0.$$

Cette égalité nous montre que les flux de force à travers les deux bases du tube sont égaux et de signes contraires. Le signe d'un flux de force élémentaire dépendant uniquement du signe du cosinus, $\cos\alpha_1$ et $\cos\alpha_2$ doivent être de signes contraires. Si donc l'angle α_1 est aigu, l'angle α_2 doit être obtus et, par conséquent, la direction du champ en A_2 n'est pas A_2F_2, comme nous l'avons figuré, mais de sens opposé. Nous en concluons *qu'en tout point d'une ligne de force traversant un milieu à l'état neutre, la direction du champ est toujours la même*, pourvu que la ligne de force puisse dans toute sa longueur faire partie d'un même tube de force, ce que nous supposerons toujours dans ce qui suit (¹).

Tirons immédiatement de cette propriété une conséquence importante. Nous avons vu que si on se déplace sur une ligne de force dans la direction du champ, les potentiels vont en décroissant. Puisque la direction du champ est toujours la même, *le potentiel varie toujours dans le même sens quand on*

(¹) Sans cette restriction, les propositions que nous venons de démontrer pourraient être en défaut dans quelques cas. Ainsi, si O_1 et O_2 (*fig.* 20) sont deux points chargés de la même quantité d'électricité, positive par exemple, la droite O_1O_2 et la perpendiculaire P_1MP_2 menée en son milieu sont des lignes de force. Or il est évident que si on se déplace de O_1 vers O_2, le champ d'abord dirigé suivant le déplacement est, au contraire, dirigé en sens inverse dès qu'on a dépassé le point M. Une remarque analogue s'appliquant à P_1MP_2, la direction du champ n'est pas la même en tous les points de ces lignes. Il n'y a cependant pas contradiction avec la propriété générale que nous venons de trouver, car en menant une ligne de force O_1BC très voisine de OM, on voit qu'elle se courbe pour prendre la direction MP_1, et par conséquent la ligne de force qui peut faire partie d'un *même tube de force* n'est pas O_1MO_2 mais O_1MP_1 ou O_1MP_2. Or, suivant O_1MP_1 ou suivant O_1MP_2, le champ suit toujours la même direction.

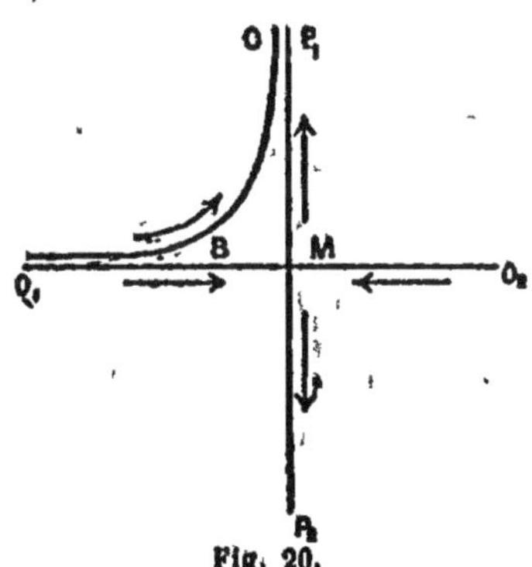

Fig. 20.

se déplace sur une ligne de force traversant un milieu à l'état neutre.

Il en résulte *qu'en deux points d'une ligne de force, le potentiel ne peut avoir la même valeur*, à moins que le potentiel ne varie pas quand on se déplace sur cette ligne. Mais si le potentiel ne varie pas, le champ en chaque point est nul et il n'y a plus, à proprement parler, de ligne de force.

Enfin, dans un milieu à l'état neutre, *une ligne de force ne pourra se couper ou se fermer sur elle-même.* En effet, si elle se coupait ou se fermait, on pourrait, en se déplaçant toujours dans le même sens sur cette ligne, passer plusieurs fois par le même point, et, comme la variation du potentiel doit, d'après ce qui précède, avoir lieu toujours dans le même sens, on aurait en ce point plusieurs valeurs du potentiel, ce qui est impossible.

Relation entre la valeur du champ et la section droite d'un tube de force. — Si nous convenons maintenant de prendre pour direction positive de la normale à la section d'un tube de force la direction faisant un angle aigu avec la direction du champ (*fig.* 21), l'équation (1) de la page 54 devient

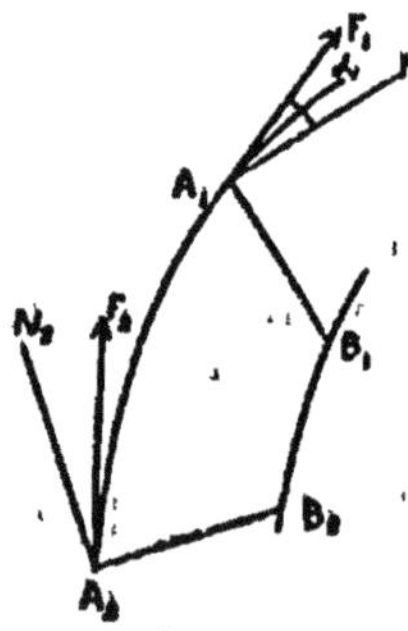

Fig. 21.

$$\varphi_1 d\sigma_1 \cos\alpha_1 - \varphi_2 d\sigma_2 \cos\alpha_2 = 0.$$

Elle se réduit, lorsque les sections $A_1 B_1$ et $A_2 B_2$ sont des sections droites, à

$$\varphi_1 d\sigma_1 = \varphi_2 d\sigma_2$$

puisque on a dans ce cas $\alpha_1 = 0$ et $\alpha_2 = 0$. Nous en déduisons

$$\frac{\varphi_1}{\varphi_2} = \frac{d\sigma_2}{d\sigma_1},$$

c'est-à-dire que *le champ électrique, en deux points situés sur une même ligne de force dans un milieu à l'état neutre, est inversement proportionnel à la surface de la section droite d'un tube de force comprenant cette ligne.*

Cette relation permet de se faire une idée de la valeur du champ en un point, quand on connait la manière dont les lignes de force sont distribuées dans ce champ. Si, en effet, les lignes de force sont, dans une région A, plus écartées les unes des autres que dans une autre région B, le champ électrique est plus faible dans la région A que dans la région B. On met souvent à profit cette propriété pour représenter un champ électrique au moyen de *diagrammes* sur lesquels sont tracées un certain nombre des lignes de force qui traversent le champ.

Théorème de Coulomb. — Dans le voisinage d'un conducteur, la valeur du champ peut se déduire immédiatement de la densité superficielle de l'électricité répandue à la surface du conducteur, au moyen d'une relation établie pour la première fois par Coulomb, dans le cas particulier d'une sphère, et que nous allons démontrer dans toute sa généralité.

Considérons un élément A (*fig.* 22) de la surface d'un conducteur, et par les points de son contour menons des lignes de force. Nous formons ainsi un tube de force. Limitons-le, extérieurement au conducteur, par une surface BC parallèle à l'élément A et extrêmement voisine de cet élément, mais cependant assez éloignée pour que la couche électrique répandue à la surface du conducteur soit entièrement en deçà de BC par rapport au conducteur. Les lignes de force ne pénètrent dans l'intérieur du conducteur qu'à une profondeur égale au rayon d'activité des forces pondéro-électriques qui s'exercent dans le conducteur, puisque, au-delà, le champ étant nul, les lignes de force n'existent plus. Limitons le tube de force dans l'intérieur du conducteur par une surface DE de forme quelconque et menée dans la région du conducteur où le champ est nul. Nous formons ainsi un volume BCDE à l'intérieur duquel se trouvera toute l'électricité répandue sur l'élément A. Appliquons le théorème de Gauss.

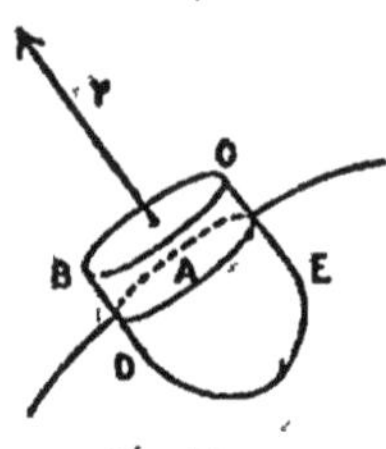

Fig. 22.

Le flux de force à travers la surface DE est nul puisqu'en tous les points de cette surface le champ est nul; le flux à travers la surface du tube de force est également nul. Par conséquent, si nous appelons φ la valeur du champ sur l'élément BC, nous aurons pour le flux de force à travers BCDE

$$\varphi d\sigma \cos\alpha.$$

Mais, les lignes de force étant normales à la surface du conducteur et l'élément BC étant parallèle à cette surface, la direction du champ, qui est tangente aux lignes de force, fera avec celle de la normale extérieure à l'élément BC un angle égal à 0 ou à π. La valeur du flux de force est donc

$$\pm \varphi d\sigma,$$

et le théorème de Gauss nous donne

$$\pm \varphi d\sigma = 4\pi dm,$$

ou

$$\pm \varphi = 4\pi \frac{dm}{d\sigma}.$$

L'élément BC étant parallèle à l'élément A, et de plus extrêmement voisin de cet élément, nous pouvons confondre les surfaces de ces deux éléments. Alors $\frac{dm}{d\sigma}$ est ce que nous avons appelé la densité superficielle au point A, et nous avons

$$\pm \varphi = 4\pi\mu. \tag{1}$$

Le champ électrique étant une grandeur essentiellement positive, on doit, dans cette relation, prendre le signe + ou le signe — suivant que la charge de l'élément A est positive ou négative. Il en résulte que α est nul, c'est-à-dire que le champ est dirigé extérieurement au conducteur, quand la charge de l'élément est positive, et que α est égal à π, et par suite le champ dirigé vers l'intérieur du conducteur, quand l'élément A est chargé négativement. Cette conséquence était d'ailleurs à peu près évidente.

Nous avons vu que, si l'on se meut sur une ligne de force traversant un milieu à l'état neutre, le champ en chaque point est toujours dans le même sens par rapport au déplacement. Si donc on part d'un point A d'une surface conductrice électrisée positivement, le champ est toujours dans le sens du mouvement; on dit alors que la ligne de force *part* du point A. Si au contraire le point A est chargé d'électricité négative, il faut, pour que le champ soit dans le sens du mouvement, se déplacer sur la ligne de force en se rapprochant du point A; dans ce cas, on dit que la ligne de force *arrive* au point A. On sait donc, suivant qu'une ligne de force part d'un point A d'une surface conductrice ou arrive en ce point, quelle est la nature de l'électricité du point A.

Nous pourrons, dans la relation (1), nous dispenser de mettre le double signe, et écrire simplement

$$\varphi = 4\pi\mu,$$

en convenant de prendre pour μ la valeur absolue de la densité électrique au point considéré. Elle exprime que *le champ électrique en un point extrêmement voisin de la surface d'un conducteur en équilibre est égal à la densité électrique superficielle μ multipliée par le facteur constant* 4π. Tel est le théorème de Coulomb.

Le champ φ près de la surface d'un conducteur a pour expression la valeur absolue de $-\frac{dV}{dn}$, en désignant par n la longueur comptée sur la normale à la surface du conducteur. On a donc :

$$4\pi\mu = -\frac{dV}{dn}$$

expression qui donne en valeur absolue et en signe la densité μ.

Conducteurs creux. — Considérons un conducteur creux C (*fig.* 23) homogène et en équilibre électrique, et supposons d'abord que le milieu qui remplit la cavité est à l'état neutre.

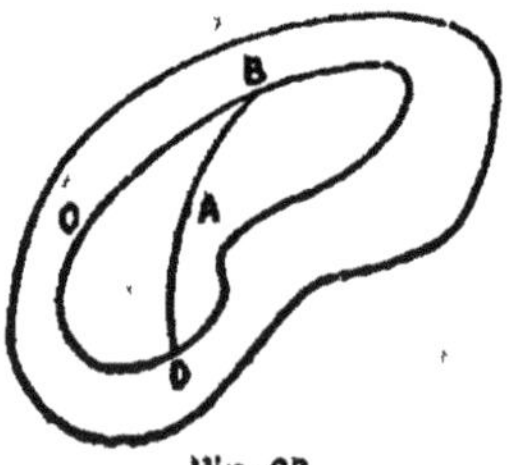

Fig. 23.

Prenons un point quelconque A dans l'intérieur de la cavité. Si le champ électrique en A n'est pas nul, une ligne de force passe par ce point et, comme cette ligne ne peut se fermer sur elle-même, puisqu'elle traverse un milieu à l'état neutre, elle rencontre la surface interne du conducteur en deux points B et D. Or ces deux points, situés sur une même ligne de force traversant un milieu à l'état neutre, devraient être à des potentiels différents (p. 56), ce qui est impossible puisque B et D appartiennent à une même surface conductrice en équilibre; la supposition d'un champ électrique en A est donc inexacte : *le champ électrique en tout point pris à l'intérieur de la cavité est nul.*

Si nous considérons un point de la cavité extrêmement voisin de la surface interne et si nous appliquons le théorème de Coulomb ($\varphi = 4\pi\mu$), nous trouvons $\mu = 0$ puisque $\varphi = 0$; par suite, *il n'y a pas d'électricité libre sur la surface interne du conducteur.* Nous avons rappelé plus haut les expériences qui montrent l'exactitude de cette loi.

Théorème de Faraday. — Supposons maintenant qu'à l'intérieur de la cavité se trouvent un ou plusieurs corps électrisés. Désignons par M la charge totale de ces conducteurs et par M' la quantité d'électricité répandue sur la surface interne du conducteur C (*fig.* 24). Si nous traçons une surface fermée S comprenant la cavité et intérieure au conducteur, le flux de force à travers cette surface est nul, puisque le champ en chacun de ses points est nul, le conducteur étant supposé en équilibre ([1]). L'application du théorème de Gauss

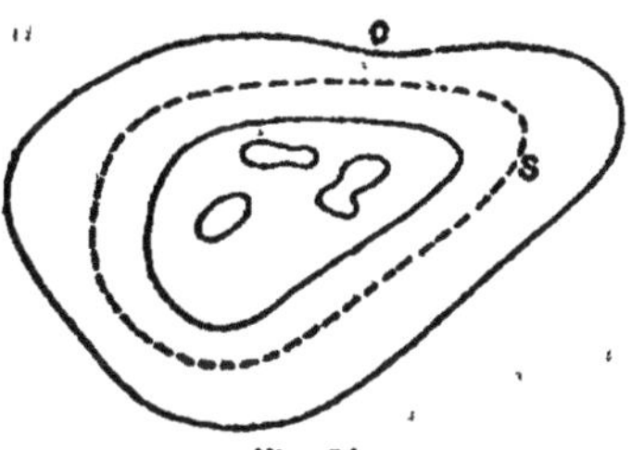

Fig. 24.

([1]) Nous supposons ici que l'enveloppe conductrice est homogène. Mais le théorème reste encore exact si l'enveloppe conductrice est composée de plusieurs conducteurs différents; on peut supposer, en effet, que la surface

à cette surface donne

$$4\pi(M + M') = 0$$

d'où

$$M' = -M.$$

Par conséquent, *la charge électrique de la surface interne d'un conducteur creux est égale et de signe contraire à la somme des charges des corps électrisés situés dans la cavité.* Cette propriété a été énoncée pour la première fois par Faraday.

Théorème de l'équilibre électrique. — On admet généralement que *dans des conditions déterminées il n'y a qu'un seul état d'équilibre électrique possible.* Cette proposition n'est cependant pas évidente et il est nécessaire d'en donner une démonstration.

Nous dirons qu'un système est dans des conditions déterminées quand les charges M ou les potentiels V des conducteurs du système seront déterminées ainsi que les charges qui peuvent se trouver aux différents points du milieu isolant qui sépare les conducteurs. Ayant ainsi précisé l'énoncé du théorème de l'équilibre, nous allons, avant de le démontrer dans toute sa généralité, établir un lemme sur lequel nous nous appuierons.

Lemme. — Supposons un champ électrique constitué de la manière suivante :

1° par des conducteurs homogènes $A_1, A_2, A_3, ..$ dont les potentiels absolus $V_1, V_2, V_3, ..$, sont nuls ;

S coupe orthogonalement la surface de séparation de deux conducteurs, ce qui rend le flux de force nul même pour les éléments de S situés à la surface de séparation de deux conducteurs, où le champ n'est pas nul.

2° par des conducteurs homogènes B_1, B_2, B_3... dont les charges électriques M_1, M_2, M_3,... sont nulles ;

3° par un milieu isolant séparant les conducteurs, s'étendant jusqu'à l'infini et entièrement à l'état neutre.

Nous allons démontrer successivement que dans l'état d'équilibre :

a. les conducteurs B_1, B_2, B_3,... sont à l'état neutre ou au potentiel zéro;

b. en chaque point du milieu isolant le champ est nul;

c. tous les conducteurs sont à l'état neutre.

a. Parmi les conducteurs B prenons celui, B_1, dont le potentiel a la plus grande valeur positive. La charge totale de ce conducteur étant nulle il ne peut y avoir d'électricité positive à sa surface s'il n'y a en même temps une quantité égale d'électricité négative répandue sur d'autres portions de sa surface. Si donc ce conducteur n'est pas à l'état neutre nous aurons sur sa surface des *plages positives* et des *plages négatives*. Considérons un point d'une de ces dernières ; il y arrive une ligne de force le long de laquelle le potentiel augmente quand on s'éloigne du point considéré. Cette ligne ne pourra donc rencontrer aucun des conducteurs B qui sont, par hypothèse, à un potentiel inférieur ou au plus égal à celui du conducteur considéré ; elle ne pourra pas non plus aboutir en un autre point de ce conducteur puisqu'il est homogène et que, par suite, tous ses points sont au même potentiel quand l'équilibre existe ; elle ne pourra d'ailleurs rencontrer les conducteurs A dont le potentiel est nul et par conséquent inférieur au potentiel du conducteur considéré qui est positif. La ligne de force reste donc toujours dans le milieu isolant et comme elle ne peut se fermer sur elle-même puisque le milieu qu'elle traverse est à l'état neutre elle s'étendra jusqu'à l'infini. Or à l'infini, la valeur du potentiel est zéro. Par conséquent, s'il existe une plage négative sur le conducteur B, la valeur du potentiel aux divers points d'une ligne de force partant de cette plage passe d'une valeur positive à une valeur nulle. Comme cette conséquence est contraire aux propriétés des lignes de force nous devons conclure qu'il n'y a pas de plage négative, et par suite, puisque M est nul, qu'il n'y a pas non plus de plage positive. Le conducteur B_1 considéré est donc à l'état neutre.

Si nous prenions un autre conducteur B_2 dont le potentiel, toujours positif, est inférieur à celui de B_1 et supérieur ou égal à celui des autres conducteurs B, nous verrions que s'il existait une plage négative sur B_2 la ligne de force arrivant en un point de cette plage devrait aller jusqu'à l'infini sans rencontrer aucun conducteur, le raisonnement précédent s'appliquant ici, sauf qu'il faut ajouter la remarque qu'une ligne de force ne peut rencontrer B_1 puisque ce conducteur est à l'état neutre. Nous pouvons donc dire que *tous les conducteurs B dont le potentiel est positif sont à l'état neutre.*

Un raisonnement analogue au précédent, dans lequel, au lieu de considérer une plage négative, nous prendrions une plage positive nous montrerait que *tous les conducteurs B dont le potentiel est négatif sont à l'état neutre.*

De ces deux conséquences, il résulte que *les conducteurs B sont soit à l'état neutre soit au potentiel zéro.*

b. Prenons un point P du milieu isolant. Si le champ en ce point n'est pas nul, il y passe une ligne de force. Cette ligne ne peut aboutir à un des conducteurs à l'état neutre car au point d'arrivée ou de départ d'une ligne de force sur un conducteur il doit y avoir de l'électricité libre. Elle doit donc aboutir à un conducteur dont le potentiel est nul, mais alors, l'autre extrémité aboutissant forcément soit à l'infini soit sur un autre de ces conducteurs, deux points de la ligne de force sont au même potentiel et la valeur du champ en tous les points de la ligne est égale à zéro ; le champ au point P ne peut donc être différent de zéro. Le champ étant nul partout le potentiel est partout le même qu'à l'infini, c'est-à-dire nul.

c. Puisque le champ est nul en tout point du milieu isolant la densité superficielle μ en tous les points des conducteurs est, d'après le théorème de Coulomb, égale à zéro. Donc *tous les conducteurs qui constituent le champ sont à l'état neutre.*

Théorème général. — Considérons un champ électrique constitué par

1° Des conducteurs A_1, A_2, A_3,... dont les potentiels ou des régions homogènes déterminées sont V_1, V_2, V_3,... ;

2° Des conducteurs B_1, B_2, B_3,... dont on connaît les charges M_1, M_2, M_3,... ;

3° Un milieu isolant s'étendant jusqu'à l'infini et dans lequel sont distribuées des masses électriques m_1, m_2, m_3,... ;

et démontrons qu'il n'y a qu'un seul état d'équilibre.

Supposons qu'il puisse y avoir deux états d'équilibre. Soient μ_1 la densité électrique en un point P dans l'état (1) et μ_2 la densité au même point dans l'état (2).

Nous pouvons imaginer un troisième état (3) ne différant de l'état d'équilibre (2) qu'en ce que les masses électriques, égales en valeur absolue en chaque point, sont de signe contraire et en ce que les forces pondéro-électriques sont dirigées en sens inverse. La densité au point P sera d'après cela

— μ_2 ; en chaque point le potentiel aura la même valeur absolue que dans l'état (2), mais sera de signe contraire, d'après la relation

$$V = \sum \frac{m}{r},$$

et le champ électrique aura même valeur, même direction mais un sens opposé. Démontrons que l'état (3) est un état d'équilibre.

D'abord les portions homogènes des conducteurs sont en équilibre puisque le champ étant nul à l'intérieur de ces portions homogènes dans l'état (2), l'est également dans l'état (3) et que cette condition est suffisante pour qu'il y ait équilibre. En outre, le champ, en un point voisin des surfaces de séparation de deux portions de nature différente d'un conducteur, est directement opposé à la résultante des actions pondéro-électriques qui s'exercent en ce point dans l'état (2). Dans l'état (3), comme les forces pondéro-électriques ont changé de sens par hypothèse, le champ est encore égal et directement opposé à la résultante des actions pondéro-électriques. Les conducteurs homogènes ou hétérogènes étant en équilibre, l'état (3) est un état d'équilibre.

Superposons les états d'équilibre (1) et (3), c'est-à-dire additionnons les charges situées en un même point et composons les forces pondéro-électriques qui s'exercent en un même point ; il en résulte un nouvel état électrique (4) qui, évidemment est un état d'équilibre. Dans ce nouvel état (4) le potentiel en un point quelconque est la somme des potentiels dans les deux états (1) et (3) ; par conséquent les conducteurs A sont au potentiel zéro, les conducteurs B, du reste, ont une charge nulle, et tous les points du milieu isolant sont à l'état neutre. De plus en chaque point de la surface de séparation de deux portions conductrices homogènes les forces pondéro-électriques se détruisent de sorte qu'on peut assimiler tous les conducteurs à des conducteurs homogènes. Nous nous trouvons alors dans les conditions que nous avons supposé remplies dans la démonstration du lemme. Par conséquent dans l'état (4) tous les conducteurs et le milieu isolant sont à l'état neutre ; la densité en un point quelconque est donc nulle. Or cette densité au point P est égale à la somme $\mu_1 - \mu_2$, des densités dans l'état (1) et dans l'état (3) ; par suite on a

$$\mu_1 - \mu_2 = 0 \qquad \text{ou} \qquad \mu_1 = \mu_2.$$

Il résulte de cette égalité que la densité en un point quelconque a la même valeur dans les états (1) et (2) ; ces deux états sont donc identiques.

Théorèmes des écrans électriques. — La démonstration de ces théorèmes est calquée sur celle du théorème précédent. Nous commencerons également par établir un lemme.

LEMME. — Considérons une surface équipotentielle fermée

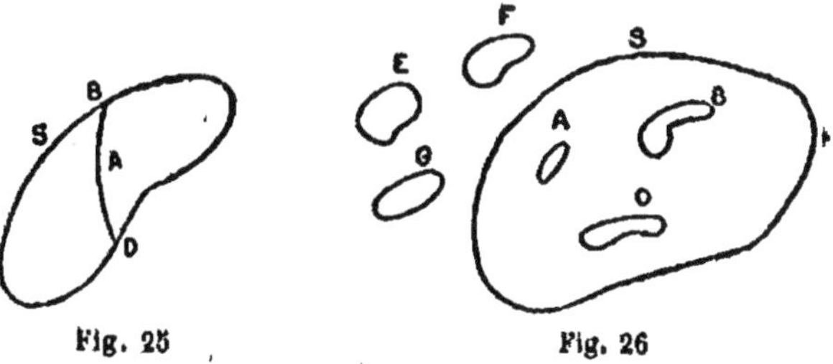

Fig. 25 Fig. 26

S (*fig.* 25) à l'intérieur de laquelle se trouve un milieu à l'état neutre et démontrons : 1° qu'en tout point A intérieur à cette surface le champ est nul ; 2° que le potentiel a partout la même valeur.

Si le champ en A n'est pas nul, une ligne de force passe par ce point et va rencontrer la surface en deux points B et D. Ces deux points étant au même potentiel, il faut nécessairement *que le champ en A soit nul et que le potentiel en ce point soit celui de la surface équipotentielle.*

THÉORÈME I. — Supposons qu'à l'intérieur de la surface fermée S (*fig.* 26) se trouvent des corps électrisés A,B,C, et à l'extérieur d'autres corps E,F,G ; si, sans modifier la charge et la position des conducteurs intérieurs, on fait varier la charge et la position des corps extérieurs de manière que le potentiel des différents points de la surface S augmente de la même quantité a, les potentiels des corps A,B,C augmenteront de la même quantité a.

Pour démontrer cette propriété désignons par (1) l'état primitif et par (2) l'état final du système. Soit V le potentiel d'un point P quelconque de la surface S dans l'état (1); dans l'état (2) ce potentiel est $V + a$. Considérons un état (3) qui ne diffère de l'état (2) qu'en ce que les masses électriques en un même point sont égales et de signe contraire dans ces deux états. Dans ce nouvel état (3) le potentiel du point P de la surface S est $-(V + a)$ et si nous superposons les états (1) et (3) nous obtenons un état (4) dans lequel le potentiel en ce point P est

$$V - (V + a) = -a;$$

Le point P de la surface S étant quelconque, tous les points de cette surface ont le même potentiel. A l'intérieur de cette surface il n'y aura pas d'électricité libre, car dans l'état (3) les corps A,B,C possèdent des charges égales et de signe contraire à celles qu'ils ont dans les états (1) et (2). Les conditions du lemme se trouvent donc remplies et, par conséquent, le potentiel en un point quelconque intérieur à la surface S a pour valeur $-a$. Or, si nous désignons par U_1 le potentiel de ce point dans l'état (1), par U_2 son potentiel dans l'état (2), son potentiel sera $-U_2$ dans l'état (3) et par suite U_1-U_2 dans l'état (4) ; nous aurons donc,

$$U_1 - U_2 = -a \qquad \text{ou} \qquad U_2 = U_1 + a,$$

relation qui exprime que les potentiels de tous les points intérieurs à la surface ont varié de la même quantité.

THÉORÈME II. — On démontrerait par un raisonnement tout-à-fait semblable que si, sans modifier la charge et la position des corps E, F, G extérieurs à la surface, on modifie la charge et la position des corps intérieurs de manière que le potentiel de chaque point de la surface S *reste le même*, les potentiels de tous les points extérieurs conservent la même valeur.

Conséquences. — Les phénomènes électriques ne dépendant que des différences de potentiel, les phénomènes statiques ou dynamiques qui ont lieu à l'intérieur de la surface S ne seront pas influencés par les modifications que l'on peut faire subir aux corps électrisés extérieurs dans leurs charges et leurs positions, s'il n'en résulte qu'une même variation de potentiel pour tous les points de S. De même les phénomènes électriques qui se passent à l'extérieur de S ne seront pas influencés par les modifications que subissent les corps électrisés intérieurs, s'il n'en résulte aucune variation pour le potentiel des divers points de S. De là le nom d'*écran électrique* donné à la surface S.

On ne connaît aucun moyen de réaliser les conditions imposées à la surface S pour former écran électrique, dans le cas où l'électricité est en mouvement ; il n'y a pas d'écran *électro-dynamique*. Mais une surface conductrice fermée réalise dans l'état d'équilibre électrique les conditions imposées à la surface S, car, qu'elle soit isolée ou en communication avec le sol, la différence de potentiel de ses divers points reste nulle si elle est homogène, et conserve la même valeur si elle est hétérogène, dans l'état d'équilibre. Elle protège donc complètement les corps placés à son intérieur. Elle ne protège les corps placés à l'extérieur qu'à condition que le potentiel de ses divers points ne varie pas, ce qu'on obtient en la mettant en communication avec le sol.

Vérification expérimentale. — Pour constater ce fait expérimentalement il faudrait constituer un conducteur fermé laissant voir ce qui se passe à l'intérieur. On pourrait y parvenir en plaçant l'un dans l'autre comme le représente la figure 27 deux vases de verre A et B et en remplissant l'espace annulaire d'un liquide conducteur et transparent comme l'eau acidulée. Un électroscope à feuilles d'or placé à l'intérieur de la cavité ne serait pas influencé par l'approche d'un corps fortement électrisé placé extérieurement. Mais il est inutile de faire une expérience aussi délicate, car on a reconnu qu'il n'était pas nécessaire que la surface du conducteur soit complètement fermée pour réaliser un écran électrique ; une surface formée avec un treillis métallique suffit. En entourant l'électroscope à feuilles d'or d'une telle surface, on constate que l'approche d'un corps fortement électrisé ne fait pas di-

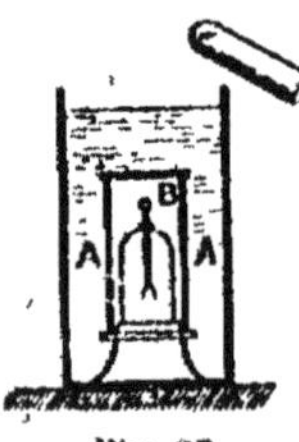

Fig. 27

verger les feuilles. A la vérité, l'écran ainsi constitué n'est pas parfait et un instrument plus sensible pourrait accuser une très légère variation du champ.

On peut également charger le conducteur creux sans apporter de modification dans le champ intérieur, car l'électricité se portant à la surface extérieure du conducteur forme une couche en dehors de la surface équipotentielle formée par la surface intérieure du conducteur creux. C'est de cette manière que Faraday a démontré expérimentalement la propriété que possèdent les conducteurs creux de former un écran électrique. S'étant enfermé dans une cage métallique formée de papier d'étain maintenu par un treillis métallique et mise en communication avec une puissante machine électrique, il ne put constater aucune influence sur les divers instruments contenus dans la cage. Il est facile de repéter plus simplement cette expérience en chargeant par une machine électrique une cage en treillis métallique entourant un électroscope; les feuilles ne divergent pas.

On vérifie facilement qu'une surface conductrice fermée, mise en communication avec le sol, protège les corps placés extérieurement contre les variations des charges internes. D'ailleurs, une surface très incomplètement fermée, peut former un écran électrique suffisant. Pour le montrer, on approche un corps électrisé d'un électroscope à feuilles d'or, en interposant entre le corps et l'appareil une feuille de métal reliée au sol; les feuilles ne divergent pas.

Théorèmes. — Les propriétés des conducteurs creux que nous avons démontrées, conduisent immédiatement au théorème suivant : *Les charges électriques placées à l'intérieur* *d'un conducteur creux homogène, jointes à la masse électrique développée par influence sur la surface interne, produisent un champ nul en un point extérieur à la surface interne.*

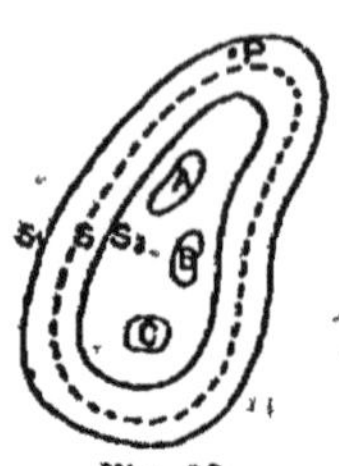

Fig. 28.

En effet, les phénomènes électriques qui ont lieu à l'intérieur d'une surface équipotentielle S (*fig.* 28) tracée d'une manière quelconque, à l'intérieur du conducteur, sont indépendants des charges extérieures à cette surface; la distribution de l'électricité sur la surface S_2 et sur les conducteurs contenus dans la cavité, reste donc la même, quelles que soient les charges sur S_1 et les corps extérieurs. Or, supposons qu'il n'y ait aucune charge extérieure à S et que l'épaisseur de l'enveloppe conductrice S_2S_1 soit infinie. Dans ce cas, la valeur du champ en un point quelconque extérieur à S_2 est nulle, d'après la propriété générale des conducteurs. Ce champ étant dû aux masses électriques répandues sur S_1 et les corps intérieurs A, B, C, le théorème est démontré.

Réciproquement, *les masses extérieures jointes à la charge développée par influence sur la surface extérieure, produisent un champ nul en tout point intérieur à la surface externe.*

La démonstration de ce théorème est identique à la précédente ; nous ne la répèterons pas.

Tension électrique. — Nous savons que le champ électrique en un point extérieur voisin de la surface d'un conducteur électrisé a pour valeur $4\pi\mu$, et que cette valeur est zéro pour un point intérieur situé à une distance de la surface plus grande que le rayon d'activité des forces pondéro-électriques. Par conséquent, en traversant la couche électrique répandue à la surface du conducteur, le champ varie de 0 à $4\pi\mu$. Les particules d'électricité qui composent cette couche sont donc soumises à une force. Si nous considérons un élément chargé positivement, les forces s'exerçant sur les particules d'électricité positives ont la même direction que le champ; elles sont donc dirigées vers l'extérieur de la surface, et il en est de même de leur résultante. Si nous prenons un élément chargé négativement, le champ est dirigé vers l'intérieur puisque μ est négatif; mais les forces électriques étant dans ce cas de sens contraire à celui du champ, la force qui s'exerce sur la couche électrique de l'élément est encore dirigée vers l'extérieur. Nous appellerons *tensions électriques* ces forces qui tendent à arracher l'électricité de la surface d'un conducteur électrisé.

Cas où la tension est faible. — Quand les tensions sont faibles, l'électricité se trouve maintenue à la surface du corps par l'action des forces pondéro-électriques qui s'exercent sur les particules d'électricité. De cette action résulte une réaction égale et contraire de l'électricité sur les particules matérielles, et c'est comme si les particules matérielles du conducteur étaient directement soumises aux forces de tension : si la surface du conducteur est mobile, elle obéit à ces forces et se déforme. Ainsi, si on électrise une bulle de savon, le diamètre de la bulle augmente; un morceau de mousseline taillé et cousu de manière à former une sorte de cloche et attaché par son sommet au conducteur d'une machine électrique, se gonfle quand on met la machine en mouvement.

Dans le cas d'une sphère uniformément électrisée, les tensions, par raison de symétrie, sont les mêmes en tous les points de la surface et se font mutuellement équilibre. En approchant de la sphère un corps électrisé, la distribution électrique change sur sa surface, et les tensions électriques prennent des valeurs différentes : leur résultante n'est plus nulle et la sphère, si elle est mobile, se déplace.

On voit, par cet exemple, que le problème de la répulsion ou de l'attraction des corps électrisés se ramène à l'évaluation des tensions électriques et à la détermination de leurs résultantes.

Cas où la tension est grande. — Si la tension électrique devient très grande, l'électricité sur laquelle elle agit peut ne plus être retenue par les forces pondéro-électriques ; elle s'échappe alors du conducteur en produisant le phénomène de l'*aigrette électrique*. C'est ce qui a lieu, en particulier, sur une pointe conductrice ou une arête vive ; nous avons vu que la densité électrique y prenait une très grande valeur ; or nous établirons un peu plus loin que la tension électrique par unité de surface varie comme le carré de la densité électrique : elle devient donc énorme sur les arêtes vives ou les pointes conductrices électrisées, et c'est pour cela que l'électricité s'échappe. La perte d'électricité qu'éprouve un conducteur par la pointe rompt constamment l'équilibre électrique ; de toutes les parties du conducteur l'électricité afflue vers la pointe pour rétablir l'équilibre, et cette électricité s'écoulant à son tour, la charge du conducteur finit par devenir presque nulle ; elle deviendrait tout à fait nulle si la pointe conductrice était infiniment aiguë.

L'électricité, en s'échappant d'une pointe, électrise les particules d'air voisines, ou les corpuscules flottants dans l'air. Ce passage de l'électricité s'effectue par des myriades de petites étincelles très grêles qui constituent l'aigrette. Celle-ci ne présente pas le même caractère, suivant que c'est l'électricité positive ou négative qui s'échappe. Dans ce dernier cas, l'aigrette se présente sous forme d'une pointe de feu brillante, mais très courte, à l'extrémité de la pointe; dans le cas de l'électricité positive, l'aigrette est beaucoup plus longue, plus ramifiée et moins brillante.

Les corpuscules gazeux électrisés par une pointe sont repoussés par elle; il en résulte un courant d'air qui semble s'échapper de la pointe (*vent électrique*). Ce courant d'air est mis en évidence au moyen d'une bougie allumée dont la flamme se trouve soufflée.

La réaction des corpuscules électrisés sur la pointe peut mettre celle-ci en mouvement, si elle est mobile; c'est ce qui a lieu dans le *tourniquet électrique*.

Cette propriété des pointes de laisser écouler l'électricité explique le fait, découvert par Franklin, de la décharge d'un corps électrisé par l'approche d'une pointe. Celle-ci s'électrise par influence, et l'électricité de nom contraire à celle dont est chargé le corps électrisé s'échappe par la pointe et vient se combiner avec cette dernière. La pointe et le corps sont alors à peu près dans les mêmes conditions que s'ils étaient reliés par un conducteur; ils doivent donc se mettre à peu près au même potentiel. Lorsque la pointe est isolée, elle se charge ainsi de la même électricité que le corps; lorsque la pointe est mise en communication avec le sol, le potentiel du corps électrisé doit tendre vers celui du sol; le corps se trouve alors déchargé, s'il est situé à l'intérieur d'une pièce. Cette dernière conséquence se vérifie facilement en présentant une pointe, tenue à la main, à un conducteur électrisé pourvu d'un électromètre de Henley : le pendule retombe.

Pourtant, si la charge du corps électrisé est faible, ce corps n'est pas déchargé par l'approche d'une pointe communiquant avec le sol. On peut le montrer en présentant une pointe à la boule d'un électroscope à feuilles d'or faiblement chargé : l'écartement des feuilles ne varie pas. Cela tient à ce que la pointe n'étant pas parfaite, la densité électrique, à son extrémité, n'est pas assez grande pour que la tension triomphe des forces pondéro-électriques.

Tension par unité de surface. — Il convient maintenant de préciser la notion de tension électrique en définissant ce qu'on entend par *tension par unité de surface en un point.*

Désignons par F la résultante des forces électriques qui s'exercent sur l'électricité répandue sur une portion S de la surface d'un conducteur. Nous appellerons *tension moyenne par unité de surface* le quotient $\frac{F}{S}$. *La tension par unité de surface en un point* (ou simplement la *tension en un point*) est la limite de ce rapport quand le périmètre de la surface S tend vers zéro en comprenant toujours à son intérieur le point considéré ; nous avons donc

$$(1) \qquad \tau = \frac{dF}{dS}.$$

Entre la tension en un point τ ainsi définie et la densité électrique superficielle, il existe une relation très simple,

$$\tau = 2\pi\rho^2$$

établie pour la première fois par Sir W. Thomson. Pour l'établir, nous allons substituer ici au raisonnement de l'illustre physicien anglais, un raisonnement un peu plus rigoureux.

Considérons un élément de surface AB (*fig.* 29) et par le contour de cet élément menons les normales; nous obtenons une surface qui est un cylindre si, comme nous le supposons l'élément AB est infiniment petit. Limitons ce cylindre par deux plans CD et EF situés, l'un CD assez profondément à l'intérieur du conducteur, pour que le champ y soit nul, l'autre EF à l'extérieur, et comprenant entre eux toute la couche électrique correspondant à l'élément AB. En appelant M la quantité d'électricité contenue dans cette couche, et S la surface infiniment petite de l'élément AB, on a, d'après la définition de la densité superficielle

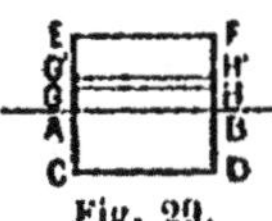

Fig. 29.

$$\mu = \frac{M}{S}. \tag{2}$$

Décomposons le cylindre en tranches infiniment minces, telles que GHG'H'. Nous pouvons regarder le champ comme constant en tout point de chacune de ces tranches. Soit φ la valeur du champ dans la tranche GHG'H'; en appelant dm la quantité d'électricité contenue dans cette tranche la valeur absolue de la force électrique s'exerçant sur cette quantité et que nous savons être dirigée vers l'extérieur de la surface est :

$$dF = \pm \varphi dm \tag{3}$$

Le signe + ou le signe — convenant suivant que dm est positif ou négatif, dF devant toujours être positif. Pour avoir la valeur de φ en un point de la tranche, appliquons le théorème de Gauss à la surface fermée CDGH. Cette surface constitue un tube de force, et le flux de force à travers ses parois se réduit à la somme des flux qui traversent les bases. Or le flux à travers CD est nul, puisque le champ est nul en tout point de cette base. Le flux à travers GH est $\pm \varphi$ S, le signe + convenant dans le cas où la couche est formée d'électricité positive le signe — dans le cas contraire. En appelant m la quantité d'électricité contenue dans CDGH, nous avons donc :

$$(4) \qquad \pm \varphi S = 4\pi m \text{ d'où } \pm \varphi = \frac{4\pi m}{S}.$$

En portant cette valeur dans l'expression (3) on obtient :

$$(5) \qquad dF = \frac{4\pi m dm}{S}.$$

Pour avoir la force totale s'exerçant sur l'électricité comprise entre CD et EF, il nous suffit d'intégrer cette expression depuis $m = 0$ jusqu'à $m = M$, nous obtenons

$$(6) \qquad F = \frac{4\pi}{S}\int_0^M m dm = \frac{2\pi}{S} M^2$$

d'où

$$(7) \qquad \tau = \frac{F}{S} = 2\pi \frac{M^2}{S^2}$$

ou, en tenant compte de la relation (2)

$$(8) \qquad \tau = 2\pi\mu^2$$

Cette formule de Thomson est précieuse parce qu'elle permet, quand la distribution électrique est connue à la surface d'un conducteur (μ connu en chaque point), d'en déduire la valeur des forces de tensions et d'évaluer leurs résultantes, c'est-à-dire de trouver les forces électriques qui tendent à mettre le conducteur en mouvement. Nous en ferons usage à propos des électromètres.

CONSERVATION DE L'ÉLECTRICITÉ

Mesure des quantités d'électricité. — Les propriétés des écrans et le théorème de Faraday (page 61), permettent d'obtenir un appareil donnant la mesure de la quantité totale d'électricité que possède un corps, ou un système de corps quelconque. Supposons un conducteur creux C (*fig.* 30), isolé et mis en communication avec un électroscope à feuilles d'or, et introduisons dans la cavité, en soulevant le couvercle D, un corps A dont la charge totale est M. D'après le théorème de Faraday, une quantité — M d'électricité est attirée par influence sur la surface S_2. Si nous admettons pour un instant *que la charge totale d'un conducteur isolé soumis à l'influence et primitivement à l'état neutre est nulle*, une quantité d'électricité + M se trouve répandue sur la surface S_1 et sur les feuilles de l'électroscope. La distribution de cette quantité d'électricité ne dépendant pas de la position occupée par le corps électrisé à l'intérieur de la cavité, le champ qu'elle produit extérieurement en est aussi indépendant. D'autre part, le champ extérieur résultant de la charge du corps A et de la quantité d'électricité — M répandue sur S_2 est nul.

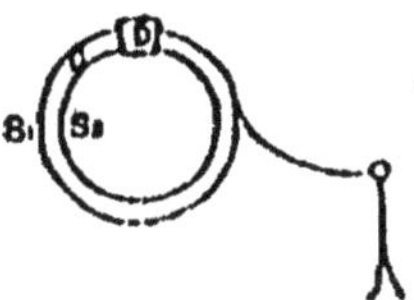

Fig. 30.

Par conséquent, le champ extérieur ne dépend pas de la position de A et les feuilles de l'électroscope doivent conserver le même écartement, quelle que soit cette position. Cet écartement ne variera qu'avec la somme des quantités d'électricité introduites dans la cavité.

Puisque, pour arriver à la conception de cet appareil, nous nous sommes appuyés sur une loi que nous n'avons pas encore démontrée, il est indispensable d'établir les propriétés de l'appareil que nous venons de signaler par l'expérience seule.

Pour cela, prenons comme conducteur creux un cylindre métallique C (*fig.* 31) reposant sur un bloc P de paraffine pour l'isoler, fermé par un couvercle percé d'un trou et communiquant avec un électroscope à feuilles d'or. Introduisons, par l'ouverture du couvercle, une boule électrisée portée par une longue tige de verre. On voit les feuilles d'or diverger, mais la divergence est indépendante de la position qu'occupe la boule à l'intérieur du cylindre; elle ne varie même pas quand on fait toucher à la boule conductrice la paroi interne du cylindre; dans ce cas, comme nous le savons, il ne reste pas d'électricité dans la cavité, la charge de la boule a passé tout entière à l'extérieur. (La déviation des feuilles d'or est rendue visible par projection.)

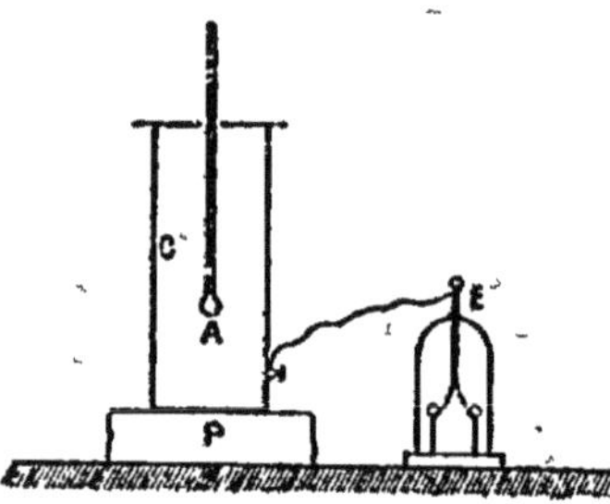

Fig. 31.

Afin de montrer expérimentalement que l'écartement des feuilles d'or ne dépend que de la somme algébrique des charges placées dans la cavité, introduisons dans le cylindre de petits corps électrisés chargés de quantités d'électricité,

m, m', m'', connues par la balance de Coulomb, et notons la divergence des feuilles, qui reste indépendante de la position de ces corps. Nous pouvons constater ensuite que l'introduction d'un seul corps électrisé, dont la charge, déterminée par la balance de Coulomb est égale à la somme $m + m' + m''$ des charges primitivement introduites produit encore la même divergence des feuilles d'or.

Nous désignerons cet appareil sous le nom de *cylindre de Faraday*, car c'est Faraday qui a établi le premier les propriétés que nous venons d'indiquer.

Loi de la conservation de l'électricité. — Le cylindre de Faraday permet de démontrer une loi fondamentale, la loi de la *conservation de l'électricité* qui peut s'énoncer ainsi : *La somme algébrique des quantités d'électricité que contient un système isolé reste la même quels que soient les phénomènes physiques, chimiques ou mécaniques qui ont lieu dans le système.*

Vérifions cette loi en étudiant successivement les trois modes d'électrisation que nous connaissons :

1° *Électrisation par frottement.* Plaçons dans l'intérieur du cylindre de Faraday (*fig.* 32), un manchon M de laine dans lequel peut se mouvoir un long bâton d'ébonite B. La laine et l'ébonite étant à l'état neutre, les feuilles de l'électroscope ne divergent pas. Si nous frottons l'ébonite contre la laine, les deux substances s'électrisent, mais les feuilles restent au contact, indiquant ainsi que la quantité totale de l'électricité du système est restée nulle. Il est d'ailleurs facile de s'assurer que la laine et l'ébonite sont électrisées ; il suffit

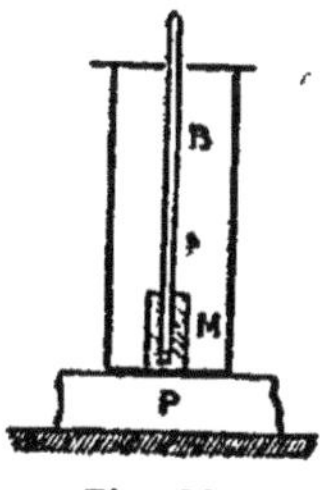

Fig. 32.

de retirer le bâton, qui emporte avec lui l'électricité dont il était chargé : les feuilles divergent.

2° *Électrisation par contact.* Coulomb a constaté au moyen de sa balance, que si l'on met en contact une sphère électrisée A et une sphère de même dimension à l'état neutre, les deux sphères possèdent après le contact une même charge, égale à la moitié de la charge primitive de A. C'est une vérification de la loi de la conservation de l'électricité. Pour faire une vérification plus générale, il suffit d'introduire dans le cylindre de Faraday des corps isolés, électrisés ou non, et de les mettre ensuite au contact; l'écartement des feuilles d'or de l'électroscope est le même avant et après le contact.

3° *Electrisation par influence.* Plaçons dans le cylindre de Faraday un conducteur isolé C. L'introduction d'un corps électrisé, qui agit par influence sur ce conducteur C, produit la même divergence que si celui-ci n'existait pas ; ce qui prouve que les charges développées par influence sur C ont une somme algébrique nulle.

La conservation de l'électricité a été admise par tous les anciens physiciens : elle résultait d'ailleurs de l'hypothèse qui consiste à regarder l'électricité comme un fluide. Des expériences de vérification n'ont paru nécessaires que du jour où l'idée de fluide fût mise en doute et où la loi de la conservation de la chaleur fût reconnue fausse.

M. Lippmann a indiqué une méthode mathématique permettant d'exprimer analytiquement la loi de la conservation de l'électricité ; nous l'exposerons plus loin (*Voir note B*).

INFLUENCE ÉLECTRIQUE. — CAPACITÉ

Théorème. — *Lorsqu'une enceinte conductrice contient un seul conducteur électrisé A, tous les points de l'air environnant étant à l'état neutre, dans l'état d'équilibre, 1° toute la surface interne de l'enceinte est électrisée négativement et celle de A positivement, si le potentiel du corps est plus grand que celui de l'enceinte; 2° la surface de l'enceinte est électrisée positivement et celle de A négativement si le potentiel de A est plus petit que celui de l'enceinte; 3° les deux surfaces sont à l'état neutre, si le potentiel de A est égal à celui de l'enceinte.*

Supposons d'abord le corps A à un potentiel plus élevé que l'enceinte. Une ligne de force partant de la surface du corps ne peut se fermer sur elle-même ni revenir sur le conducteur A, puisque, d'après nos hypothèses, elle traverse un milieu à l'état neutre ; elle rencontre donc la surface interne S, de la cavité. Or, le corps A étant à un potentiel plus élevé que l'enceinte, le potentiel va en décroissant le long d'une ligne de force à partir de A; par suite, d'après les propriétés connues des lignes de forces, A est chargé positivement. On démontrerait de même que tout point de la surface interne de l'enceinte est électrisé négativement, en considérant une ligne de force partant de B.

Les deux autres parties du théorème se démontrent auss de la même manière.

Les réciproques de chacune de ces parties sont évidentes. Supposons en effet qu'en un point de la surface de A se trouve une charge positive; il faut nécessairement que A soit à un potentiel plus grand que celui de l'enceinte, car s'il était plus petit ou égal, la surface de A serait, d'après le théorème, ou chargée négativement, ou à l'état neutre.

Remarque. — Si le corps A est isolant et possède une charge positive telle que le champ soit dirigé vers l'extérieur de A pour tout point infiniment voisin de sa surface, tous les points de l'enceinte conductrice seront encore électrisés négativement, d'après la même démonstration, et inversement. Mais si la charge du corps isolant A est telle que près de sa surface le champ soit pour certains points dirigé vers l'extérieur et pour d'autres vers l'intérieur de A, on ne peut plus rien dire de général sur la charge de l'enceinte.

Conséquences. — Si l'on met en communication avec le sol un conducteur AB soumis à l'influence d'un corps isolé S électrisé positivement, ce conducteur doit être chargé sur toute sa surface d'électricité négative. En effet celle-ci fait alors partie de la surface interne de la cavité constituée par les murs de la salle et, d'après ce qui précède elle doit être chargée d'électricité de nom contraire à celle qui est répandue sur le corps électrisé S.

Ce théorème permet également de se rendre compte pourquoi les feuilles d'un électroscope ne divergent pas quand on approche de la boule un corps électrisé, lorsque cette boule est mise en communication avec le sol. A vrai dire, le phénomène est complexe. Si les parois de la cloche qui entoure les feuilles étaient conductrices, l'explication serait simple : ces parois et les feuilles communiquant avec le sol seraient au même potentiel et par conséquent les feuilles ne devraient présenter aucun phénomène d'électrisation, quelles que soient les masses électriques situées extérieurement à la cloche. Mais ces parois étant en verre, il devrait en être autrement. En réalité le verre de la cloche, dans la partie qui n'est pas garantie par du vernis, est recouvert d'une couche d'eau qui le rend conducteur et ce verre par l'intermédiaire de la garniture métallique placée au bas de l'appareil, communique avec le sol ; l'explication précédente subsiste donc. Remarquons que le verre humide n'étant que médiocre conducteur de l'électricité, il ne doit pas se mettre instantanément au même potentiel, que le sol ; or, tant que l'égalité de potentiel n'est pas atteinte les feuilles de l'électroscope sont chargées et elles divergent. C'est ce qui a lieu si on approche brusquement un bâton de résine électrisé d'un électroscope dont la garniture inférieure et la boule sont reliées au sol, ou, ce qui revient au même, sont reliées entre elles; on voit les feuilles s'écarter pendant un instant, puis revenir au contact. Cette expérience montre bien qu'une surface conductrice fermée ne protège complètement les corps intérieurs que dans l'état d'équilibre, ce qui n'a pas lieu pendant la translation du bâton de résine.

Théorème. — *Si M est la charge du conducteur A quand l'excès de son potentiel sur celui de l'enceinte est V, la charge de ce conducteur devient — M quand son excès de potentiel sur l'enceinte devient — V.*

Dans le premier état d'équilibre du système, l'excès de potentiel est V et la charge M ; dans le second état, l'excès de potentiel est — V et la charge de A a une certaine valeur que nous appellerons M'. En superposant ces deux états d'équilibre nous obtenons un troisième état d'équilibre dans lequel le corps A et l'enceinte sont au même potentiel, et la charge de A est M + M'. Or, d'après le théorème précédent, de l'égalité des potentiels il résulte que A est à l'état neutre; on a donc M + M' = 0, et par suite M' = — M.

Théorème de la capacité électrique. — *La charge d'un conducteur A placé seul à l'intérieur d'une enveloppe conductrice est proportionnelle dans l'état d'équilibre à l'excès de potentiel du conducteur A sur l'enceinte.*

L'énoncé de ce théorème, comme celui des précédents indique que le conducteur A doit avoir le même potentiel en tous ses points et qu'il en est de même pour l'enceinte, ce qui aura lieu nécessairement en toute rigueur si le corps A et l'enceinte sont homogènes. En tout cas, l'état d'équilibre exige que le champ soit nul partout à l'intérieur de chaque conducteur, pour que le potentiel y soit le même dans toute son étendue.

Ce point étant rappelé, supposons d'abord que le conducteur A présente dans l'état d'équilibre un potentiel dont la valeur absolue soit 1, que le potentiel de l'enceinte soit 0 et qu'aucune charge n'existe à l'extérieur de l'enceinte.

Désignons alors par C la charge de A ; la charge de l'enceinte est — C, d'après le théorème de Faraday.

Multiplions maintenant par V la densité électrique en tous les points. La charge de A devient CV, celle de l'enceinte — CV. Le potentiel est multiplié partout par V ; par conséquent le potentiel de A devient V et celui de l'enceinte reste 0.

La valeur du champ est aussi partout multipliée par V;

par conséquent elle reste nulle à l'intérieur des conducteurs; le nouvel état est donc encore un état d'équilibre.

Or, comme pour une différence de potentiel déterminée V entre le corps A et l'enceinte il n'y a qu'un seul état d'équilibre possible, quelles que soient les charges électriques extérieures à l'enceinte, qui forme écran électrique, et quelle que soit la valeur absolue du potentiel, toutes les fois que la différence du potentiel entre A et l'enceinte sera V, la charge de A sera égale à CV et celle de l'enceinte à — CV.

Ainsi, la charge du conducteur A est proportionnelle à son excès de potentiel V sur l'enceinte.

Nous avons admis implicitement que V était positif; si l'on supposait V négatif, la charge serait, d'après le théorème précédent, égale à — CV; elle est donc encore proportionnelle à l'excès de potentiel.

Capacité électrique. — Le coefficient C par lequel il faut multiplier la différence de potentiel entre un conducteur A et l'enceinte qui le contient pour avoir la charge de ce conducteur est, par définition, *la capacité du conducteur* A. En appelant M la charge positive ou négative de ce corps, on a pour la capacité

$$C = \frac{M}{V}. \tag{1}$$

La capacité dépend de la forme du corps et de celle de l'enceinte et aussi de la position du conducteur dans l'enceinte. La définition de la capacité d'un corps suppose en outre que le conducteur est *seul* dans l'enceinte.

Cas de plusieurs conducteurs placés dans une enceinte. — Remarquons que si un conducteur isolé A ne se trouve qu'en présence de conducteurs B, C communiquant avec l'enceinte, comme ces derniers conducteurs peuvent être alors considérés comme faisant partie de l'enceinte, la charge de A sera proportionnelle à la différence de potentiel V de A sur l'enceinte ; il en sera de même aussi de la charge de nom contraire de chacun des conducteurs B, C, etc., puisqu'en chaque point de l'enceinte la densité électrique est proportionnelle à V, d'après le théorème de la *capacité électrique.*

Cela posé, considérons plusieurs conducteurs A, B, C... situés à l'intérieur d'une enceinte conductrice fermée dont nous supposerons le potentiel égale à 0, pour plus de simplicité dans l'exposition, mettons tous ces conducteurs, sauf l'un d'eux, A, en communication avec l'enceinte, par des fils métalliques assez fins pour que l'influence de leur charge soit négligeable; le potentiel de A aura une certaine valeur V_a, le potentiel des autres conducteurs sera celui de l'enceinte, 0. La charge de A sera égale au produit $C_a V_a$ du potentiel du corps par sa capacité électrique C_a. Les charges des autres conducteurs sont de signe contraire à celle de A, et proportionnelles à l'excès du potentiel V_a de A sur l'enceinte. Nous désignerons leurs coefficients de proportionnalité, appelés *coefficients d'influence*, par la lettre I affectée d'indices indiquant le conducteur considéré et le conducteur qui reste isolé de l'enceinte. Ainsi dans l'état d'équilibre résultant des communications que nous avons supposé établies, nous avons :

	Conducteurs	Potentiels	Charges
État (1)	A	V_a	$C_a V_a$
	B	0	$- I_{ba} V_a$
	C	0	$- I_{ca} V_a$
	. . . .	. . . .	. . . .

La signification des indices restant la même, considérons un second état dans lequel tous les conducteurs, sauf B, sont mis en communication avec l'enceinte, nous avons :

$$\text{État (2)} \left\{ \begin{array}{lll} A & 0 & -I_{ab}V_b \\ B & V_b & C_bV_b \\ C & 0 & -I_{cb}V_b \\ \ldots & \ldots & \ldots \end{array} \right.$$

En continuant ainsi à mettre successivement en communication tous les conducteurs, sauf un, avec l'enceinte, nous obtenons autant d'états d'équilibre qu'il y a de conducteurs dans le système. La superposition de tous ces états d'équilibre nous donne un état d'équilibre du système dans lequel tous les conducteurs sont isolés de l'enceinte et sont aux potentiels quelconques V_a, V_b, V_c.. Les charges de ces conducteurs sont données par les formules

$$(2) \left\{ \begin{array}{l} M_a = + C_aV_a - I_{ab}V_b - I_{ac}V_c - \ldots \\ M_b = - I_{ba}V_a + C_bV_b - I_{bc}V_c - \ldots \\ M_c = - I_{ca}V_a - I_{cb}V_b + C_cV_c - \ldots \\ \ldots\ldots\ldots\ldots\ldots\ldots \end{array} \right.$$

Comme il n'y a qu'un seul état d'équilibre possible pour des potentiels déterminés, ces relations déterminent la valeur des charges, quand les potentiels sont connus.

Du reste, l'enceinte conductrice formant un écran électrique parfait dans l'état d'équilibre, pour les phénomènes qui ont lieu dans son intérieur, nous pouvons, comme nous l'avons déjà fait, supposer l'enceinte à un potentiel absolu quelconque par le fait de l'existence des masses électriques extérieures à l'enceinte, sans que les relations précédentes soient modifiées, pourvu que V_a, V_b, V_c... désignent les excès des potentiels des conducteurs du système considéré sur le potentiel de l'enceinte.

Bien entendu, les coefficients d'influence I, comme les capacités C, dépendent non seulement de la forme du conducteur mais encore de leur position.

On peut démontrer que les coefficients d'influence de deux conducteurs l'un sur l'autre sont égaux entre eux ($I_{ab} = I_{ba}$)[1]; de là le nom de *coefficient d'influence mutuel* qu'on leur donne souvent.

Cas particulier de deux conducteurs très éloignés. — Prenons le cas très simple où deux conducteurs seulement

(1) La démonstration de cette égalité repose sur un théorème très simple dû à Gauss. *Si on a successivement deux systèmes électrisés, la somme des produits d'une masse électrique m d'un système par le potentiel V' que donnerait en ce point l'autre système, est le même pour les deux systèmes*; c'est-à-dire que l'on a

$$\Sigma mV' = \Sigma m'V. \qquad (1)$$

Il suffit de remplacer V et V' par leurs expressions $\left(\sum \frac{m}{r} \text{ et } \sum \frac{m'}{r}\right)$ dans la relation précédente et de constater qu'on obtient ainsi une identité.

Si le système ne se compose que de conducteurs électrisés ayant dans toute leur étendue le même potentiel, en désignant par M et M' les charges d'un conducteur dans chacun des deux états, la relation (1) devient

$$\Sigma MV' = \Sigma M'V. \qquad (2)$$

Appliquons cette relation en prenant pour chacun des deux états les états (1) et (2) considérés dans le texte; comme les potentiels sont nuls, sauf celui de A dans le premier état et celui de B dans le second, la relation (2) se réduit à :

$$-I_{ba}V_aV_b = -I_{ab}V_bV_a;$$

d'où

$$I_{ba} = I_{ab}.$$

A et A′ sont situés dans l'enceinte. Si ces conducteurs sont suffisamment éloignés, la charge $I_{A'A}\,V_A$ développée en A′ communiquant avec l'enceinte quand A présente sur celle-ci un excès de potentiel V_A est négligeable, c'est-à-dire que les coefficients I peuvent être considérés comme nuls dans les formules (2). Alors, en désignant par M et M′ les charges de ces conducteurs, par V et V′ les excès de leurs potentiels sur celui de l'enceinte, nous avons :

$$M = CV, \qquad M' = C'V'.$$

Lorsqu'on réunit ces conducteurs par un fil métallique assez fin pour que sa charge soit négligeable, leurs potentiels prennent une même valeur x et, puisqu'il y a conservation de l'électricité, la charge totale des deux corps reste $M + M'$. Du reste, la charge du premier devient Cx, celle du second $C'x$; donc,

$$Cx + C'x = M + M' = CV + C'V' ;$$

et, pour la valeur du potentiel commun aux deux conducteurs

$$x = \frac{CV + C'V'}{C + C'}.$$

Cette formule nous montre une nouvelle analogie entre le potentiel et la température. En effet, si C et C′ désignaient les capacités calorifiques des deux corps, A et A′, V et V′ leurs températures, la température de chacun des corps après leur contact serait précisément la valeur de x donnée par la formule précédente.

Cas où l'enceinte est infinie. — Comme nous l'avons

fait remarquer, la capacité d'un conducteur donné dépend de la forme de l'enceinte et de la position du conducteur dans l'enceinte. Mais considérons un conducteur isolé A, contenant une quantité M d'électricité, situé seul dans une enceinte conductrice de dimensions infinies. D'après la formule $V = \Sigma \frac{m}{r}$, le potentiel absolu V dans les régions voisines du conducteur sera indépendant de la distribution de la charge électrique — M, sur l'enceinte, puisque r est infini pour les termes $\frac{m}{r}$ correspondant à ces quantités d'électricité. Dès lors le champ restera le même dans le voisinage de A, si la forme de l'enceinte infinie est modifiée ; la distribution électrique sur A et le potentiel absolu de ce conducteur sont donc indépendants de la forme de l'enceinte infinie. Comme cette enceinte est au potentiel absolu zéro, le potentiel absolu V de A représente l'excès de potentiel de A sur l'enceinte : *la capacité* $C = \frac{M}{V}$ *du conducteur* A *est donc indépendante de la forme de l'enceinte*; c'est une caractéristique de ce conducteur.

Faisons observer immédiatement que l'on ne peut considérer l'enceinte formée par une salle, même de grandes dimensions, comme infinie par rapport aux conducteurs de dimensions ordinaires qui s'y trouvent placés. Nous le montrerons ultérieurement par le calcul dans un cas particulier. Il en résulte que le cas où nous nous sommes placés pour définir la capacité est le cas général en pratique.

Variation de la capacité d'un conducteur. — Il n'est pas inutile de vérifier expérimentalement que la capacité d'un conducteur dépend de sa forme et de la position qu'il occupe dans l'enceinte.

D'après la formule (1) la charge d'un conducteur est $M = CV$.

Si donc sa charge reste constante, sa capacité augmente lorsque son potentiel diminue, et réciproquement. D'autre part, les indications de l'électroscope à feuilles d'or ou de l'électromètre de Henley ne dépendent que de leur charge, et, par conséquent, de l'excès de potentiel des corps avec lesquels ils sont mis en communication, sur le potentiel des parois de la salle ; ces instruments pourront donc accuser les variations de la capacité.

Prenons un électroscope à feuilles d'or dont la tige centrale supporte à sa partie supérieure un plateau conducteur, et plaçons sur ce plateau une chaîne métallique. En électrisant le plateau et la chaîne qu'il supporte, ces corps prennent par rapport aux parois de la salle un excès de potentiel accusé par la déviation des feuilles d'or. Si, au moyen d'une substance isolante, nous saisissons une des extrémités de la chaîne et que nous la soulevions en partie au-dessus du plateau, nous réalisons un conducteur dont certaines portions se déplacent par rapport aux parois de la salle ; or nous constatons que les feuilles d'or se rapprochent, ce qui indique que leur excès de potentiel diminue et, par conséquent que la capacité du conducteur formé par le plateau et la chaîne a augmenté.

On peut également montrer le fait de la variation de la capacité avec la forme de l'enceinte. Il suffit d'approcher la main, qui fait partie de la surface interne de l'enceinte, d'un conducteur chargé sur lequel est placé un électromètre de Henley ; la boule de l'électromètre s'abaisse, indiquant une diminution du potentiel et, par suite, une augmentation de la capacité, puisque la charge est demeurée constante.

Capacité d'un conducteur sphérique enfermé dans une enceinte sphérique concentrique. — Soient M la charge de ce conducteur S (*fig.* 33), V sa différence de potentiel avec l'enceinte S_1 que nous pouvons, pour plus de simplicité, supposer au potentiel 0, aucune charge n'existant à l'extérieur de S_1, puisque la capacité du conducteur intérieur S ne dépend pas de la valeur absolue du potentiel de l'enceinte ni des charges extérieures.

Fig. 33.

D'après le théorème de Faraday, la charge de la surface interne S_1 de la cavité est — M, et, comme il n'y a pas de charges électriques à l'extérieur de cette surface, les masses électriques qui constituent le champ se réduisent à la charge + M du conducteur S et à la charge — M de la surface S_1.

Le potentiel étant le même en tous les points de l'intérieur de la sphère conductrice S, déterminons sa valeur au centre O de cette sphère. Les charges de chaque élément de la surface S du conducteur se trouvant à une même distance R du centre O, le potentiel produit par cette couche en ce point est $\frac{M}{R}$. Pour une raison semblable, le potentiel en O résultant de la charge — M située sur la surface sphérique S_1 de rayon R' est $-\frac{M}{R'}$. Le potentiel V du conducteur est donc :

$$V = \frac{M}{R} - \frac{M}{R'} = M\,\frac{R' - R}{RR'};$$

d'où :

$$M = V\,\frac{RR'}{R' - R},$$

et

$$C = \frac{M}{V} = \frac{RR'}{R' - R}. \tag{3}$$

Supposons l'enceinte infiniment grande. En mettant la

formule (3) sous la forme suivante :

$$C = \frac{R}{1 - \frac{R}{R'}},$$

et en y faisant $R' = \infty$, nous obtenons $C = R$; c'est-à-dire que la capacité d'une sphère isolée placée dans une enceinte infinie est égale à son rayon.

Mais il est bon de montrer que quand la sphère est placée dans une salle même de grandes dimensions, il n'en est plus ainsi, si l'on ne se contente pas d'une approximation grossière. Pour fixer les idées supposons le rayon de la sphère égal à 10 centimètres et admettons que l'influence des parois de la salle soit la même que celle d'une salle sphérique concentrique à la sphère et ayant 5 mètres de rayon, nous obtenons:

$$C = \frac{10 \times 500}{500 - 10} = 10\left(1 + \frac{1}{49}\right).$$

La valeur de la capacité diffère donc du rayon de 1/49e de cette grandeur ; ceci confirme ce que nous avons déjà dit: on n'a pas le droit de considérer l'enceinte formée par les murs d'une salle comme infinie par rapport aux conducteurs de dimensions ordinaires. Cette approximation n'est permise que si le conducteur est très petit.

Prenons maintenant le cas où le rayon de la surface interne de l'enceinte diffère peu du rayon R de la sphère électrique et posons:

$$R' = R + e.$$

La formule (3) devient dans ce cas

$$C = \frac{R(R+e)}{e}.$$

Cette nouvelle expression nous montre que la capacité de la sphère augmente indéfiniment quand l'épaisseur de la couche d'air qui sépare les deux parties conductrices tend vers zéro.

Pour cette sphère, la capacité *par unité de surface* (charge par unité de surface pour une différence de potentiel égale à l'unité) a pour valeur le quotient de la capacité totale C par la surface $4\pi R^2$ de la sphère ; sa valeur est donc :

$$c = \frac{C}{4\pi R^2} = \frac{1 + \frac{e}{R}}{4\pi e}.$$

Remarques. Quand la différence e des rayons est très petite par rapport au rayon R de la sphère conductrice, on peut négliger le quotient $\frac{e}{R}$ vis-à-vis de l'unité, et la capacité par unité de surface se réduit à $\frac{1}{4\pi e}$. Cette expression devient rigoureuse dans le cas de deux conducteurs plans parallèles indéfinis séparés par une lame d'air d'épaisseur quelconque e, car ces plans peuvent être considérés comme des sphères de rayons infinis. La charge par unité de surface de l'un des plans, est $\frac{V}{4\pi e}$, en appelant V la différence de potentiel des deux plans, et la charge d'une surface finie S a pour valeur

$$M = \frac{S}{4\pi e} V.$$

Sur une surface égale de l'autre plan la charge ne diffère que par le signe.

Enfin, si l'on considère deux surfaces conductrices quelconques (*fig.* 34) dont la distance est très petite par rapport au rayon de courbure, les phénomènes d'influence électrique sont sensiblement les mêmes que si ces surfaces étaient planes; par conséquent la capacité par unité de surface de chacune d'elles est à très peu près égale à $\frac{1}{4\pi e}$.

Fig 34.

Condensateurs. — L'étude de la capacité que nous venons de faire nous donne l'explication du phénomène de la *condensation électrique.*

On appelle *condensateur électrique* un appareil formé de deux surfaces conductrices séparées par une mince couche de substance isolante; les deux surfaces conductrices sont appelées les *armatures* du condensateur. Tel est, par exemple, le *condensateur d'Œpinus* (*fig.* 35); il se compose de deux disques métalliques A et C portés par des supports isolants et dont on peut faire varier la distance au moyen d'une crémaillère; entre ces disques on peut placer une lame de verre B.

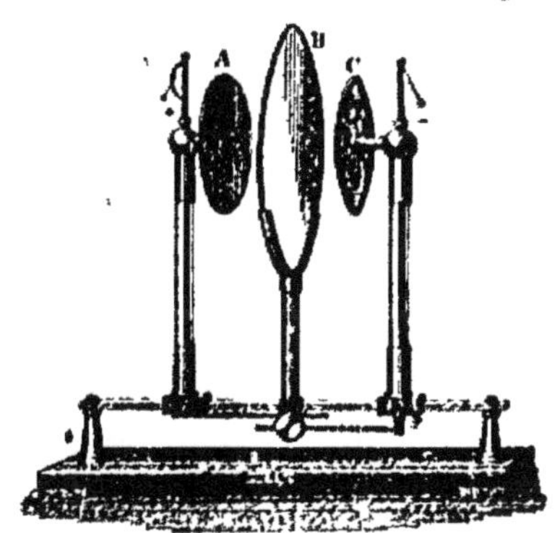

Fig. 35.

Un condensateur permet d'accumuler sur ses armatures de

grandes quantités d'électricité au moyen d'une *source électrique*. On désigne ainsi un appareil capable d'établir entre deux pièces conductrices appelées *pôles* une différence de potentiel, et qui tend constamment à rétablir cette différence, quand elle vient à être diminuée, en séparant les deux électricités, et déposant l'électricité positive sur l'un des pôles (*pôle positif*) et l'électricité négative sur l'autre pôle (*pôle négatif*); le pôle positif se trouve ainsi amené, par le jeu de l'appareil, à un potentiel plus élevé que le pôle négatif. Les *machines électriques*, les *piles*, sont des sources électriques.

Charge d'un condensateur. — Pour *charger* un condensateur, on met respectivement en communication chacune de ses armatures avec les pôles d'une source électrique. L'armature en communication avec le pôle positif prend ainsi un potentiel plus élevé que celle qui communique avec le pôle négatif; d'après ce qui a été vu plus haut, la première se charge d'électricité positive et la seconde d'électricité négative sur leurs faces en regard, et ces charges, pour une même différence de potentiel entre les armatures, sont d'autant plus grandes que la distance des armatures est plus faible et leur surface plus étendue. Nous avons vu, en effet, qu'en désignant par S la surface des armatures, par e leur distance et par V leur différence de potentiel, la charge de chacune d'elles est sensiblement donnée par la formule $\frac{SV}{4\pi e}$, si c'est une lame d'air qui sépare les armatures.

Souvent, on dit que pour charger un condensateur on met l'une des armatures en communication avec le sol, l'autre avec la source; on suppose alors implicitement que l'autre pôle de la source communique avec le sol, de sorte qu'en réalité les deux armatures sont bien reliées aux deux pôles. Cette règle pour charger un condensateur est venue de l'usage de la machine de Ramsden, dont l'un des pôles est, par construction, mis en communication avec le sol.

Les machines électriques à frottement ou à influence (machine de Ramsden, machine de Holtz, etc.) permettent d'obtenir une différence de potentiel considérable entre leurs pôles, si on laisse les charges électriques s'accumuler sur ceux-ci ; mais elles ne séparent pas rapidement les deux électricités et ne fournissent qu'avec une certaine lenteur les charges électriques aux pôles et par conséquent aux armatures d'un condensateur. Quand on emploie ces machines pour les charges des condensateurs, la différence de potentiel des armatures augmente assez lentement pour qu'on puisse faire cesser la charge dès qu'elle a atteint une valeur suffisante, en supprimant la communication entre un pôle de la source et l'armature correspondante, et laissant celle-ci isolée.

La charge d'un condensateur est d'ailleurs limitée par la cause suivante : dès que la différence de potentiel des armatures a atteint une certaine valeur, les électricités contraires se combinent sous forme d'étincelle, en perçant la lame isolante. Comme le verre, et en général les isolants solides se laissent bien plus difficilement traverser par l'étincelle électrique que l'air ; quand on veut obtenir de fortes charges sur les armatures on sépare celles-ci par une lame de verre. Nous verrons un peu plus loin une autre influence qu'exerce cette lame de verre sur la valeur de la charge.

Décharge d'un condensateur. — Si l'on réunit les armatures d'un condensateur chargé par un conducteur, elles se mettent au même potentiel : le condensateur est déchargé ;

il y a donc mouvement de l'électricité à travers le conducteur ; ce mouvement donne lieu à une étincelle au moment du contact et quand il se produit à travers les corps humains il en résulte une forte secousse. Les effets des décharges électriques étant d'autant plus intenses que la quantité d'électricité qui s'écoule est plus considérable, l'emploi des condensateurs est utile pour leur étude, puisque ces appareils permettent d'accumuler sur leurs armatures une grande quantité d'électricité.

Capacité d'un condensateur. — Quand le condensateur est fermé c'est-à-dire quand l'une des armatures enveloppe complètement l'autre, on appelle capacité du condensateur *la capacité de l'armature interne.*

La capacité d'un condensateur sphérique à lame d'air a pour valeur, d'après la formule (3) de la page 94.

$$C = \frac{RR'}{R' - R}.$$

Dans le cas où l'épaisseur e de la couche d'air qui sépare les armatures est négligeable vis-à-vis du rayon de l'armature interne, il résulte de ce que nous avons dit à propos de la capacité d'une sphère par unité de surface (page 96), que la capacité de ce condensateur est approximativement

$$C = \frac{S}{4\pi e},$$

S désignant la surface de l'armature interne

Cette formule représente également avec une grande approximation la capacité d'un condensateur de forme quelconque, mais dans lequel on peut négliger l'épaisseur de la couche d'air par rapport au rayon de courbure en un point quelconque.

Quand l'armature externe d'un condensateur fermé est mise

en communication avec le sol, elle forme dans l'état d'équilibre un écran électrique pour les points extérieurs, et les charges des deux armatures ne peuvent électriser par influence les conducteurs voisins. Si donc aucune autre masse d'électrécité ne se trouve dans la salle, tous les points de cette salle restent à l'état neutre, malgré la présence du condensateur : la surface extérieure de l'armature externe, qui communique avec les parois de la salle, ne doit pas être électrisée.

Lorsque le condensateur n'est pas fermé, cette conséquence n'est pas rigoureusement vraie. Mais nous avons vu qu'une surface conductrice non fermée, mise en communication avec le sol, constitue, en pratiqué, un écran électrique presque parfait. Aussi n'y a-t-il pas d'électricité libre en quantité appréciable sur la surface extérieure A′ B′ (*fig.* 36) de l'armature d'un condensateur plan qui est mis en communication avec le sol. C'est ce qu'on peut constater avec un plan d'épreuve.

A′ A C C′
B′ B D D′
Fig. 36.

Au contraire sur la face extérieure C′D′ de l'autre armature, qui est à un potentiel différent de celui des parois de la salle, se trouve une charge électrique ; mais cette charge est beaucoup plus faible que celle qui est située sur la face CD ; elle provient de ce que C′D′ et les parois de la salle forment un condensateur de faible capacité. La charge totale $M = CV$ de l'armature CDC′D′ se compose donc d'une charge C_1V située sur CD et d'une charge très petite C_2V située sur C′D′. C'est la quantité C_1 que nous prendrons pour capacité d'un condensateur ouvert ; la capacité d'un condensateur ouvert est donc *la charge que prennent les surfaces en regard des deux armatures pour une différence de potentiel égale à l'unité.*

D'après ce que nous avons vu, cette capacité est donnée à très peu près par la relation

$$C_1 = \frac{S}{4\pi e},$$

en désignant par S la surface des armatures en regard et par e leur distance. La légère inexactitude de cette formule dans le cas d'un condensateur ouvert tient à ce que près du bord des armatures la capacité par unité de surface est supérieure à $\frac{1}{4\pi e}$.

Rôle de la lame isolante. — L'expérience apprend que si on substitue à la couche d'air qui sépare les armatures d'un condensateur une lame isolante de même épaisseur, la charge des armatures augmente pour une même valeur de la différence de potentiel. La capacité du condensateur a donc augmenté et, pour avoir sa valeur, il faut multiplier le second membre de l'expression précédente par un coefficient K plus grand que l'unité et qui ne dépend que de la nature de la substance interposée ; ce coefficient est appelé le *pouvoir inducteur spécifique* ou *la constante diélectrique* de la substance.

Ce résultat de l'expérience ne doit pas nous surprendre. En effet, les formules trouvées pour exprimer la capacité d'un condensateur sont déduites de la formule fondamentale des actions électriques.

$$(1) \qquad f = \frac{mm'}{r^2}.$$

Cette formule n'ayant été établie que lorsque les corps électrisés sont placés dans l'air, ses conséquences peuvent ne pas être vraies quand le milieu isolant qui sépare les conducteurs n'est plus l'air. L'expérience ne se trouvant pas d'accord avec les conséquences de cette formule dans le cas d'un condensateur à lame isolante solide ou liquide, nous devons en conclure que la formule (1) ne s'applique exactement que dans le cas où les masses électriques sont situées dans l'air. Aussi, dans la définition de l'unité électrostatique de quantité d'électricité, il faut, pour être précis, ajouter que les masses électriques sont supposées placées dans l'air. Nous reviendrons plus loin sur cette importante question.

Une autre cause vient encore augmenter la capacité d'un condensateur à lame isolante solide ou liquide; c'est la pénétration à travers cette lame d'une partie des charges électriques des armatures.

On peut d'abord montrer que les charges électriques sont situées presqu'entièrement sur les faces opposées de la lame isolante par l'expérience bien connue de la bouteille de Leyde démontable : cette bouteille étant chargée, on la démonte, en enlevant l'armature intérieure par un crochet isolant; on fait communiquer ses armatures avec le sol pour les ramener à l'état neutre, et on remonte la bouteille; en réunissant les deux armatures par un conducteur, on obtient une forte étincelle.

Non seulement les électricités contraires se portent sur les faces mêmes de la lame isolante, mais en outre, par suite de leur attraction mutuelle, elles pénètrent à une certaine profondeur à l'intérieur de la lame dont la conductibilité n'est jamais complètement nulle. On le démontre, en formant la lame isolante d'un paquet de feuilles de mica; après avoir chargé le condensateur, on démonte celui-ci et l'on sépare les feuilles de mica; or, on trouve que les feuilles placées près de l'armature positive sont chargées positivement et que celles qui sont placées près de l'armature négative sont chargées négativement, de plus en plus faiblement, du reste, à mesure qu'elles sont plus éloignées des armatures.

Ce phénomène de pénétration donne au condensateur une capacité plus grande, puisque les charges sont ainsi plus rapprochées.

La pénétration explique aussi le phénomène de la *charge résiduelle*. Quand, après avoir chargé un condensateur à isolant solide, on le décharge en mettant momentanément ses armatures en communication par un arc métallique, on trouve au bout de quelques minutes que le condensateur est de nouveau chargé, et l'on peut en tirer une seconde étincelle par une nouvelle communication des armatures; on peut même au bout de quelque temps obtenir encore une troisième étincelle et même parfois plusieurs autres, mais de plus en plus faibles, bien entendu.

Ces charges résiduelles, qui apparaissent au bout de quelque temps, sont dues à la rétrogradation sur les armatures des charges électriques qui avaient pénétré à l'intérieur de la lame isolante.

Historique de la condensation électrique. — Différentes formes de condensateur. La découverte de la condensation est due à un évêque de Poméranie, Von Kleist, qui, en 1745, essaya d'électriser du mercure contenu dans un vase de verre tenu à la main, en mettant par une tige de fer le mercure en communication avec le conducteur d'une machine à frottement. En voulant retirer avec sa main libre le conducteur qui amenait l'électricité, il reçut une forte secousse. Nous ferons remarquer que la surface de la main touchant le verre formait une des armatures du condensateur et que l'autre armature était formée par la surface du mercure faisant face à la main. Mais la découverte de Von Kleist resta ignorée, et l'année suivante deux physiciens, Cuneus et Allamand, élèves de Musschenbroek, professeur à Leyde, observaient le même phénomène en voulant électriser de l'eau. Musschenbroeck répéta l'expérience avec un vase de verre mince et reçut une secousse si violente qu'en faisant à Réaumur le récit de l'expérience il lui écrivait qu'il ne voudrait pas la recommencer pour la couronne de France. Tous les physiciens répétèrent alors une expérience aussi curieuse et il fut bientôt reconnu que l'eau pouvait être remplacée par tout autre conducteur. Dans le but de rendre la bouteille plus légère, Bevis remplaça l'eau par des feuilles d'or chiffonnées; il colla aussi extérieurement à la bouteille une feuille d'étain afin d'obtenir une décharge plus intense. Grâce à cette feuille d'étain les armatures du condensateur ont, en effet, une surface plus considérable. C'est encore sous cette forme qu'est construite la *bouteille de Leyde*.

En augmentant la grandeur de la bouteille on obtint une plus forte décharge ; on employa alors de grands bocaux, à l'intérieur et à l'extérieur desquels étaient collées deux feuilles d'étain; ces bocaux sont appelés des *jarres* et l'ensemble de plusieurs *jarres* placées dans une caisse en bois recouverte intérieurement de papier d'étain et dont les armatures internes sont réunies entre elles constitue une *batterie*.

L'étude des condensateurs montra à Franklin que les deux armatures étaient chargées d'électricités contraires; cette étude fut complétée par Œpinus.

Disposition des condensateurs en cascade. -- La

différence de potentiel que l'on peut établir entre les deux armatures d'un condensateur est limitée par le danger de percer le verre qui les sépare, et cette limite est inférieure à la différence de potentiel que peut donner une bonne machine. On peut éviter la rupture de l'isolant en chargeant les condensateurs, que nous supposerons être des bouteilles de Leyde, par une disposition due à Franklin et qui est connue sous le nom de disposition en cascade. Dans cette disposition, chacune des bouteilles est isolée et l'armature externe de l'une est mise en communication avec l'armature interne de la suivante, l'armature interne de la première est reliée à un des pôles de la source, l'armature externe de la dernière est reliée à l'autre pôle de la source ou au sol, si ce pôle est lui-même en communication avec le sol. Si le pôle qui communique avec l'armature interne de la première bouteille est le pôle positif et si V_1 est la différence de potentiel des armatures de ce condensateur, une charge positive $M = C_1V_1$ se trouve sur cette armature et une charge égale d'électricité négative se trouve sur l'armature externe. Cette dernière armature communiquant avec l'armature interne de la seconde bouteille, celle-ci possède une charge $+ M$, et, si nous désignons par C_2 la capacité de ce second condensateur et par V_2 la différence de potentiel de ses armatures, nous avons $M = C_2 V_2$. On voit, en poursuivant ce raisonnement, que pour chaque bouteille de la cascade on a $M = CV$.

Il en résulte les égalités

$$C_1V_1 = C_2V_2 = C_3V_3 = \ldots = C_nV_n ;$$

si nous supposons tous les condensateurs identiques, nous

avons

$$C_1 = C_2 = C_3 = \dots = C_n,$$

et, par conséquent

$$V_1 = V_2 = V_3 = \dots = V_n.$$

La différence de potentiel entre les armatures extrêmes de la cascade est égale à la somme $V_1 + V_2 + V_3 + V_n$; elle est donc égale à n V, si nous appelons V la différence de potentiel des armatures de l'un quelconque des condensateurs. La différence de potentiel des armatures extrêmes étant celle des pôles de la source, on voit que la différence de potentiel des armatures de chaque condensateur n'est que la n^e partie de celle des pôles ; en prenant n suffisamment grand, il sera facile d'éviter la rupture du verre par l'étincelle pendant la charge.

Remarquons que, quel que soit le nombre des bouteilles, la quantité d'électricité fournie par la machine pour les charger est toujours M.

Les bouteilles étant chargées en cascade, il est possible, comme le faisait Franklin, de réunir ces bouteilles en batterie afin d'obtenir l'écoulement d'une grande quantité d'électricité pendant la décharge. Il suffit pour cela de supprimer, au moyen d'un crochet de substance isolante, les communications de la disposition en cascade, de réunir ensemble toutes les armatures internes et de mettre en communication avec le sol toutes les armatures externes. Par le fait de ces communications il y a égalisation des potentiels entre toutes les armatures internes d'une part, et toutes les armatures externes d'autre part ; il en résulte un mouvement d'électricité qui ne fait perdre aux condensateurs qu'une partie insignifiante de leur charge.

On obtient ainsi avec une source pouvant donner une différence de potentiel nV entre ses pôles et fournissant une quantité M d'électricité le même résultat qu'avec une source, pouvant donner une différence de potentiel V et fournissant une charge nM aux bouteilles disposées directement en batterie.

Inversement, si l'on a une source capable de produire une très grande quantité d'électricité dans l'unité de temps, mais ne présentant entre ses pôles qu'une très faible différence de potentiel, comme cela a lieu dans les *piles électriques*, il peut être au contraire avantageux, au point de vue des effets à produire, de disposer les condensateurs en batterie pour la charge, qui a lieu alors presque instantanément quelle que soit la capacité, et de les disposer en cascade pour la décharge. C'est ce qu'a fait M. Planté dans un appareil qu'il a appelé *machine rhéostatique*. Cet appareil se compose de 30 condensateurs à grande surface et dont la lame isolante, en mica, est très mince. Ces condensateurs sont chargés au moyen d'une pile puissante, formée de 800 accumulateurs Planté et qui présente entre ses pôles une différence de potentiel de 5 à 6 unités électrostatiques. Lorsque les condensateurs sont chargés, on les réunit en cascade au moyen d'un commutateur tournant et on obtient ainsi aux extrémités de la cascade une différence de potentiel valant environ 160 unités électrostatiques. La charge des condensateurs s'effectuant presque instantanément, on peut faire tourner très vite le commutateur et obtenir entre les branches d'un excitateur communiquant respectivement avec les armatures extrêmes de la cascade, des étincelles de 4 centimètres de longueur qui se succèdent si rapidement que le trait de feu paraît continu.

DÉCHARGE ÉLECTRIQUE

Chaleur dégagée dans la décharge. — Quand un conducteur est le siège d'une décharge, on constate que ce conducteur s'échauffe ; la quantité de chaleur dégagée dépendant de la charge qui s'écoule, on doit, pour observer des effets intenses, se servir de la décharge d'un condensateur de grande capacité. Quand le conducteur traversé par la décharge n'est pas identique dans toutes ses parties, cette quantité de chaleur ne se distribue pas uniformément; ainsi la chaleur créée dans un conducteur fin est plus grande que dans un gros conducteur; comme, d'autre part, la capacité calorifique du conducteur fin est plus faible, il s'échauffe beaucoup et peut être fondu et même volatilisé sans que le gros conducteur s'échauffe sensiblement. C'est ce qu'on constate en faisant passer la décharge à travers un fil métallique fin, et par l'expérience classique du portrait de Franklin.

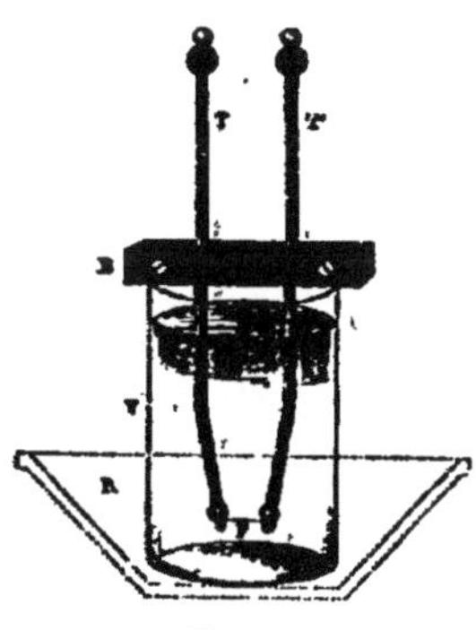

Fig. 37.

Quand la volatilisation d'un fil de platine s'effectue au sein de l'eau, au moyen de la disposition représentée par la figure

37, le verre qui contient l'eau est brisé par la secousse due à la brusque volatilisation du fil; de là le nom de *torpille électrique* donnée à cette expérience.

Décharge disruptive. — Étincelle électrique. — Le mode de décharge que nous venons d'examiner est appelé *décharge conductive*. Il en existe un autre qui se produit sous forme d'étincelle, quand on fait passer la décharge à travers un corps isolant ; c'est la *décharge disruptive* toujours accompagnée d'une rupture de l'isolant. L'expérience du *perce verre* (¹) est un exemple de ce mode de décharge; l'étincelle électrique éclatant dans l'air est également une décharge dis-disruptive. La haute température à laquelle se trouvent portées les particules gazeuses est là cause de l'éclat de l'étincelle, et de la propriété que possède celle-ci d'enflammer les corps combustibles ou les mélanges détonants et, en général de déterminer les réactions chimiques qui nécessitent une température élevée.

La longueur de l'étincelle dépend de plusieurs conditions. Lorsque l'étincelle éclate entre deux conducteurs de même forme et de même nature, dans un même milieu, sa longueur dépend de la différence de potentiel qui existe entre les deux conducteurs, et non de la quantité d'électricité qui s'écoule.

On peut le montrer de la manière suivante :

Un conducteur isolé A (*fig.* 38) muni d'un *électromètre de Henley* E, est relié à la boule B d'un excitateur universel, dont l'autre boule C communique avec le sol. On charge le con-

(¹) Pour faire avec succès cette expérience, il est bon de prendre un verre légèrement concave et de mettre au fond de la courbure une goutte d'essence de térébenthine dans laquelle plonge la pointe supérieure de l'instrument; on évite ainsi le contournement de la lame de verre par l'étincelle.

ducteur A avec le pôle isolé d'une machine électrique dont l'autre pôle est au sol.

La charge du conducteur A fait diverger le pendule P de l'électromètre de Henley, l'angle d'écart de ce pendule, dé-

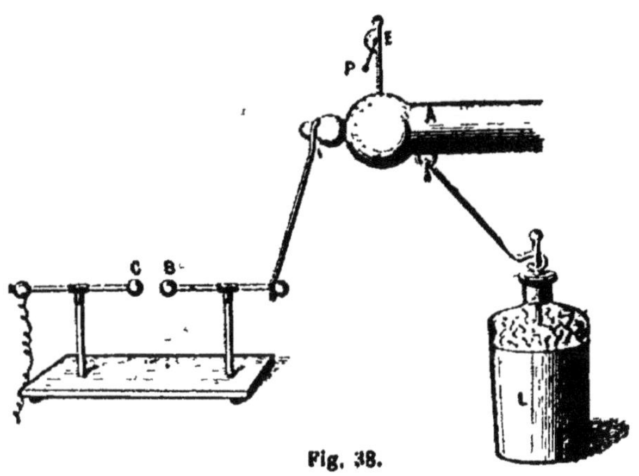

Fig. 38.

pendant de sa charge et de celle des parties voisines, est toujours le même pour un même excès de potentiel, sur les parois de la pièce où l'on opère. Par conséquent, pour une même divergence du pendule, la différence de potentiel entre les deux boules C et B est toujours la même. On constate alors que le pendule diverge toujours autant au moment où l'étincelle éclate entre les boules C et B, soit que le conducteur soit chargé seul, soit qu'il se trouve relié à l'armature intérieure d'une bouteille de Leyde dont l'autre armature communique avec le sol. Or, dans ce dernier cas, la quantité d'électricité qui s'écoule dans l'étincelle, étant la somme des charges du conducteur et de l'armature intérieure de la bouteille, est bien plus considérable que dans le premier cas.

En écartant les boules C et B davantage, la divergence du pendule est plus grande au moment de l'explosion, ce qui indique que la différence de potentiel entre les deux boules est plus grande.

Beaucoup de physiciens se sont occupés de la mesure des distances explosives nous ne parlerons ici que des travaux de MM. Bichat et Blondlot, de M. Baille et de M. Mascart.

MM. Bichat et Blondlot faisaient éclater l'étincelle entre deux sphères de cuivre ayant chacune 1 centimètre de diamètre et mesuraient les différences de potentiel au moyen d'un électromètre que nous décrirons plus tard. Leurs résultats, conformes à ceux des expériences de M. Baille, sont inscrits dans le tableau suivant :

Distance explosive cent.	Différences de potentiel unités C. G. S.
0,1	16,1
0,2	27,5
0,4	47,7
0,6	64,9
0,8	77,0
1,0	84,7
1,5	97,8
2,0	104,5

Les électromètres ne permettant plus la mesure des différences de potentiels capables de produire une étincelle de plus de 2 à 3 centimètres de longueur, M. Mascart a dû avoir recours à une autre méthode pour effectuer cette mesure dans ses expériences sur les grandes distances explosives. En réalité il ne mesurait pas les différences de potentiel en valeur absolue ; il cherchait ce que devenait la distance explosive quand la différence de potentiel devenait 2, 3, 4, 5, ou 6 fois plus grande.

L'appareil employé par M. Mascart est formé de six condensateurs disposés en cascade (*fig.* 39), dont chacune des armatures communique avec une boule métallique. Ces boules

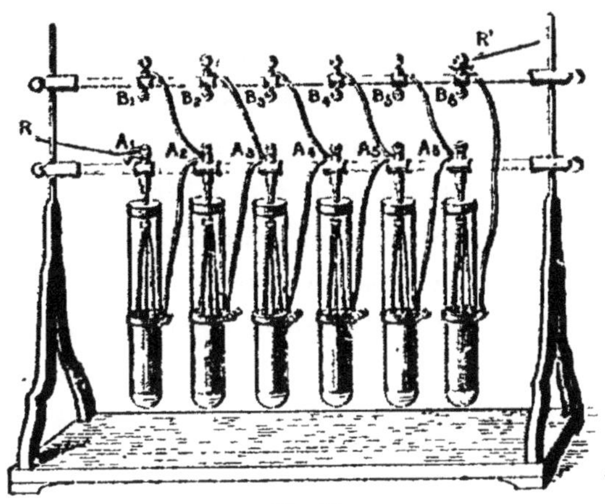

Fig. 39.

sont disposées de telle sorte que deux boules reliées, l'une A, à l'armature interne d'une bouteille, l'autre B, à l'armature externe de la même bouteille, se trouvent sur une même verticale, et sont séparées par une distance, variable à volonté, mais qui est la même pour les six groupes formés par ces boules. Les armatures extrêmes de la cascade sont reliées par les tiges R et R' à des conducteurs terminés par des boules mobiles que nous désignerons par C et D. Ces armatures étant mises en communication avec les pôles d'une source électrique, on arrive par tâtonnements à donner aux boules C et D une distance telle que l'étincelle a lieu indifféremment soit entre ces boules, soit simultanément entre les six paires de boules de la cascade, les charges des armatures d'une même bouteille se combinant alors à travers chacune de ces six étincelles. La distance explosive entre les boules C et D correspond ainsi à une différence de potentiel six fois plus grande que celle à laquelle correspond la longueur des étincelles qui éclatent entre les boules A et B

On conçoit donc qu'en modifiant le nombre des bouteilles de la cascade et en faisant varier la distance des boules de celle-ci, on puisse mesurer un grand nombre de distances explosives correspondant à des différences de potentiel évaluées au moyen d'une unité arbitraire.

Voici un tableau donnant les valeurs absolues des différences de potentiel correspondant aux distances explosives entre deux boules de 3 centimètres de diamètre, d'après les expériences relatives de M. Mascart et d'après la valeur absolue (104,5) trouvée par MM. Bichat et Blondlot pour la distance de 2 centimètres.

Distances explosives	Valeur absolue de la différence de potentiels en unités C G S	Différences
2cent.	104,5	
3	124	19,5
4	141	17
5	153	12
6	164	11
7	173	9
9	181	8
10	187	6
11	192	5
12	196	4
13	199	3
15	206	7

On voit par ce tableau que pour un même accroissement

d'un centimètre dans la distance explosive, les accroissements dans les différences de potentiels vont en diminuant à mesure que la distance explosive augmente. Aussi, en construisant

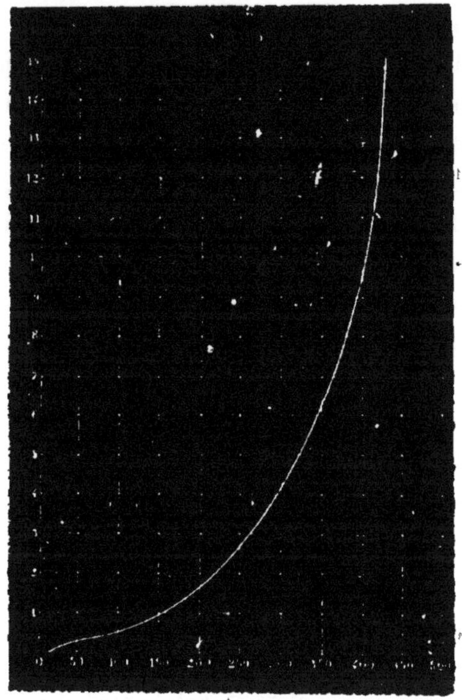

Fig. 40.

une courbe (*fig.* 40) [1] ayant pour abcisses les différences de potentiel et pour ordonnées les distances explosives, cette courbe se relève rapidement et semble tendre vers une asymptote parallèle à l'axe des ordonnées. Quoiqu'il ne soit pas permis de conclure d'expériences faites seulement jusqu'à

[1] Les différences de potentiel portées en abcisses sur la courbe sont évaluées avec une unité arbitraire.

15 centimètres ce qui se passe pour de très grandes distances explosives, il est probable pourtant, d'après l'allure de cette courbe, que la distance explosive devient énorme pour des différences de potentiel peu supérieures à celles que nous pouvons obtenir.

La différence de potentiel nécessaire pour produire une étincelle de longueur donnée dépend de la forme des conducteurs entre lesquels elle éclate. C'est ce qui résulte des recherches de M. Baille. Dans une première série d'expériences, M. Baille faisait éclater l'étincelle entre deux sphères de diamètres différents; il a constaté que la différence de potentiel correspondant à une même distance explosive passe par un maximum, quand les diamètres des deux sphères sont égaux. Une autre série a été effectuée en prenant des sphères égales et en faisant varier leur diamètre commun.

M. Baille a reconnu que, dans ces conditions, à chaque distance explosive correspond un diamètre des boules qui donne la différence de potentiel maximum ; ces diamètres qui fournissent le maximum sont d'autant plus grands que la distance explosive est elle-même plus grande. Comme on le voit, la relation qui existe entre la longueur de l'étincelle et la différence de potentiel qui la produit est complexe, et nous n'en connaissons pas encore tous les éléments.

Décharges dans les gaz raréfiés. — Lorsqu'on raréfie l'air dans lequel on fait éclater l'étincelle, la longueur de celle-ci, pour une même différence de potentiel, augmente avec la raréfaction. Le fait est facile à vérifier en faisant éclater l'étincelle entre deux conducteurs enfermés dans un long tube dans lequel on peut faire le vide. Des expériences faites dans ces conditions il résulte que si la force élastique de l'air est voisine de la pression atmosphérique, la différence de potentiel nécessaire pour produire une étincelle de longueur donnée est proportionnelle à la force élastique de l'air.

L'aspect de l'étincelle produite dans l'air raréfié est tout différent de celui qu'elle présente dans l'air à la pression normale : une lumière violacée entoure le conducteur négatif et la plus grande portion de l'étincelle, qui semble partir du conducteur positif, possède une teinte rose. Cette lumière est d'ailleurs très riche en rayons ultra-violets et provoque facilement la fluorescence. On le constate, par exemple, en produisant la décharge dans un tube en verre d'urane qui prend une belle fluorescence verte.

La loi précédente n'est plus exacte pour de très faibles forces élastiques ; la différence de potentiel nécessaire à la production de l'étincelle finit par augmenter, au contraire, à mesure que la raréfaction devient plus grande et, à partir d'une certaine limite, on ne peut même plus faire éclater l'étincelle à très petite distance avec des différences de potentiel considérables. Dans ce cas, il n'y a pas non plus de décharge obscure, car Masson a constaté que si l'on place la langue, organe très sensible au passage de l'électricité, sur le trajet du conducteur, on n'éprouve aucune sensation.

Lorsqu'on produit la décharge dans des gaz très raréfiés, mais non suffisamment pour empêcher tout passage d'électricité, on constate des phénomènes très remarquables, observés pour la première fois par Goldstein et vulgarisés quelque temps après par Crookes.

L'un des appareils employés par Crookes se compose d'une ampoule de verre dans les parois de laquelle sont soudés quatre fils de platine entre lesquels peut s'effectuer la décharge (*fig.* 41). On met l'un de ces fils en communication avec le pôle négatif d'une source électrique à haut potentiel (ordinairement une bobine de Ruhmkorff, qui donne une plus grande quantité d'électricité que les machines électrostatiques) et successivement l'un des trois autres avec le pôle positif de cette source. Quand l'air ou la vapeur contenu dans l'appareil possède une force élastique convenable, la décharge s'effectue en présentant une lueur violette au pôle négatif et une lueur rose sur une assez grande longueur à partir du pôle positif; entre la lumière violette et le pôle négatif se trouve un espace obscur très étroit. Quand la force élastique diminue, la lueur rose diminue, et finit par disparaître; en même temps l'espace obscur s'agrandit et la lumière violette est refoulée loin du pôle négatif; enfin, pour une force élastique suffisamment faible, la lueur violette même finit par disparaître. Le phénomène est alors indépendant de la position du pôle positif et, au point de vue optique, la décharge ne se manifeste plus que par la fluorescence du verre dans laquelle elle se produit; sur la portion de l'ampoule diamétralement opposée au pôle négatif se produit un maximum de fluorescence très prononcé.

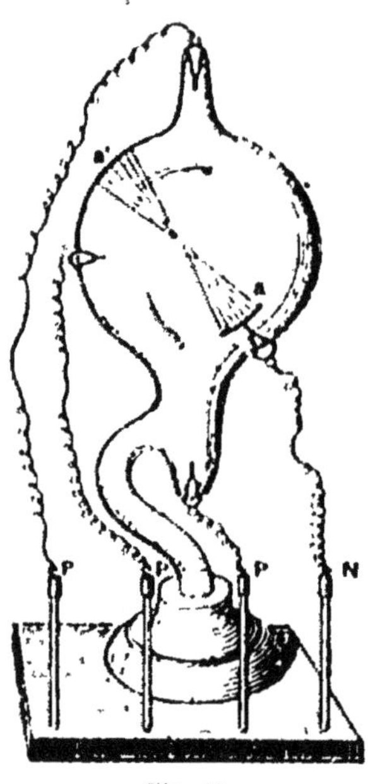

Fig. 41.

Pour produire les variations de la force élastique, Goldstein et Crookes se servaient d'une ampoule dans laquelle se trouvait un peu d'oxyde de potassium (KO) et une très petite quantité de vapeur d'eau. A froid, cette vapeur se combinait avec l'oxyde de potassium et la force élastique dans le tube devenait excessivement petite ; en chauffant l'ampoule, l'oxyde de potassium abandonnait de l'eau et la force élastique de la vapeur augmentait. Les expériences de Goldstein et de Crookes montrent que la décharge dans une atmosphère excessivement raréfiée donne naissance à des radiations identiques ou peut-être analogues seulement aux radiations ultraviolettes. Ces radiations sont émises normalement par l'électrode négative, se meuvent en ligne droite, sont capables de produire des effets calorifiques et mécaniques, et d'exciter la fluorescence.

L'émission normale et la transmission rectilignes de ces radiations sont mises en évidence en donnant à l'électrode négative la forme d'un miroir sphérique concave *a* ; la fluorescence ne se développe avec intensité que sur la portion *a'* de l'ampoule découpée par un cône ayant pour sommet le

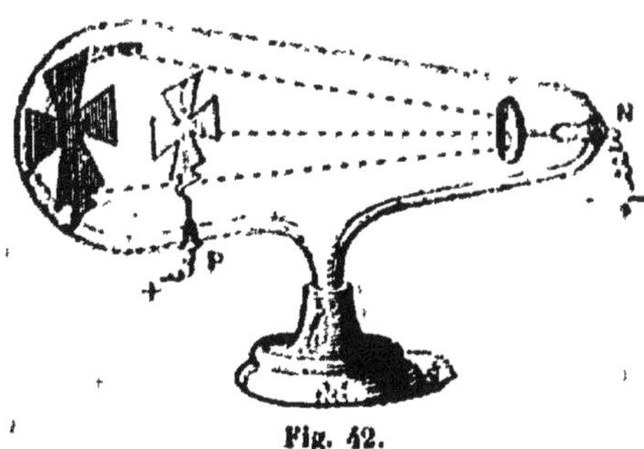

Fig. 42.

centre de courbure du miroir et pour base le miroir. En outre, si l'on met sur le trajet des radiations un objet opaque, comme une croix d'aluminium, une image obscure se forme sur la partie fluorescente (*fig.* 42). En plaçant le centre de courbure du miroir en un point d'une plaque de platine très mince, on voit la plaque rougir en ce point. Enfin, en disposant conve-

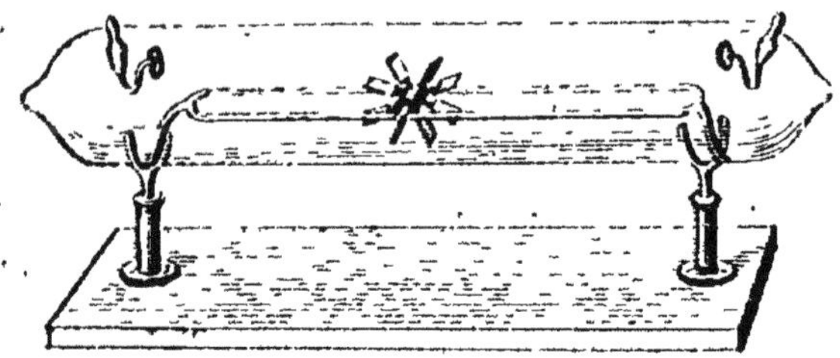

Fig. 43.

nablement un moulinet (*fig.* 43) dont les ailettes sont frappées par ces radiations, ce moulinet entre en mouvement.

Influence de la nature du gaz. — M. Baille a trouvé que dans des gaz différents, à la pression et à la température ordinaires, la différence de potentiel explosive pour une même distance n'avait pas la même valeur ; ainsi pour l'hydrogène elle n'est environ que la moitié de celle qui est nécessaire dans l'air.

Influence de la température. — Quand on élève la température d'un gaz, la différence de potentiel explosive diminue. Si cette différence variait proportionnellement à la densité du gaz, on aurait, en appelant V cette différence, la relation

$$V(1 + \alpha t) = \text{constante}.$$

Les expériences faites à ce sujet montrent qu'il n'en est pas ainsi, et que la loi de la variation de la différence de potentiel explosive avec la température se rapproche plus de celle qui est donnée par la relation

$$V(1 + \alpha t)^3 = \text{constante}.$$

Cette influence de la température permet d'expliquer pourquoi il arrive quelquefois qu'après avoir eu quelque difficulté à obtenir une première étincelle, on obtient ensuite plus facilement les autres : l'air se trouvant échauffé par le passage de la première étincelle, la différence de potentiel explosive diminue.

Éclat et durée de l'étincelle. — Le bruit et l'éclat de l'étincelle dépendent de la quantité d'électricité qui s'écoule. On peut s'en convaincre en comparant l'étincelle qui éclate entre les deux pôles d'une machine et celle qui résulte de la décharge d'un condensateur chargé par cette machine ; l'éclat et le bruit sont plus intenses dans ce dernier cas.

M. Feddersen, dans des expériences remontant à 1857, a cherché si la durée de l'étincelle était appréciable, en examinant son image dans un miroir tournant ; si la décharge n'est pas instantanée, on doit apercevoir, pour une vitesse suffisante du miroir, une image élargie ; c'est ce qu'a constaté M. Feddersen.

En prenant un miroir concave donnant une image réelle de l'étincelle sur un papier photographique, il a pu enregistrer les phénomènes de la décharge d'un condensateur. Quand on interpose dans le circuit des corps plus ou moins résistants, comme des colonnes d'eau distillée ou d'acide sulfurique, on fait varier l'aspect de l'image de l'étincelle. Lorsque la résistance du circuit est très considérable, la décharge est *intermittente* et l'image se compose d'une série de traits lumineux parallèles séparés par des intervalles obscurs ;

ces intervalles sont à peu près égaux entre eux dans la partie de l'image qui correspond au commencement du phénomène et deviennent de plus en plus grands dans l'autre partie. Si la résistance diminue, la décharge se fait presque instantanément et l'image se compose d'un trait net, dont les extrémités présentent des traînées s'étendant normalement au trait; ces traînées correspondent à deux lueurs de durée sensible qui se produisent sur les boules de décharge; elles augmentent quand la résistance du circuit diminue. Enfin, quand la résistance diminue encore, la décharge devient *oscillatoire* : des flammes d'intensités décroissantes apparaissent alternativement à chacune des boules de décharge et l'image prend l'apparence de la figure 44.

Fig. 44.

Cette apparence indique une succession de décharges dans lesquelles l'électricité positive s'échappe alternativement de chacune des boules. A chaque décharge l'électricité positive se précipite de l'armature positive du condensateur avec tant d'impétuosité que, non seulement elle neutralise l'électricité négative de l'autre armature, mais en outre charge positivement celle-ci, ce qui fait que le rôle des armatures est renversé.

Ce dernier résultat est intéressant. Rapproché de divers autres faits et, en particulier de la décharge oscillante d'une bobine de Ruhmkorff constatée par M. Berstein et par M. Mouton, il semblerait indiquer que l'électricité est une sorte de matière douée de masse mécanique. Il serait certainement imprudent d'être trop affirmatif sur ce point ; mais on ne peut s'empêcher de remarquer que cette conception expliquerait simplement la décharge oscillatoire et beaucoup d'autres phénomènes électriques.

ÉNERGIE ÉLECTRIQUE

Travaux des forces électriques. — Soient A, B, C..., (*fig.* 45) des conducteurs chargés d'électricité, placés au milieu d'un diélectrique à l'état neutre, et à l'intérieur d'un conducteur creux, dont nous désignerons par S la surface interne, tous ces conducteurs A, B, C... S étant *homogènes* et de même nature. Dans cet état, que nous représenterons par l'état (1), les potentiels des divers conducteurs du système sont, en général, différents ; si nous mettons ces conducteurs en communication avec la surface S, nous obtenons un nouvel état d'équilibre (0) dans lequel les conducteurs A, B, C..., sont à l'état neutre et au même potentiel que la surface enveloppe S. Dans le passage de l'état (1) à l'état (0), il y a eu mouvement des masses électriques, et par suite les forces électriques ont accompli des travaux, dont nous désignerons la somme par T. Cette somme, essentiellement positive puisque le système passe à l'état neutre, ne dépend d'ailleurs pas de la manière dont s'opère le passage de l'état (1) à l'état (0). En effet, la force électrique qui s'exerce entre deux particules d'électri-

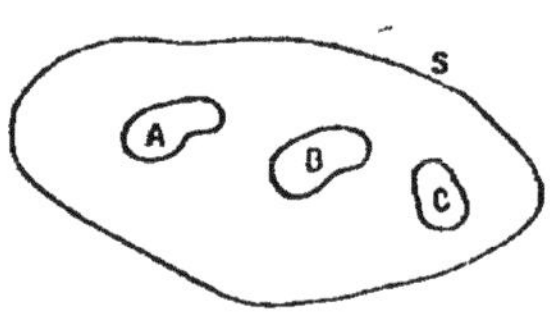

Fig. 45.

cité est dirigée suivant la droite qui joint les particules et ne dépend que de leur distance; or, on démontre en Mécanique que le travail des forces de cette espèce ne dépend que de l'état initial et de l'état final du système.

Ces forces électriques sont des forces *intérieures* au système formé par les corps électrisés ; la somme T des travaux de ces forces représente donc, dans le cas considéré, la diminution de l'*énergie potentielle* du système, puisque, par définition, la variation d'énergie potentielle d'un système est égale à la somme des travaux des forces intérieures. Si le système n'est soumis à aucune force *extérieure* pendant son passage de l'état (1) à l'état (0) l'*énergie totale* reste constante. Comme les états (1) et (0) sont des états d'équilibre, la force vive est nulle ; il faut donc, puisqu'il y a eu diminution de l'énergie potentielle, qu'une autre forme de l'énergie ait été créée dans le système. En général, la plus grande partie de cette nouvelle forme de l'énergie est de l'énergie calorifique, une très petite partie seulement se trouvant sous la forme de l'énergie vibratoire qui produit le bruit de l'étincelle. Si nous négligeons cette énergie vibratoire, et si nous appelons Q la quantité de chaleur créée dans le système, nous avons donc :

$$JQ = T,$$

J étant l'équivalent mécanique de la chaleur. La connaissance du travail accompli par les forces électriques permettra donc de calculer la quantité de chaleur Q créée dans le système. De là l'intérêt de l'évaluation de ce travail.

Énergie électrique. — Si, au lieu de nous restreindre au cas où les conducteurs sont de même nature, et où le déplacement des masses électriques a lieu par suite de la mise en communication des conducteurs avec l'enveloppe, nous considérons le cas général d'un système de conducteurs homogènes ou non, enfermés dans une enveloppe conductrice, et passant d'un état à un autre, par suite du déplacement des masses électriques, soit par conductibilité, soit par transport des conducteurs ou des isolants qui portent ces masses, il y aura encore un travail des forces électro-électriques. Nous appellerons *variation d'énergie électrique* du système la somme T des travaux de ces forces prise en signe contraire. Par suite, il y a *diminution* d'énergie électrique quand T est *positif*, et *augmentation* d'énergie électrique quand T est *négatif*.

Dans le cas particulier considéré précédemment, la variation d'énergie électrique — T est égale à la variation de l'énergie potentielle. Mais dans le cas général il n'en est plus ainsi, car les forces intérieures au système comprennent, outre les forces électro-électriques, les forces pondéro-électriques, dont le travail peut être différent de zéro.

On peut, dans le cas où les conducteurs sont homogènes et de même nature, définir la *valeur absolue* de l'énergie électrique. Remarquons que, quand le système est à l'état neutre, que nous désignons par (0), il ne peut y avoir diminution de l'énergie électrique lorsque le système passe de cet état à un autre état quelconque (1). Par conséquent, nous pouvons, par définition, dire que dans cet état (0), *l'énergie électrique est nulle*. Il en résulte que dans l'état (1) la valeur absolue de l'énergie électrique est la variation d'énergie résultant du passage de l'état (0) à l'état (1). L'énergie électrique d'un système est donc, d'après ces conventions, une quantité essentiellement positive.

REMARQUE. — Dans la plupart des cas où l'on fait usage de conducteurs hétérogènes, les différences de potentiel entre les conducteurs sont considérables par rapport aux différences de potentiel qui peuvent exister entre les divers points d'un même conducteur en équilibre électrique; les travaux des forces pondéro-électriques existant à l'intérieur des conducteurs sont donc aussi très petits par rapport à ceux des forces électriques et peuvent être négligés. Il en résulte qu'on peut encore ici appliquer sans grande erreur ce qui a été dit plus haut, dans le cas des conducteurs homogènes de même nature, au sujet de la définition de la valeur absolue de l'énergie électrique et au sujet de la création de chaleur, équivalente à la diminution de l'énergie électrique.

Il est facile, pratiquement, d'accroître l'énergie électrique d'un système. Si nous prenons des conducteurs à l'état neutre et placés dans une salle fermée, l'énergie électrique du système est nulle; en chargeant ces corps au moyen d'une machine électrique, l'énergie électrique n'est plus nulle. Il y a donc eu accroissement de l'énergie électrique.

Par suite de cet accroissement de l'énergie électrique, l'énergie totale du système a augmenté; des forces extérieures au système ont donc accompli un travail. Ces forces extérieures sont fournies par l'opérateur qui fait tourner le plateau de la machine. Prenons une machine de Holtz (dont la description complète sera ultérieurement donnée); dans cette machine, le plateau de verre mobile est en partie chargé d'électricité positive qu'il apporte à un peigne déjà chargé positivement, et en partie chargé d'électricité négative qu'il apporte à un peigne déjà chargé négativement. Par suite des répulsions qui s'exercent entre les électricités de même nature, le plateau tend à tourner en sens inverse de sa rotation normale; ce sont ces répulsions qui sont vaincues par l'opérateur. Elles ne sont pas négligeables, car si l'on verse sur les conducteurs d'une machine abandonnée à elle-même des quantités d'électricité sensiblement égales à celles qu'elle serait capable de fournir, le plateau de cette machine tourne en sens inverse de la rotation normale. On réalise cette expérience en reliant respectivement les pôles de deux machines de Holtz, et en faisant fonctionner l'une d'elles dans le sens normal; on voit alors le plateau de l'autre, (mis en mouvement par une très légère impulsion destinée à distribuer convenablement les charges électriques) se mettre à tourner très rapidement en sens inverse.

Expression mathématique de l'énergie électrique. — L'énergie électrique d'un système peut s'exprimer très

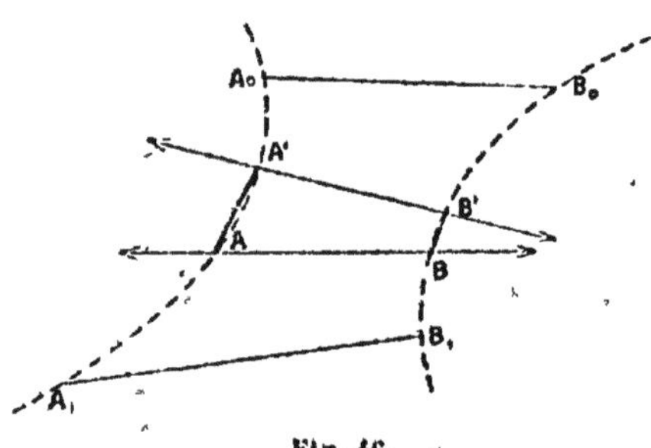

Fig. 46.

simplement au moyen des charges électriques et des potentiels des points où se trouvent ces charges.

Considérons deux points A et B (*fig.* 46) chargés de quantités m et m' d'électricités, que nous supposerons de même espèce. Chacun de ces points est soumis à une force répulsive donnée par la formule

$$f = \frac{mm'}{r^2},$$

r étant la distance des deux points Si nous donnons à chacun d'eux un déplacement infiniment petit, A vient en A' et B en B'; leur distance devient $r + dr$, et la somme des travaux élémentaires des deux forces est

$$(1) \qquad dw = f dr = \frac{mm'}{r^2} dr.$$

Dans le cas où les deux masses électriques sont de signes contraires, la force f conserve la même valeur mais devient attractive; le travail élémentaire change donc de signe, mais sa valeur est encore donnée par l'expression (1) puisque l'une des quantités m ou m' qui se trouvent dans le second membre change de signe. L'expression (1) est donc générale.

Quand le point A se déplace depuis A_0 jusqu'en A_1 et le point B de B_0 à B_1 le travail des forces électriques a pour expression

$$w = \int_{r_0}^{r_1} \frac{mm'}{r^2} dr = m \left(\frac{m'}{r_0} - \frac{m'}{r_1} \right).$$

Si nous supposons qu'il existe dans le champ d'autres points électrisés que les points A et B, nous aurons pour le travail des actions et des réactions qui s'exercent entre le point A et les autres points l'expression suivante :

$$W = m \left(\sum \frac{m'}{r_0} - \sum \frac{m'}{r_1} \right).$$

Or $\sum \frac{m'}{r_0}$ est le potentiel V_0 du point de départ A_0 ; de même $\sum \frac{m'}{r_1}$ est le potentiel V_1 du point d'arrivée A_1. Nous pouvons donc écrire

$$(1) \qquad W = m\,(V_0 - V_1).$$

Avant d'aller plus loin, faisons remarquer que nous avons déjà obtenu (page 25) cette expression pour le travail accompli par les forces électriques quand un point chargé d'une quantité m d'électricité se déplace depuis le point où le potentiel est V_0 jusqu'au point où le potentiel est V_1. Mais la démonstration que nous donnons ici est plus générale que celle que nous venons de rappeler, puisque dans cette dernière nous supposions que le potentiel en chaque point de l'espace restait constant pendant le déplacement du point électrisé.

Revenons à la formule (1) ; en y remplaçant m par la quantité m' qui charge le point B, V_0 et V_1 par les potentiels V'_0 et V'_1 aux points de départ et d'arrivée de ce point, nous obtenons pour le travail des actions et des réactions électriques qui s'exercent entre B et les autres points électrisés du système,

$$W' = m'\,(V'_0 - V'_1).$$

En considérant un troisième point nous avons

$$W'' = m''\,(V''_0 - V''_1).$$

Tous les autres points électrisés du système fournissent des égalités analogues, et en faisant la somme des seconds membres de ces égalités, nous obtenons

$$(2) \qquad \sum m\,(V_0 - V_1)$$

Cette somme est égale au double des travaux de toutes les forces électriques qui agissent sur les différents points électrisés constituant le système. En effet, le travail de la force que A exerce sur B est compris dans le terme W, puisque W est la somme des travaux des actions et *réactions* qui s'exercent entre le point A et les autres points du système; mais ce travail est aussi compris dans W'; il entre donc deux fois dans la somme de ces quantités. Comme il en est de même pour toutes les autres forces, la somme (2) est bien égale au double de la somme T des travaux de toutes les forces électriques du système. Nous avons donc

$$(3) \qquad T = \frac{1}{2}\sum m\,(V_0 - V_1) = \frac{1}{2}\left(\sum mV_0 - \sum mV_1\right)$$

Cette relation permet de trouver la valeur absolue de l'énergie d'un système de conducteurs enfermés dans une enceinte, en supposant le milieu isolant à l'état neutre, et en négligeant, dans le cas où les conducteurs sont hétérogènes, les différences du potentiel à l'intérieur d'un même conducteur. Soient M_1, M_2.... les charges de ces conducteurs, et V_1, V_2.... les excès de leurs potentiels sur le potentiel de l'enceinte, quand le système est dans un certain état d'équilibre que nous désignerons par (1). Si en dehors de l'enceinte se trouvent des masses électriques, leur action est nulle sur les corps placés à l'intérieur, quand ces corps sont en équilibre électrique, mais elle n'est pas nulle pendant le passage de l'état (1) à un nouvel état d'équilibre, puisque nous avons vu (page 70) qu'une enceinte conductrice fermée ne constitue pas un écran électrique lorsque les masses électriques placées dans son intérieur sont en mouvement. Toutefois le travail des forces électriques qui s'exercent entre les conducteurs intérieurs quand ce système passe d'un état à un autre, ne dépend pas des masses extérieures, puisqu'il ne dépend que l'état initial et de l'état final du système et que, dans ces états d'équilibre, les masses extérieures sont sans action. Nous pouvons donc supposer, sans pour cela apporter aucune restriction, qu'il n'y a pas de masses électriques à l'extérieur de l'enceinte. Dans ce cas, le potentiel de l'enceinte est nul. Si nous mettons tous les conducteurs en communication avec l'enceinte, nous obtenons un nouvel état d'équilibre, que nous avons appelé au commencement de ce chapitre, état (0), et dans lequel les potentiels de tous les corps sont nuls. Nous avons, par conséquent, zéro pour la valeur du terme $\sum mV_1$ qui, dans l'expression (3) du travail des forces électriques, correspond à l'état final. Pour la valeur du terme $\sum mV_0$ correspondant à l'état initial, nous avons

$$\sum mV_0 = M_1V_1 + M_2V_2 + \ldots\ldots$$

Par suite le travail des forces électriques quand on passe de l'état (1) à l'état (0), c'est-à-dire, d'après la définition donnée, l'énergie électrique du système, a pour expression,

$$T = \frac{1}{2}\sum MV.$$

REMARQUE — Quand on a un système de conducteurs dont les uns sont mis en communication avec l'enceinte, et dont les autres sont isolés et à l'état neutre, si l'on vient à charger quelques-uns de ces derniers, ces conducteurs chargés donneront seuls des termes dans l'expression de l'énergie du système. En effet, pour chacun des autres conducteurs isolés la charge totale M est nulle et pour ceux qui sont mis en relation avec l'enceinte l'excès de potentiel V est nul. Ce cas se présente, par exemple, quand on considère une série de condensateurs réunis en cascade ; seule l'armature mise en communication avec le pôle isolé de la source fournit un terme dans l'expression de l'énergie, les armatures réunies deux à deux formant des systèmes isolés primitivement à l'état neutre, et la dernière armature communiquant avec le sol.

Énergie d'un condensateur. — Prenons un condensateur dont une armature est mise en communication avec le sol. Si V est la différence de potentiel des deux armatures et M la charge de l'armature reliée à la source, l'énergie de ce condensateur est

$$T = \frac{1}{2} MV.$$

On peut d'ailleurs donner d'autres expressions de cette énergie, en introduisant la capacité C de l'armature en communication avec la source (à peine différente de ce que nous avons appelé capacité du condensateur) et en tenant compte de la relation M = CV.

On obtient ainsi une première expression

$$T = \frac{1}{2} CV^2$$

qui nous montre que l'énergie d'un condensateur est proportionnelle au carré de la différence de potentiel, et que, pour une même différence de potentiel, l'énergie de divers condensateurs est proportionnelle à leurs capacités.

En éliminant V on obtient une seconde expression

$$T = \frac{1}{2}\frac{M^2}{C}.$$

C'est-à-dire que l'énergie d'un condensateur est proportionnelle au carré de la charge de l'armature reliée à la source, et qu'à égalité de charge, l'énergie de divers condensateurs est en raison inverse de leurs capacités.

Remarque I. — L'énergie électrique étant connue, nous obtenons pour la quantité de chaleur Q résultant de la décharge du condensateur,

$$(4) \qquad Q = \frac{1}{2J} MV = \frac{1}{2J} CV^2 = \frac{1}{2J}\frac{M^2}{C}.$$

Dans ces expressions, si M, V, C sont exprimées en unités C. G. S, il faut prendre pour J le nombre d'ergs correspondant à une petite calorie ; ce nombre est

$$J = 4,16 \times 10^7.$$

Remarque II. — Si nous maintenons isolée l'armature que nous supposions précédemment mise en communication avec le sol, la décharge du condensateur, obtenue en réunissant entres elles les deux armatures, produit une quantité de chaleur qui n'est plus donnée par l'expression (4). Mais, si dans cette expression V représente la différence de potentiel des armatures, C la capacité du condensateur et M la valeur des charges égales accumulées sur les faces en regard des armatures, les relations (4) représentent encore sensiblement la quantité de chaleur créée dans la décharge ; car à charge égale, ou à différence de potentiel égale entre les armatures, l'énergie d'un condensateur est pratiquement la même, qu'une armature communique avec le sol ou non.

Expériences de Riess. — La vérification expérimentale des formules (4) qui donnent la quantité de chaleur dégagée par la décharge des condensateurs a une grande importance.

C'est en effet une vérification *à posteriori* de la loi de Coulomb et du principe de l'équivalence sur lesquels nous nous sommes appuyés pour les établir. Cette vérification résulte des expériences du physicien allemand Riess, expériences entreprises sans que ce physicien eût connaissance des relations (4), la notion de potentiel n'étant pas encore introduite en électricité à l'époque où elles ont été faites. Riess a mesuré en valeur relative la quantité de chaleur dégagée par la décharge de condensateurs dont il faisait varier la charge M ou la capacité C.

La mesure relative des quantités de chaleur s'effectuait au moyen de l'appareil représenté par la figure 47 et connu sous le nom de *thermomètre de Riess*. Il se compose d'un tube fin, divisé, terminé à l'une de ses extrémités par une boule dans laquelle se trouve une spirale de platine S et à l'autre extrémité par un tube plus large T. Une partie du tube fin, que l'on peut incliner plus ou moins sur l'horizon, est remplie d'un liquide coloré (mélange d'alcool et d'acide sulfurique coloré en rouge). La décharge du condensateur passant à travers la spirale S, échauffe cette spirale, qui à son tour échauffe l'air contenu dans la boule ; il en résulte une dilatation de l'air et par suite une rétrogradation du niveau du liquide dans le tube divisé. Un calcul très simple montre que la quantité de chaleur dégagée dans la spirale est proportionnelle au

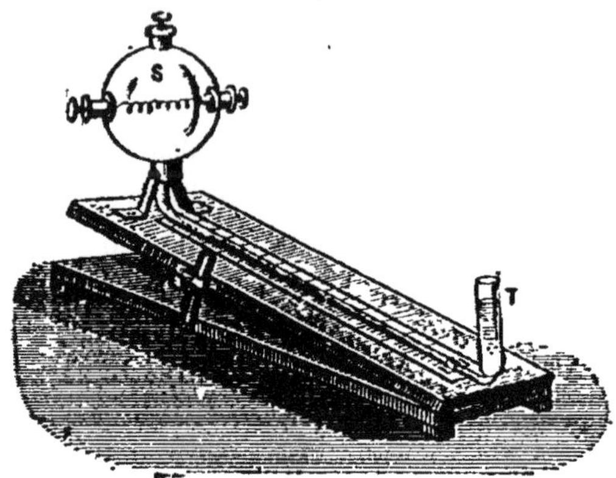

Fig. 47.

nombre de divisions dont rétrograde la colonne liquide. Cette quantité de chaleur n'est d'ailleurs pas toute la chaleur créée par la décharge du condensateur, car lorsqu'on fait passer la décharge à travers le thermomètre, il se produit extérieurement une étincelle dont la chaleur n'est pas communiquée au thermomètre. Toutefois, pour un même thermomètre et un même mode de décharge, la chaleur produite dans l'instrument est une fraction constante de la chaleur totale; les indications de l'instrument sont donc encore proportionnelles à la quan-

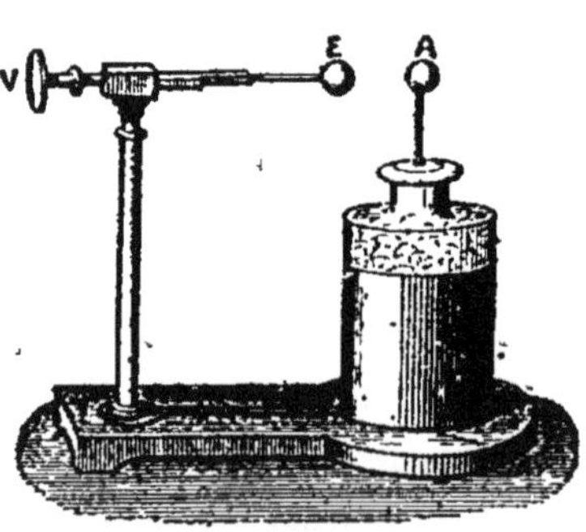

Fig. 48.

tité totale de chaleur créée par la décharge, ce qui suffit pour des mesures relatives.

Pour mesurer la charge M de l'armature du condensateur Riess s'est servi de la *bouteille de Lane* (*fig.* 48). C'est une bouteille de Leyde dont l'armature extérieure est mise en communication avec une boule E que l'on peut rapprocher plus ou moins de la boule A de l'armature interne. Cette bou-

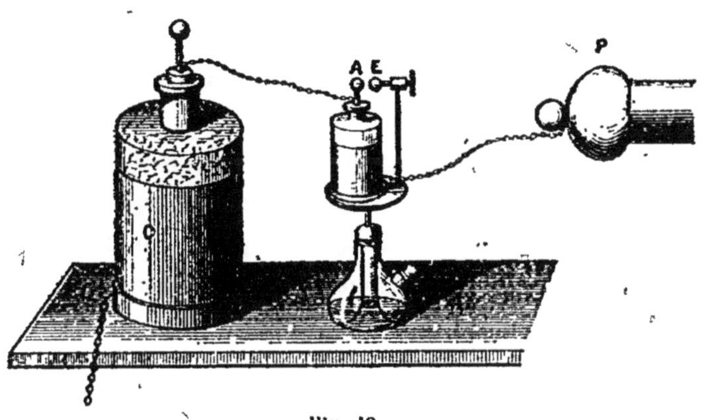

Fig. 49.

teille est portée par un support isolant; son armature extérieure est mise en communication avec un des pôles P (*fig.* 49) d'une machine électrique dont l'autre pôle communique avec le sol: son armature interne est reliée à l'armature interne d'un condensateur C, l'armature extérieure de ce condensateur communiquant avec le sol.

Supposons le condensateur et la bouteille de Lane à l'état neutre et faisons fonctionner la machine: si le pôle P est le pôle positif de la machine, l'armature extérieure de la bouteille se charge d'électricité positive; une certaine quantité d'électricité négative se porte sur l'armature interne et, comme cette armature interne communique avec l'armature interne du condensateur C, une quantité égale d'électricité positive se trouve sur cette dernière. Quand cette quantité atteindra une certaine valeur m, une étincelle éclatera entre les boules A et E de la bouteille de Lane qui se déchargera, tandis que l'armature interne du condensateur C restera chargée. En continuant à faire fonctionner la machine, on charge de nouveau la bouteille de Lane, et quand la seconde étincelle éclate, la charge des armatures du condensateur C est $2m$; et ainsi de suite ; si l'on arrête la machine quand la n^e étincelle vient d'éclater, la charge du condensateur C est nm.

Riess constata d'abord qu'en lançant dans le thermomètre les décharges d'un même condensateur chargé avec des nombres d'étincelles différents, le déplacement de la colonne liquide était proportionnel au carré du nombre d'étincelles de la bouteille de Lane : *la chaleur créée dans la décharge d'un même condensateur est proportionnelle au carré de sa charge.*

Ayant pris ensuite pour condensateurs des batteries formées d'un nombre variable de bouteilles de Leyde identiques, et ayant chargé chacune de ces batteries avec le même nombre d'étincelles, Riess constata que le déplacement de la colonne liquide variait en raison inverse du nombre des bouteilles : *à charge égale, la chaleur créée dans la décharge varie en raison inverse de la capacité du condensateur.*

On peut également vérifier facilement que pour une même différence de potentiel la quantité de chaleur est proportionnelle à la capacité. Pour cela, il suffit de mettre la batterie en communication avec un électromètre de Henley; en faisant cesser la charge au moment où l'électromètre accuse la même déviation, et en faisant varier le nombre des bouteilles de la batterie, on constate que les indications du thermomètre sont proportionnelles à ce nombre.

Énergie d'une cascade. — Supposons la dernière armature mise en communication avec le sol, et chacun des condensateurs qui forment la cascade, isolé. Dans ce cas, comme nous l'avons déjà fait remarquer, l'armature réunie à l'un des pôles de la source fournit seule un terme qui n'est pas nul à l'expression de l'énergie. Si n est le nombre des condensateurs formant la cascade, et V la différence de potentiel des deux armatures de chacun des condensateurs que nous supposons identiques entre eux, la différence de potentiel entre cette armature et le sol est nV. En appelant C la capacité de chaque condensateur, la charge de cette armature est CV. Par suite l'énergie de la cascade est

$$(5) \qquad T = \frac{1}{2} CV \times nV = \frac{1}{2} nCV^2.$$

Nous avons dit (page 106) que Franklin avait imaginé la disposition en cascade afin d'obtenir, en réunissant ensuite les condensateurs en batterie, une plus grande charge électrique. L'énergie électrique du système se trouve-t-elle augmentée par cette transformation? La transformation s'effectuant en prenant les conducteurs qui relient les armatures au moyen de crochets formés de matières isolantes, il ne peut y avoir dans cette opération perte ou augmentation d'énergie ; quand on réunit entre elles toutes les armatures extérieures il y a égalisation des potentiels et, par conséquent mouvement de l'électricité ; il y a donc une perte d'énergie : cependant, comme cette diminution est très faible, on peut considérer l'énergie du système comme n'ayant pas sensiblement varié.

Il est facile de vérifier d'ailleurs que si on charge les condensateurs disposés en batterie ou en cascade, en maintenant une même différence de potentiel V entre les armatures, l'énergie du système a la même valeur. En effet, dans la disposition en batterie, la charge de l'ensemble des armatures, internes est nCV ; la différence du potentiel de ces armatures sur celui du sol, supposé mis en communication avec les armatures externes, est V ; par suite l'énergie de la batterie est

$$T = \frac{1}{2}nCV \times V = \frac{1}{2}nCV^2;$$

c'est la même expression que pour les condensateurs disposés en cascade.

Remarquons que lorsqu'on opère la décharge d'une cascade les électricités de nom contraire, qui se trouvent sur les armatures interne et externe de deux condensateurs consécutifs, se combinent à travers les conducteurs qui relient ces armatures ; il en résulte un dégagement de chaleur, et par suite la quantité de chaleur qui provient de la décharge entre les armatures extrêmes n'est pas égale à la quantité $Q = \frac{T}{J}$ correspondant à l'énergie de la cascade. Cependant si, comme c'est le cas ordinaire, les conducteurs qui relient les armatures intermédiaires sont gros et courts, tandis que le conducteur qui joint les armatures extrêmes est long et fin, la quantité de chaleur qui résulte du passage de la décharge à travers ce dernier conducteur est très sensiblement égale à Q. Elle est donc proportionnelle au nombre n des bouteilles ; c'est ce qui a été trouvé par Riess. Par la méthode indiquée à propos des condensateurs disposés en batterie, on vérifierait toutes les conséquences de la formule (5) et de celle qu'on peut en déduire en remplaçant la différence de potentiel V par sa valeur en fonction de la charge.

MACHINES ÉLECTRIQUES

Nous avons déjà défini (page 98) ce qu'on appelait une *source électrique.*

Deux caractéristiques permettent de juger de la valeur d'une source ; ce sont : 1° la différence de potentiel maximum qui peut exister entre ses pôles ; 2° le *débit*, c'est-à-dire la quantité d'électricité que peut fournir chacun des pôles pendant l'unité de temps, quand l'électricité est constamment enlevée des pôles, par exemple, par un conducteur qui les réunit entre eux. En se plaçant à ces deux points de vue, on peut diviser les sources d'électricité en deux classes : la première comprend les sources qui permettent d'obtenir entre leurs pôles une grande différence de potentiel, mais dont le débit est faible ; ce sont les *machines électriques*, proprement dites et la *bobine d'induction.* Les sources de la seconde classe ne présentent, au contraire, entre leurs pôles qu'une faible différence de potentiel, mais leur débit est très considérable ; telles sont les *piles électriques* et les *machines d'induction.*

Les machines électriques proprement dites, dont nous nous occuperons exclusivement dans ce chapitre, peuvent être divisées en deux groupes : 1° les machines à frottement ;

2° les machines à influence. Toutefois, cette division n'est pas absolument tranchée, car dans la plupart des machines à frottement, l'influence électrique intervient, et plusieurs des machines rangées dans le second groupe sont compliquées d'une machine à frottement.

Machines à frottement. — Les machines à frottement sont trop connues pour qu'il soit nécessaire de donner ici leur description; indiquons cependant la suite des perfectionnements par lesquels les physiciens ont passé du procédé d'électrisation employé par Gilbert à la machine de Ramsden qui a servi pendant près de trois quarts de siècle à effectuer toutes les expériences d'électricité statique.

Otto de Guericke, au milieu du XVIIe siècle, prenait une sphère de soufre qu'il faisait tourner rapidement autour d'un de ses diamètres et qu'il électrisait en la pressant avec ses mains pendant la rotation ; quand la sphère de soufre était électrisée, il s'en servait directement pour faire ses expériences en la portant par l'axe de rotation même. Bientôt après, la sphère de soufre fut remplacée par un globe de verre moins fragile, que l'on électrisait de la même manière. Mais sous l'action de la force centrifuge résultant de la rotation rapide qu'on leur imprimait, plusieurs globes de verre éclatèrent en blessant la personne qui les frottait avec les mains ; aussi, au milieu du XVIIIe siècle, Winkler proposa-t-il de faire frotter le globe contre un coussin. Toutefois, cette modification ne donna pas tout d'abord de bons résultats, le coussin étant trop rigide et le globe n'étant pas suffisamment sphérique pour obtenir un frottement uniforme ; on continua longtemps encore à se servir des mains. A la même époque, Bose, à Wittemberg, apporta un nouveau perfectionnement en recueillant sur un conducteur isolé l'électricité développée par le frottement. Il y parvenait en attachant au conducteur des filaments dont les extrémités traînaient sur le globe de verre ; on ne tarda pas d'ailleurs à reconnaître qu'on obtenait le même effet en terminant le conducteur par une pointe placée près du globe. Mettant à profit ces diverses améliorations et substituant au globe de verre un manchon cylindrique, le constructeur anglais Nairne construisit la machine qui porte son nom, et que l'on peut considérer comme le type des machines à frottement. On y trouve en effet les deux conducteurs qui forment les pôles d'une source ; celui qui porte le coussin est le pôle négatif, celui qui porte le peigne est le pôle positif.

Vers la fin du xviiie siècle, le physicien français Sigaud de Lafond construisit une machine dans laquelle un plateau de verre frottait contre des coussins. Mais ces coussins n'étaient placés que d'un seul côté du plateau, et celui-ci étant pressé inégalement, se cassa. Il suffisait, pour remédier à cet inconvénient, de placer les coussins de part et d'autre du plateau ; c'est ce que fit le constructeur anglais Ramsden. Dans cette machine, le pôle négatif, constitué par les coussins, est toujours en communication avec le sol et, par conséquent, au même potentiel que les parois de la pièce. Les conducteurs isolés forment le pôle positif.

Par suite de l'emploi presque exclusif de la machine de Ramsden pendant de nombreuses années, l'étude de son fonctionnement a été faite avec soin ; disons quelques mots de son débit et de la différence de potentiel maximum qu'elle est capable de donner entre ses pôles.

Il est évident que, pour une même nature de surfaces frottantes, la quantité d'électricité développée pendant l'unité de temps est proportionnelle à la surface frottée pendant ce temps. Le débit d'une même machine est donc proportionnel à la vitesse de rotation. En outre, les systèmes formés par la roue de verre et par les coussins étant à peu près géométriquement semblables dans deux machines différentes, le rapport des surfaces frottées pendant le même temps, quand les machines tournent avec la même vitesse angulaire, est sensiblement égal au carré des dimensions homologues. Le débit d'une machine est donc à peu près proportionnel au carré du diamètre de la roue de verre.

Le débit dépend dans une très large mesure de la nature des surfaces frottantes ; ainsi, le verre ancien est préférable au verre de fabrication récente ; l'emploi d'or mussif (bisulfure d'étain), ou d'amalgames de zinc et d'étain pour enduire les coussins, donne de très bons résultats.

La pression qu'exercent les coussins sur la roue est sans influence sur la valeur du débit, pourvu que la pression soit suffisante pour qu'il y ait contact en tous les points du coussin.

Lorsque le plateau de verre électrisé par le frottement passe entre les pointes des peignes, il abandonne sa charge, quelque grande que soit celle du conducteur, car on peut considérer les peignes comme formant des conducteurs fermés par rapport à l'électricité qui se trouve entre les pointes. S'il n'y avait aucune cause de déperdition, la charge des conducteurs de la machine augmenterait donc indéfiniment et, par conséquent, il en serait de même de leur excès de potentiel sur le sol. Mais cet excès de potentiel est forcément limité, car, si sa valeur est suffisamment grande, des étincelles peuvent se produire entre les conducteurs et la surface du plateau de verre qui s'est déchargé de son électricité en passant devant les peignes, ou entre les conducteurs et les coussins. L'expérience apprend que ce sont ces dernières qui commencent à éclater; comme pour toutes les autres machines électriques, elles limitent la différence de potentiel que l'on peut développer entre les pôles: le potentiel qu'on peut atteindre sur les conducteurs est donc d'autant plus élevé que la distance entre les peignes et les coussins est plus grande.

Une autre cause peut limiter la valeur du potentiel des conducteurs: c'est la perte d'électricité qui a lieu par les supports isolants; celle-ci est proportionnelle à l'excès de potentiel des conducteurs sur le sol. Or quand, par suite de cette déperdition, la charge des conducteurs ne s'accroît plus, c'est que la quantité d'électricité perdue par les supports pendant l'unité de temps est devenue égale au débit de la machine. On voit par là que l'excès de potentiel des conducteurs sur le sol est alors proportionnel au débit. Lorsqu'on n'a pas desséché avec soin les supports, c'est cette dernière cause qui limite le potentiel des conducteurs; mais en les desséchant convenablement, on parvient à rendre les supports assez isolants pour atteindre le potentiel qui donne des étincelles entre les peignes et les coussins.

Une machine à frottement remarquable par les effets qu'elle est capable de donner est la machine d'Armstrong, dans laquelle l'électricité résulte du frottement sur un ajutage en buis de gouttelettes d'eau entraînées par un jet de vapeur. Une de ces machines a donné des étincelles de 50 centimètres de longueur d'une manière continue.

Machines à influence. — L'électrophore de Volta (*fig.* 50) est le premier appareil que l'on peut rattacher au groupe des machines à influence. Il est inutile de décrire cet instrument si connu, et nous nous bornerons à indiquer pourquoi le plateau conducteur DD placé au-dessus du gâteau de résine chargé d'électricité négative ne s'électrise pas négativement par contact.

L'électricité négative du plateau de résine agit par influence sur la substance conductrice UU qui le soutient et par suite

Fig. 50.

attire l'électricité positive à la surface de séparation de UU et de HH. Il en résulte une attraction sur l'électricité négative du gâteau de résine, et cette attraction fait légèrement pénétrer l'électricité à l'intérieur même de la résine. Quand on place le plateau conducteur DD au-dessus de la résine, il y a entre ces corps une couche d'air très mince, le plateau ne touchant la résine qu'en un petit nombre de points. Il existe donc entre la charge négative de la résine et la charge positive attirée par influence sur le plateau DD une mince couche isolante formée en partie d'air, en partie de résine; par conséquent, il ne pourrait y avoir combinaison de ces charges que sous forme d'étincelle, si les points où elles sont placées sont à des potentiels assez différents. Or, la différence de potentiel est très petite ; pour le montrer, assimilons l'électrophore à un condensateur. La différence de potentiel des armatures de ce condensateur a pour expression $V = \frac{M}{C}$; or la charge M développée par le frottement est faible, et la capacité C est très grande, puisque les couches d'électricité sont très rapprochées. Il en résulte que V est très petit.

L'électrophore ne constitue pas une machine complète, puisqu'il n'y a pas de pôles ; mais pour compléter la machine il suffirait de prendre deux conducteurs isolés, l'un A que l'on mettrait en communication avec le plateau DD quand il est placé sur la résine, l'autre B que l'on relierait au plateau quand il est soulevé. Le conducteur B serait le pôle positif et le conducteur A le pôle négatif de cette machine, qui fonctionnerait par un mouvement de va-et-vient du plateau DD.

Machines de Piche, de Bertsch, de Carré. — Les opérations que nous venons d'indiquer sont réalisées d'une manière continue dans les *électrophores tournants*.

La plus simple de ces machines a été imaginée par un ingénieux amateur français, M. Piche. Dans cet appareil, le disque tournant était en papier fort ; quelque temps après, un physicien suisse, M. Bertsch, réinventa le même appareil ; mais il fit le plateau tournant en ébonite, ce qui permet d'obtenir de meilleurs résultats. Voici un modèle de cet appareil (*fig.* 51) : le disque d'ébonite peut tourner d'un mouvement rapide autour d'un axe horizontal ; au devant se trouvent deux peignes. Chacun de ces peignes communique avec un conducteur isolé ; ceux-ci peuvent être plus ou moins rapprochés l'un de l'autre : ce sont les deux pôles de la machine. Pour faire fonctionner l'appareil, on fait tourner le disque et l'on place derrière lui, vis-à-vis du peigne inférieur, un corps électrisé que nous appellerons l'*inducteur*. Cet inducteur est, dans cette machine, une

Fig. 51.

lame d'ébonite qu'on électrise par frottement. On constate alors que le conducteur qui communique avec le peigne inférieur se charge d'électricité négative et l'autre d'électricité positive.

Voici quel est le fonctionnement de cet appareil:

L'inducteur I, chargé d'électricité négative, décompose par influence l'électricité neutre du conducteur A *a* (*fig.* 52) placé en face de lui, de l'autre côté du plateau tournant, refoule l'électricité négative vers l'extrémité la plus éloignée A, qui devient ainsi le pôle négatif, et attire sur les pointes *a* l'électricité positive. Mais cette électricité positive se déverse par ces pointes sur le disque tournant et est emportée (*fig.* 53) par le mouvement de rotation ; après une demi-révolution, elle arrive vis-à-vis du peigne supérieur *b*, et, par l'intermédiaire des pointes dont il est pourvu, passe sur le conducteur B qui devient ainsi le pôle positif. Ces phénomènes se produisant indéfiniment, tant que l'inducteur est chargé d'électricité, il y a accumulation de quantités d'électricité de plus en plus grandes sur chacun

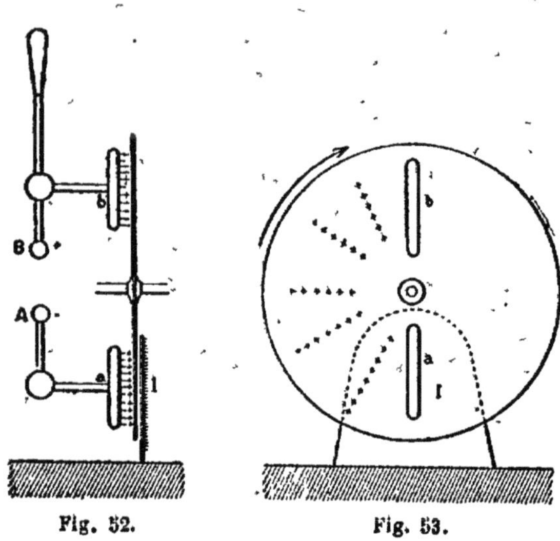

Fig. 52. Fig. 53.

des pôles, et, si ceux-ci sont assez rapprochés, on voit jaillir entre eux une série d'étincelles.

Le débit de cette machine est évidemment d'autant plus grand que la vitesse de rotation du plateau est plus grande et que la charge de l'inducteur est plus considérable.

Malheureusement, la charge de la plaque d'ébonite, qui sert d'inducteur, diminue de plus en plus, par suite de la déperdition de l'électricité, et bientôt devient trop faible pour que l'appareil fonctionne ; il faut alors frotter de nouveau la plaque pour l'électriser.

M. Carré a eu l'heureuse idée, pour remédier à ce grave défaut, de prendre pour inducteur un petit plateau en verre, qui tourne lentement pendant que le plateau d'ébonite tourne rapidement, et qui, passant entre deux coussins, s'électrise positivement par frottement comme le plateau d'une machine de Ramsden. Un autre perfectionnement, qui a une certaine importance, est l'introduction d'un second inducteur A′ (*fig.* 54). C'est une plaque d'ébonite reliée au conducteur C, et qui, par conséquent, se charge lentement de la même électricité que celle qui est déposée sur ce conducteur;

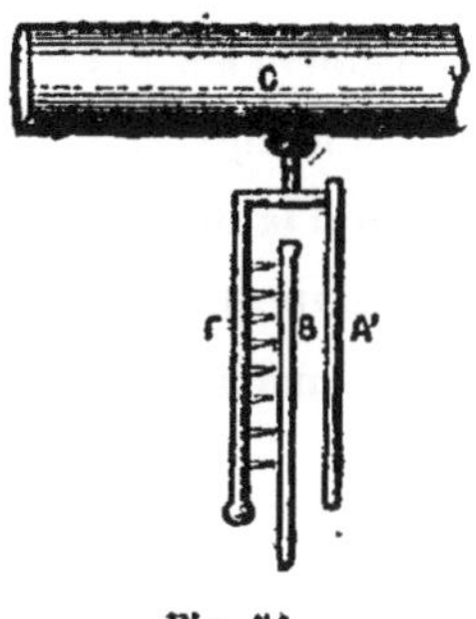

Fig. 54.

Fig. 55.

elle agit alors par influence sur le peigne F de la même manière que l'inducteur A chargé d'électricité contraire agit sur le peigne E. Il résulte de là que le plateau d'ébonite est chargé d'électricité positive sur l'une de ses moitiés et d'électricité négative sur l'autre. Le débit de l'appareil est alors plus grand que lorsqu'il n'y a qu'un seul inducteur. La figure 55 représente la machine de M. Carré.

Machine de Holtz. — Quelques années avant l'invention des machines de Piche et de Bertsch, Holtz avait imaginé

Fig. 56.

plusieurs appareils remarquables par leur débit considérable.

La plus simple des machines de Holtz, se compose d'un plateau de verre B (*fig.* 56) tournant devant deux inducteurs

f et f' diamétralement opposés, portés par un second plateau de verre fixe A parallèle au premier. En face de ces inducteurs et de l'autre côté du plateau tournant se trouvent deux peignes métalliques P et P' reliés aux pôles *m* et *n* de la machine. Nous retrouvons donc la disposition employée dans la machine Carré, et, quand les inducteurs sont chargés d'électricité de noms contraires, le fonctionnement de la machine Holtz est identique à celui de la machine Carré. Mais l'originalité de la machine de Holtz consiste en ce que la charge des inducteurs est entretenue par le jeu même de la machine.

Pour cela les inducteurs, qui sont en papier, portent chacun une pointe de carton; grâce à deux fenêtres pratiquées dans le plateau fixe, ces pointes viennent effleurer la partie postérieure du plateau tournant, un peu en avant de la position des peignes dans le sens de la rotation (¹).

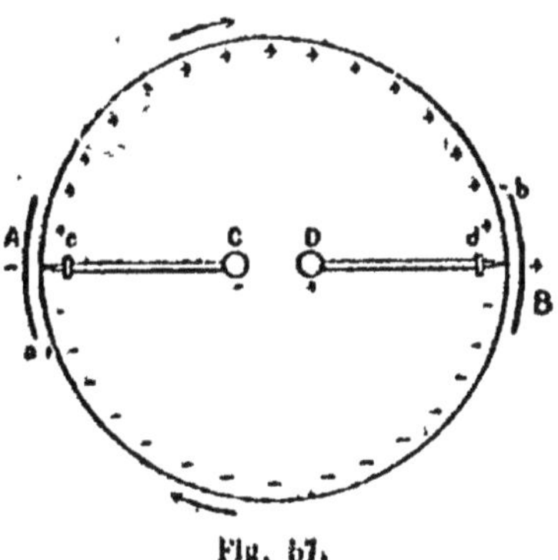

Fig. 57.

Pour plus de clarté dans l'exposition et dans la représentation des phénomènes, supposons que le plateau tournant soit remplacé par un cylindre et faisons la coupe de l'appareil ainsi modifié. A et B (*fig.* 57) représenteront les inducteurs terminés par les pointes *a* et *b*, C et D seront les pôles, *c* et *d* les deux peignes.

L'amorcement de la machine, c'est-à-dire la charge des induc-

(¹) Dans la figure 56 on a dû pour rendre visibles les inducteurs f et f', les déplacer de leurs positions normales.

teurs s'obtient en mettant les pôles au contact et chargeant l'un de inducteurs A, par exemple, d'électricité négative au moyen d'une plaque d'ébonite frottée. Cette charge négative attire par influence l'électricité positive du conducteur *c*CD*d* dans le peigne *c* et repousse l'électricité négative dans le peigne *d*. Ces électricités s'écoulent par les pointes sur le cylindre, et après une demi-révolution dans le sens de la flèche, la partie inférieure du cylindre est chargée négativement et la partie supérieure positivement. Mais lorsque l'électricité positive arrive en face de la pointe *b* de l'inducteur B, elle agit par influence sur cet inducteur, une petite quantité d'électricité négative s'échappe par la pointe et se répand sur la surface extérieure du cylindre, tandis qu'une quantité égale d'électricité positive reste sur l'inducteur. La charge négative qui se trouve en face de *a* agit de même par influence sur l'inducteur A dont la charge négative se trouve ainsi augmentée. En continuant à faire tourner le cylindre, les mêmes effets se reproduisent, les actions d'influence sur le conducteur *c*CD*d* des inducteurs A et B et des charges disposées à l'intérieur du cylindre s'ajoutant pour déterminer l'écoulement sur le cylindre de l'électricité positive par le peigne *c* et de l'électricité négative par le peigne *d*. Les charges du cylindre continuant à agir sur les inducteurs, comme on vient de l'expliquer, ceux-ci prennent des charges de plus en plus grandes jusqu'à ce que la déperdition par aigrettes vienne limiter la valeur de ces charges : la machine est alors amorcée. Si alors on écarte les boules C et D le mouvement électrique dans l'intérieur du conducteur continue à s'effectuer en produisant des étincelles entre les pôles C et D. Comme nous l'avons déjà dit, la charge des pôles C et D se produit alors par les mêmes causes que dans une machine Carré.

Dans cette explication, nous avons négligé les effets d'influence des charges électriques qui s'écoulent par les deux pointes des inducteurs sur la surface extérieure du cylindre. Ces charges sont en effet très faibles vis-à-vis de celles que nous avons considérées, les inducteurs étant en papier, substance médiocrement conductrice, qui laisse difficilement l'électricité s'échapper par la pointe.

Un grave inconvénient de la machine que nous venons de décrire est qu'elle se désamorce souvent et même se renverse, c'est-à-dire que ses pôles changent de signe.

Ce phénomène se conçoit facilement Supposons en effet que les conducteurs C et D soient trop éloignés pour que l'étincelle électrique puisse éclater entre eux. Leurs charges augmentent par le jeu de la machine, le potentiel du conducteur positif s'élève de plus en plus; le potentiel du conducteur négatif diminue de plus en plus, et il peut arriver un moment où l'écoulement de l'électricité par les pointes des peignes ne se fait plus, les potentiels des conducteurs étant devenus égaux à ceux des points du plateau qui passent devant ces peignes. A partir de ce moment puisqu'il ne se dépose plus d'électricité sur la surface intérieure du cylindre, la charge des inducteurs cesse d'être entretenue et, par suite de la déperdition, cette charge diminue rapidement : la machine se désamorce. Mais on conçoit qu'à mesure que le désamorcement s'effectue, les charges des conducteurs C et D puissent s'échapper par les pointes et donner sur le cylindre une distribution tout à fait contraire à celle qui y existe pendant le fonctionnement normal, si toutefois la capacité des pôles est grande, comme cela a lieu quand on les a réunis aux armatures d'un condensateur; les charges du cylindre agissant sur les inducteurs, chacun de ceux-ci se charge alors d'électricité de nom contraire à celle qu'il possédait primitivement, et les pôles de la machine changent de signe. Ce phénomène se produit très souvent quand on charge une batterie, le renversement s'effectue quand la batterie est chargée à refus. Par suite de ces renversements la batterie se trouve alternativement chargée dans un sens et dans l'autre.

Fig. 58.

Deux moyens peuvent être employés pour remédier à cet inconvénient. L'un d'eux consiste à donner aux peignes la forme en fer à cheval employée dans la machine de Ramsden. Dans ce cas, les charges du plateau peuvent être considérées comme placées à l'intérieur d'un conducteur fermé, et par suite doivent toujours passer sur ce conducteur, quel que soit son potentiel. C'est pour employer des peignes de cette forme que l'on a construit des machines à quatre plateaux (*fig.* 58). Les deux plateaux intérieurs sont fixes et supportent les inducteurs ; ces deux plateaux peuvent d'ailleurs être remplacés par un seul ; les deux plateaux extérieurs tournent dans le même sens entre les deux branches de chaque peigne. On a ainsi deux machines de Holtz accouplées. Le fonctionnement de cet appareil est évidemment identique à celui de la machine à un seul plateau mobile et son débit est double de celui d'une machine simple.

Un second moyen, employé par Holtz, consiste à placer sur la machine simple un *conducteur diamétral*. Les inducteurs occupent alors chacun environ un cinquième de la circonférence. Presque en face de la base de la pointe dont ils sont armés se trouvent les peignes des pôles, et en face des autres extrémités A' et B' (*fig.* 59) ou DD' (*fig.* 60) se trouvent ceux du conducteur diamétral. Il est évident

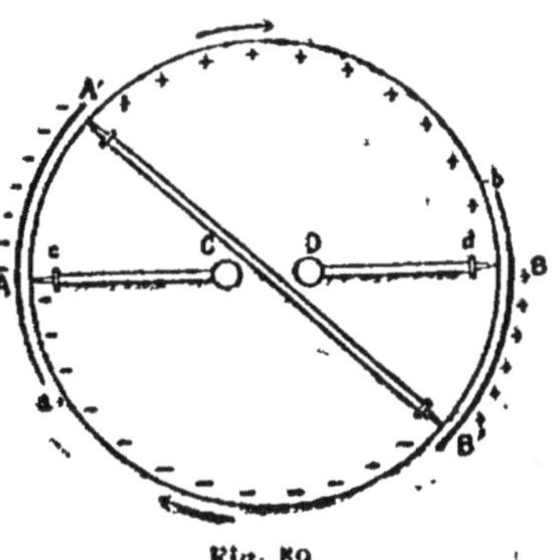

Fig. 59.

que, les peignes de ce conducteur étant toujours en communication, l'effet de ce conducteur sera le même que celui du conducteur *c*GD*d*, lorsque, dans l'amorcement de la machine, les boules C et D sont au contact. Il en résulte que si, par suite d'un écartement trop grand des pôles, l'écoulement n'a plus lieu par les peignes *c* et *d*, la charge interne du cylindre, et par suite, la charge des inducteurs se trouvent entretenues par l'effet du conducteur diamétral : la machine ne se désamorce pas. Quand les pôles sont assez rapprochés pour donner des étincelles, l'effet du conducteur diamétral est négligeable par rapport à celui des conducteurs $cCDd$.

Pour rendre l'amorcement plus facile, M. Ducretet, ajoute

Fig. 60.

aux machines de Holtz un plateau de verre de petite dimension C (*fig.* 60), frottant entre deux coussins et passant devant l'un des inducteurs auquel il communique une charge positive grâce aux petites étincelles qui éclatent entre le verre frotté et l'inducteur de papier.

On peut se demander pour quelles raisons on a choisi le

papier pour former les inducteurs. Il est certain que, puisque les inducteurs se chargent par influence par le jeu de la machine, la substance qui les forme doit être conductrice ; cette condition se trouve réalisée par l'emploi du papier. D'autre part, une substance très bonne conductrice, comme le papier d'étain, produirait une action fâcheuse, car l'électricité s'écoulerait en assez grande quantité par la pointe, et cette électricité, de nom contraire à celle qui reste sur l'inducteur, étant amenée par la rotation du cylindre entre le peigne et l'inducteur aurait pour effet de diminuer l'influence de celui-ci sur les pôles qui lui font face. On pourrait faire observer que les charges qui s'écoulent par les pointes des inducteurs doivent former sur le cylindre (ou le plateau) une couche de largeur très faible, tandis que celles qui s'écoulent par les peignes forment une couche occupant presque toute la surface du plateau, et que, par conséquent, même dans le cas où les inducteurs sont très bons conducteurs, l'effet des charges qu'ils abandonnent au plateau doit être négligeable. Il n'en est pas ainsi, parce qu'une pointe bonne conductrice charge par l'électricité qui s'en écoule une surface assez étendue autour d'elle. D'ailleurs, un autre inconvénient des inducteurs très bons conducteurs est qu'ils perdent leurs charges par leurs pointes aussitôt que la machine s'arrête ou même se ralentit ; il en résulte un désamorcement immédiat, qui se trouve en partie évité par l'emploi d'une substance médiocre conductrice.

Ajoutons que, le plus souvent, on réunit chacun des pôles aux armatures internes de deux petites bouteilles de Leyde L et L' (*fig.* 60) formant une cascade. Cette disposition a pour effet d'augmenter la capacité des conducteurs sans leur donner les dimensions considérables que l'on observe dans les anciennes machines; la machine produit alors des étincelles moins nombreuses que lorsqu'il n'y a pas de condensateurs, mais ces étincelles sont plus fortes.

Machine de Voss. — Nous examinerons encore deux machines à influence qui présentent cette particularité remarquable de s'amorcer d'elles-mêmes sans qu'il soit nécessaire de fournir une première charge à un inducteur.

Dans la machine de Voss (*fig.* 61) on retrouve toutes les pièces d'une machine de Holtz : un plateau tournant G, un

Fig. 61.

plateau fixe G' servant de support à deux inducteurs *a* et *a'* formés de papier et présentant en leur milieu une bande de papier d'étain, deux peignes I et I' reliés aux pôles, enfin un conducteur diamétral I'' I''. Mais en outre sur le plateau mobile se trouvent collés une série de boutons ou pastilles métalliques *g* disposés suivant une circonférence, et placés deux par deux à l'extrémité d'un même diamètre. Ces boutons viennent successivement frotter contre deux balais métalliques reliés par les supports A et A' aux bandes de papier d'étain des inducteurs, et contre deux autres balais portés par le conducteur diamétral. Remarquons également que les deux pôles de la machine sont respectivement reliés aux armatures internes de deux bouteilles de Leyde B et B' dont les armatures externes communiquent entre elles ou avec le sol, comme dans les machines de Holtz.

Pour expliquer l'amorcement de cette machine, supposons encore que le plateau tournant soit remplacé par un cylindre, représenté en coupe dans la figure 62, où les parties essentielles de la machine sont indiquées par les mêmes lettres que dans la figure concernant la machine de Holtz, et où A″ et B″ représentent les conducteurs qui relient deux balais aux inducteurs. Considérons le cylindre dans une position telle que deux pastilles métalliques P et Q soient en contact avec les balais du conducteur diamétral, et examinons le phénomène d'influence produit par les inducteurs, qui ne sont jamais rigoureusement dans le même état électrique. Supposons par exemple, que l'inducteur A″AA' présente une

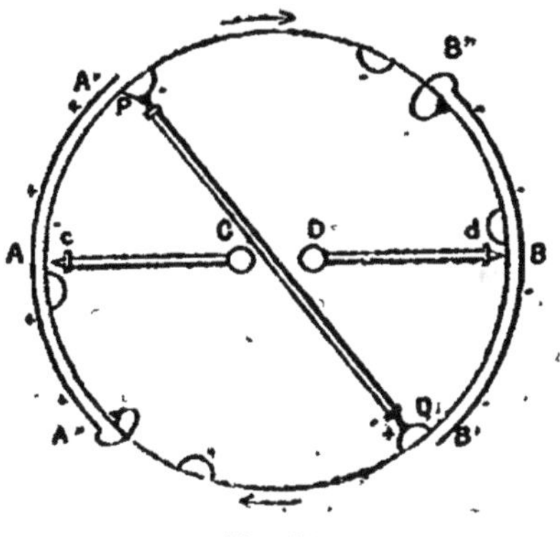

Fig. 62.

charge positive un peu supérieure à la charge de B″BB′; par suite du phénomène d'influence, la pastille P qui fait face à l'inducteur A″AA′ se charge alors d'électricité négative et celle qui fait face à B″BB′ d'électricité positive. En faisant tourner le cylindre de la machine, dans le sens indiqué par les flèches, ces pastilles viennent rencontrer les balais de B″ et A″; or, comme elles se trouvent à l'intérieur des conducteurs formés par chacun de ces balais et l'inducteur correspondant, leurs charges passent entièrement sur ces conducteurs; l'un B′BB″, prend alors une charge négative, l'autre A′AA″ a sa charge positive augmentée. La dissymétrie qui existait primitivement entre les inducteurs se trouve ainsi augmentée, et il en est de même des phénomènes d'influence sur le conducteur diamétral au moment où il réunit deux pastilles. Le jeu de la machine doit donc faire croître indéfiniment la charge positive de l'inducteur A′AA″ et la charge négative de B′BB″.

On voit que, pour que la machine ne s'amorce pas d'elle-même, il faudrait une symétrie absolue dans les charges primitives des inducteurs, ce qui n'est jamais réalisé.

Une fois que la machine de Voss est amorcée, son fonctionnement est identique à celui de la machine de Holtz. Le conducteur diamétral empêche le désamorcement de la machine; mais ici il agit de deux manières : d'abord, par les peignes dont il est muni, comme dans la machine de Holtz, et, en second lieu, par les balais, qui pendant le fonctionnement jouent le même rôle que pendant l'amorcement.

La seule différence entre la machine de Voss et celle de Holtz réside donc dans les balais qui permettent d'amorcer la machine avec une très petite dissymétrie au point de vue électrique. L'amorcement de la machine de Holtz provient aussi d'une dissymétrie, mais cette dissymétrie doit être plus forte, la décharge des conducteurs influencés sur le plateau s'effectuant par des aigrettes qui s'échappent des pointes dans cette dernière machine, ce qui nécessite une différence de potentiel suffisamment grande, tandis que cette décharge s'effectue par conductibilité à travers les brins des balais dans celle de Voss, ce qui ne nécessite qu'une différence de potentiel infiniment petite.

Machine de Wimshurst. — Dans cette machine (*fig.* 63)

Fig. 63.

l'amorcement se fait aussi sans fournir aucune charge préalable. Elle se compose de deux plateaux d'ébonite tournant en sens inverses, et sur lesquels sont collées des bandes de papier d'étain, disposées dans le sens des rayons; deux conducteurs diamétraux inclinés, l'un à droite, l'autre à gauche, portent des balais, qui frottent contre les bandes d'étain; enfin deux peignes, en forme de fer à cheval, embrassent les plateaux et sont reliés aux pôles de la machine. (Dans la figure théorique (*fig.* 64) les plateaux sont remplacés par des cylindres représentés en coupe).

L'expérience prouve qu'en mettant en mouvement la machine, elle s'amorce, pourvu que les deux pôles soient séparés l'un de l'autre. Une légère différence de potentiel des pôles suffit, en effet, pour amener une dissymétrie dans les phénomènes d'influence que ces pôles produisent sur chacun des conducteurs diamétraux, d'où résulte pour ceux-ci un écoulement d'électricité qui augmente de plus en plus la différence de potentiel entre les pôles. Supposons, par exemple, que le pôle *cc'* ait une charge positive plus grande que le pôle *dd'*; l'extrémité E du conducteur diamétral la plus rapprochée de *cc'* est alors chargée négativement et les feuilles d'étain qui passent devant le balai E emportent une charge négative, tandis que les feuilles d'étain qui passent devant F emporteront une charge positive. Ces charges entraînées par la rotation, ajoutent leur effet à celui de la charge des pôles pour produire un phénomène analogue sur l'autre conducteur diamétral GH, d'où résulte un écoulement d'é-

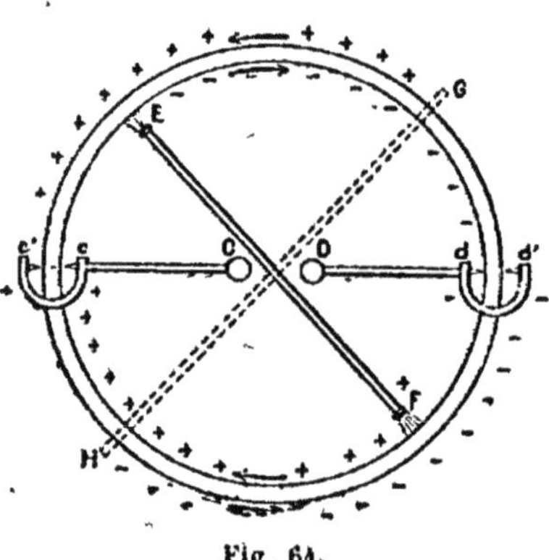

Fig. 64.

lectricités contraires par ses deux extrémités sur le second plateau. Ces électricités emportées par le mouvement de rotation, ajoutent à leur tour leur effet à celui de la charge des pôles pour provoquer l'écoulement de l'électricité du premier conducteur diamétral. Ainsi les charges des plateaux, par leur influence sur les conducteurs diamétraux deviennent de plus en plus abondantes. Ces charges, du reste, étant amenées par la rotation à l'intérieur du peigne, passent à la surface des conducteurs qui constituent les pôles de la machine.

Autres machines électriques à influence. — On doit à M. Tœpler plusieurs machines à influence, dont les premières ont précédé les machines de Piche et de Bertsch. La plus connue de ces machines ne diffère guère de la machine de Holtz à quatre plateaux, qu'en ce que les deux plateaux fixes portant les inducteurs sont remplacés par un seul.

Holtz a imaginé une machine à deux plateaux de verre tournant en sens contraires, dont le fonctionnement est le même que celui de la machine beaucoup plus récente de Wimshurst, sauf que la présence de peignes, l'absence de balais pour les conducteurs diamétraux et de bandes d'étain sur les plateaux, nécessitent qu'on approche un corps électrisé de l'un de ces conducteurs pour pouvoir amorcer la machine.

Enfin, Sir W. Thomson a imaginé plusieurs machines à influence. Une des plus curieuses est un appareil dans lequel l'électricité est transportée par un écoulement d'eau.

Machine à écoulement d'eau de Sir W. Thomson. — Des gouttes d'eau s'échappent d'un ajutage en laiton A (*fig.* 65) à l'intérieur d'un cylindre en métal I que nous appellerons l'inducteur. Si celui-ci est à un potentiel différent de l'ajutage et par conséquent des gouttelettes qui se forment à son extrémité, l'ajutage et les gouttelettes sont chargées d'électricité. Si, par exemple, le potentiel de l'inducteur est plus élevé, les gouttelettes sont électrisées négativement. Elles emportent en tombant cette électricité et, en passant dans un entonnoir métallique, dont le bec est à l'intérieur d'un cylindre E, soudé à l'entonnoir, elles abandonnent à celui-ci leur électricité négative. Ce cylindre E qui est isolé prend ainsi une charge négative croissante. Or ce cylindre E (*fig.* 66) est relié d'une part à l'armature intérieure d'une bouteille de Leyde B' dont l'armature extérieure est au sol, d'autre part à l'inducteur I' d'un second appareil A'I'E' tout semblable au premier AIE. L'inducteur I' étant chargé négativement, les gouttes qui tombent dans E' sont chargées positivement, et ce cylindre E' communique avec l'intérieur d'une seconde bouteille de Leyde B et avec le premier inducteur I, dont la charge positive va ainsi en croissant.

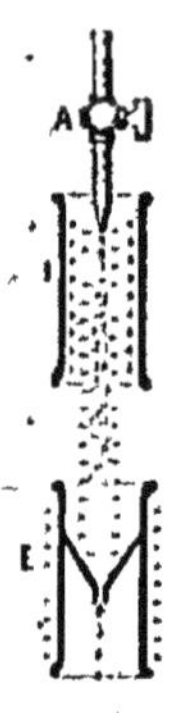

Fig. 65.

On voit que dans cet appareil, comme dans les machines de Voss et de Wimshurst, une dissymétrie même très faible dans les charges primitives des inducteurs s'exagère de plus en plus par l'écoulement de l'eau, jusqu'à ce que des étincelles éclatent entre les diverses pièces de l'appareil.

Pour arriver à ce résultat, il faut pourtant que l'isolement des inducteurs et des entonnoirs soit parfait, à cause du faible débit de cette machine. Ces pièces sont soutenues, comme le représente la figure (66) par la tige de la bouteille de Leyde ; cette tige repose sur un disque de plomb noyé dans l'acide sulfurique concentré, qui forme l'armature interne de la bouteille. Les bouteilles sont en verre blanc de Glascow, qui isole dans la perfection, quand il est main-

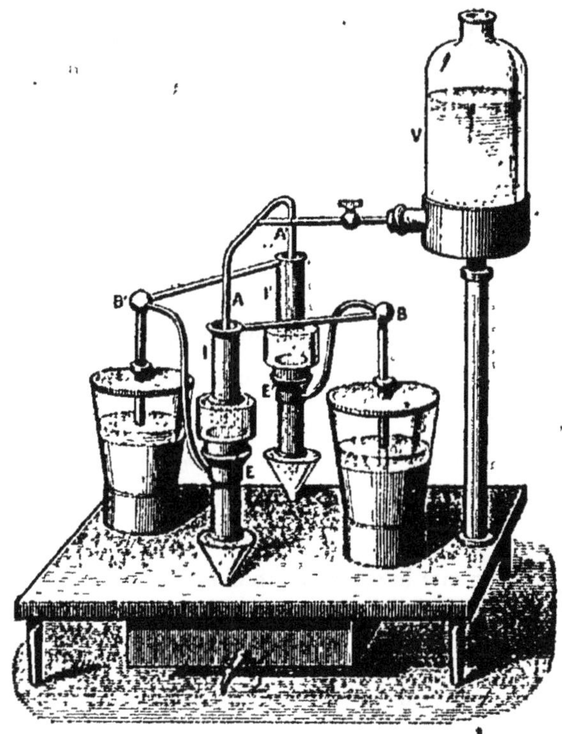

Fig. 66.

tenu dans l'air sec ; or l'acide sulfurique dessèche l'air qui se trouve dans la bouteille. L'isolement est si parfait qu'une seule goutte tombant de chaque ajutage toutes les trois minutes suffit à maintenir constante la charge des bouteilles de Leyde.

MESURE DES DIFFÉRENCES DE POTENTIEL

Mesure des différences de potentiel. — Les phénomènes électriques ne dépendant que des différences de potentiel, la mesure de ces différences est une des plus importantes que l'on ait à effectuer dans l'étude expérimentale de l'électricité. Les instruments qui servent à cette mesure s'appellent *électromètres*.

Tout électromètre comprend un système mobile se déplaçant sous l'action des forces électriques, dans une enceinte conductrice maintenue à un potentiel constant. Pour faire une mesure, on met le système mobile en communication avec le conducteur dont on veut connaître l'excès de potentiel sur l'enceinte ; ce système prend le même potentiel que le conducteur ou, plus exactement, des différences de potentiel au contact pouvant intervenir, un potentiel très peu différent. La partie mobile se déplace ; ce déplacement, ne dépendant que de la différence des potentiels de la partie mobile et de l'enceinte, sert de mesure à cette différence, et, par conséquent, à la différence de potentiel entre le conducteur et l'enceinte, si l'on néglige les différences de potentiel au contact. D'ailleurs si l'on se propose, comme c'est le cas ordinaire, de mesurer la variation que subit le potentiel d'un conducteur, deux expériences sont nécessaires, et la différence des résultats représente exactement la variation cherchée, puisque les différences de potentiel au contact s'éliminent.

Théorème du travail des forces électriques dans le déplacement de conducteurs à potentiels constants. — D'après ce qui précède, les diverses parties d'un électromètre sont des conducteurs dont les potentiels conservent les mêmes valeurs ; cherchons l'expression du travail accompli par les forces électriques qui agissent sur la partie mobile par suite de son déplacement.

Considérons un système de conducteurs électrisés A_1, A_2, A_3,... placés dans une enceinte S dont le potentiel reste constant.

Supposons d'abord, comme premier cas, que tous les conducteurs soient homogènes et de même nature. Si M_1, M_2, M_3,... sont les charges des conducteurs A_1, A_2, A_3,... et V_1, V_2, V_3,... les excès de leurs potentiels sur le potentiel de l'enceinte, l'énergie du système est

$$\frac{1}{2}\sum MV$$

Dans un second état pour lequel les charges ont les valeurs M_1+m_1, M_2+m_2,... et les potentiels les mêmes valeurs que précédemment, l'énergie électrique est

$$\frac{1}{2}\sum (M+m)V;$$

par suite, on a pour la variation de cette énergie quand on passe de l'état initial à l'état final

$$\frac{1}{2}\sum mV.$$

D'autre part, le principe de l'équivalence fournit l'égalité :

$$(1) \qquad JQ = \Delta U + W,$$

où J est l'équivalent mécanique de la chaleur; Q, la quantité de chaleur fournie au système; ΔU, la variation de son énergie et W le travail extérieur fourni par le système, dans le changement d'état considéré. Dans le cas qui nous occupe, on a $Q = 0$, et, si nous supposons les conducteurs en repos dans leur état initial et dans leur état final, ΔU se réduit à la variation de l'énergie potentielle, la variation de l'énergie cinétique étant nulle. Mais la variation de l'énergie potentielle se compose uniquement, dans le cas considéré, de la variation de l'énergie électrique. L'égalité (1) donne donc:

$$(2) \qquad \frac{1}{2}\sum mV + W = 0.$$

Le travail extérieur W se compose du travail T fourni par les forces électriques agissant sur les conducteurs qui se déplacent, diminué du travail qu'il a fallu fournir au système pour faire varier les charges de ces conducteurs. Les masses $m_1, m_2, m_3, \ldots$ qui représentent les variations de charge peuvent être considérées comme prises à l'enveloppe S et transportées sur les conducteurs au moyen de machines électriques. Pour effectuer le transport de la masse m_1, de l'enceinte au corps A_1 qui présente sur l'enceinte un excès de potentiel V_1, il faut *accomplir* à l'encontre des forces électriques un travail m_1V_1. Par suite, pour donner à tous les conducteurs les accroissements de charges $m_1, m_2, m_3, \ldots$ il faut accomplir un travail $\sum mV$. Le travail extérieur fourni par le système est donc

$$W = T - \sum mV.$$

Si l'on porte cette valeur dans la relation (2) on obtient

$$(3) \qquad T = \frac{1}{2} \sum mV.$$

Considérons maintenant, comme second cas, celui-ci où les conducteurs homogènes auraient même forme et mêmes positions initiales et finales que dans le premier cas, mais seraient de nature différentes les uns des autres. Il est évident que, si les potentiels de ces conducteurs présentent encore sur l'enceinte les mêmes excès $V_1, V_2, V_3 \ldots$, les charges seront exactement les mêmes que dans le premier cas, par conséquent T et $\sum mV$ auront les mêmes valeurs que dans le premier cas et satisferont ainsi à la relation (3).

Enfin il résulte immédiatement de là, que cette relation s'applique encore au cas de conducteurs hétérogènes, car un conducteur hétérogène, formé, par exemple, de deux parties homogènes, peut être considéré comme deux conducteurs homogènes.

La relation (3) est donc tout à fait générale ; elle s'énonce ainsi :

Dans un système de conducteurs à potentiels constants, le travail accompli par les forces électriques agissant sur les conducteurs en mouvement est égal à l'accroissement d'énergie électrique du système.

Ce théorème nous sera d'une grande utilité dans l'étude des électromètres.

Électromètre absolu de Sir W. Thomson. — Les électromètres se partagent en deux groupes; les uns servent à la mesure des différences de potentiel en valeur absolue et sont, pour cette raison, appelés électromètres *absolus;* les autres, nommés électromètres *relatifs*, ont seulement pour but de trouver le rapport des différences de potentiel. Nous étudierons d'abord l'électromètre absolu imaginé par Sir W. Thomson.

Principe de l'appareil. — Prenons deux plateaux circulaires AB et CD (*fig.* 67) de rayon très grand par rapport à la distance e qui les sépare, et établissons entre eux une différence de potentiel V. Les plateaux se chargent, l'un d'électricité positive, l'autre d'électricité négative et, par conséquent, exercent l'un sur l'autre une force attractive dont la valeur dépend évidemment de la différence de potentiel V. Si donc on connaît la relation qui existe entre V et la force attractive des plateaux on peut de la mesure de la force, déduire la valeur de V.

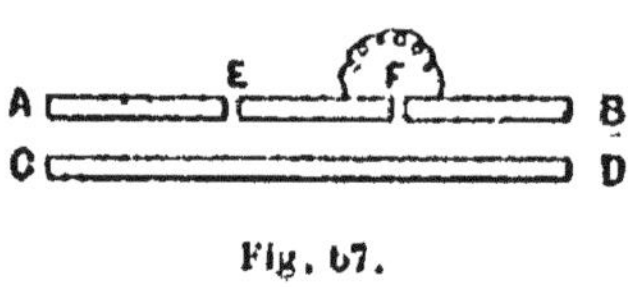

Fig. 67.

Si les plateaux étaient suffisamment grands pour être assimilés à des plans indéfinis il serait très facile de trouver l'expression de la force F qui s'exerce sur une surface finie S de l'un des plateaux en fonction de la différence de potentiel V. En effet, nous avons vu (p. 96) que lorsque deux plans indéfinis parallèles sont portés à des potentiels différents, la valeur absolue de la densité superficielle est donnée par :

$$(1) \qquad \mu = \frac{V}{4\pi e},$$

et la tension par unité de surface par

$$\tau = 2\pi\mu^2 = \frac{V^2}{8\pi e^2}.$$

Par conséquent, la force qui s'exerce sur une surface d'étendue S est

$$(2) \qquad F = \tau S = \frac{V^2}{8\pi e^2} S.$$

Mais les plateaux étant nécessairement d'assez petite dimension nous ne pouvons pas regarder la formule précédente comme rigoureusement applicable à une portion quelconque de l'un d'eux. On conçoit cependant qu'elle puisse l'être pour la partie centrale ; d'ailleurs si on fait le calcul de la distribution de l'électricité sur la surface des plateaux on constate, qu'à une certaine distance des bords, la densité devient uniforme, et qu'elle est alors donnée par la formule (1). Par suite, la formule (2) est encore applicable dans le cas où les plateaux sont de dimension finie, pourvu que le contour de la surface S considérée soit à une distance suffisante des bords du plateau.

Pour réaliser pratiquement cette condition, Sir W. Thomson a eu l'ingénieuse idée de découper dans la partie centrale du plateau AB un disque circulaire EF de rayon r et de ne considérer que la force attractive exercée sur ce disque par le plateau inférieur.

Cette force est donnée par la formule (2) qui devient, si nous y remplaçons S par sa valeur πr^2,

$$F = \frac{V^2 r^2}{8 e^2};$$

nous en tirons

$$(3) \qquad V = \frac{e}{r}\sqrt{8F},$$

formule qui donne la valeur de la différence des potentiels des plateaux en unités C. G. S., si F est exprimé en dynes.

D'après ce qui précède, on voit que le rôle de la partie annulaire du plateau qui entoure le disque EF est de supprimer l'effet de la distribution irrégulière qui se produit près des bords des plateaux. Pour cette raison, Sir W. Thomson lui a donné le nom *d'anneau de garde.*

Description et Mesures. — La mesure du rayon r du disque mobile n'offre aucune difficulté, et se fait avec une grande approximation une fois pour toutes ; celle de la force F s'effectue toujours au moyen de poids, mais plusieurs dispositifs sont employés pour faciliter cette mesure.

Dans un des premiers modèles de l'électromètre de sir W. Thomson le disque D (*fig.* 68), relié à l'anneau de garde A par

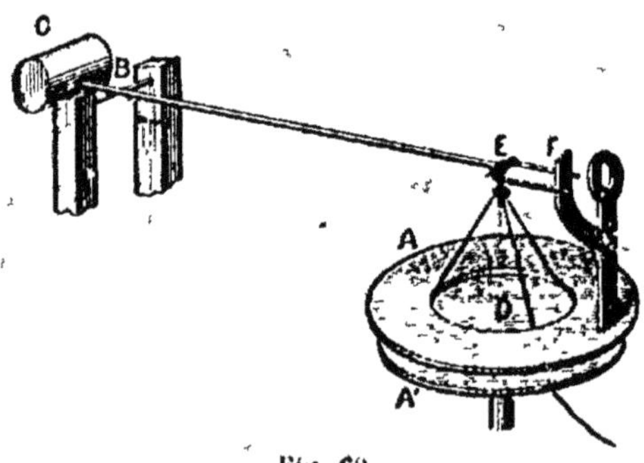

Fig. 68.

un fil métallique très flexible, est attaché par trois fils de soie à l'extrémité d'un levier muni d'un contrepoids C. Ce levier porte une fourchette E entre les branches de laquelle est tendu un cheveu regardé avec une loupe ; deux points très rapprochés tracés sur la tige fixe F, sont disposés de telle façon que le disque est dans le plan de l'anneau de garde quand le cheveu se trouve entre ces points de repère. On commence par charger le disque d'un poids P de quelques décigrammes, et on déplace un cavalier sur le levier jusqu'à ce que le plan du disque coïncide avec celui de l'anneau de garde, après avoir réuni métalliquement le plateau inférieur A′ à cet anneau pour que les plateaux aient le même potentiel ; puis, ayant retiré le poids P, on établit entre les plateaux la différence de potentiel à mesurer, et on modifie l'écartement de ceux-ci jusqu'à ce que le disque revienne dans le plan de l'anneau de garde. A ce moment la force attractive F est égale à Pg, en désignant par g l'accélération due à la pesanteur à l'endroit où l'on fait l'expérience. L'écartement convenable est produit et mesuré par une vis micrométrique qui porte le plateau inférieur. En remplaçant dans la formule (3), e et r par les valeurs trouvées, et F par le produit Pg, P étant exprimé en grammes, on obtient la valeur absolue de la différence de potentiel des plateaux.

Mais cette disposition a des inconvénients pratiques qui l'ont fait abandonner. Le plus grave est que l'équilibre n'est pas stable ([1]) ; un second inconvénient est une difficulté de

([1]) En effet, si, l'équilibre étant atteint, le disque vient par une cause quelconque à se rapprocher du plateau inférieur, la force attractive qui s'exerce sur lui augmente rapidement puisque, d'après la formule (2), elle varie en raison inverse du carré de la distance des plateaux ; la force antagoniste, due à l'excès de poids du contrepoids C, reste au contraire sensiblement constante ; par conséquent, le disque se précipite sur le plateau inférieur. Si à partir de la position d'équilibre, le disque s'écarte du plateau inférieur, on voit de même que l'écart ira en croissant. La position d'équilibre du disque est donc bien une position d'équilibre instable.

construction. Pour que, comme le suppose la théorie, le disque D n'ait pas d'électricité sur sa face supérieure, il faut que cette face constitue une portion de la paroi interne d'une surface conductrice fermée. On réalise cette condition en plaçant au-dessus du disque une boîte métallique reliée à l'anneau de garde, mais il est difficile de disposer cette boîte de manière à ne pas gêner le mouvement du disque.

La seconde disposition imaginée par Sir W. Thomson est plus commode. Le disque D (*fig.* 69) est maintenu par trois

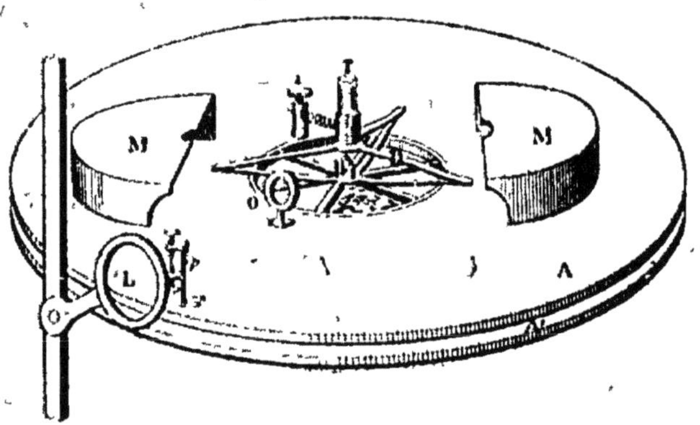

Fig. 69.

ressorts fixés à une tige T. Quand le disque se rapproche du plateau inférieur A' les ressorts se tendent et opposent au mouvement du disque une force croissante qui, en général, est suffisante pour déterminer un état d'équilibre stable. De plus, il est alors facile de placer la boîte métallique M sans apporter aucune gêne au mouvement du disque.

Le mode opératoire est le même qu'avec le premier dispositif. Le cheveu horizontal, permettant de reconnaître que le disque est dans le plan de l'anneau de garde, est regardé avec un microscope composé; l'image réelle de ce cheveu donnée par l'objectif O vient se placer entre deux pointes représentées en p dans la figure 69 et servant de réticule; elles sont vues, ainsi que l'image du cheveu, à travers la loupe L qui constitue l'oculaire du microscope et qui est placée en dehors de la

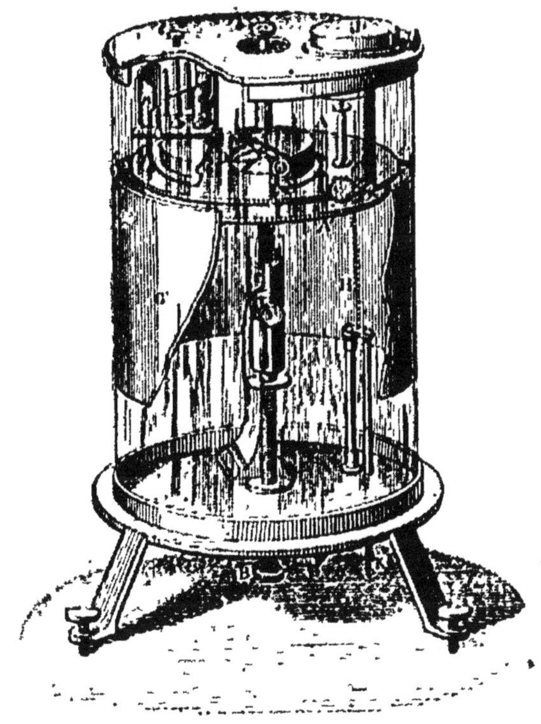

Fig. 70.

cage en verre de l'appareil. Au moyen d'une vis b commandant la tige isolante à laquelle sont fixés les ressorts on peut amener facilement le disque dans le plan de l'anneau de garde, quand le disque est chargé de poids. La seule difficulté expérimentale consiste à placer et à retirer le poids P qui charge le disque. Mais cette opération faite, on peut procéder à un grand nombre de mesures ; il n'est nécessaire que de la répéter de loin en loin pour s'assurer que l'élasticité des ressorts n'a pas varié avec le temps.

Mesure des différences de potentiel. — Lorsqu'on a à mesurer une différence de potentiel faible, plus petite

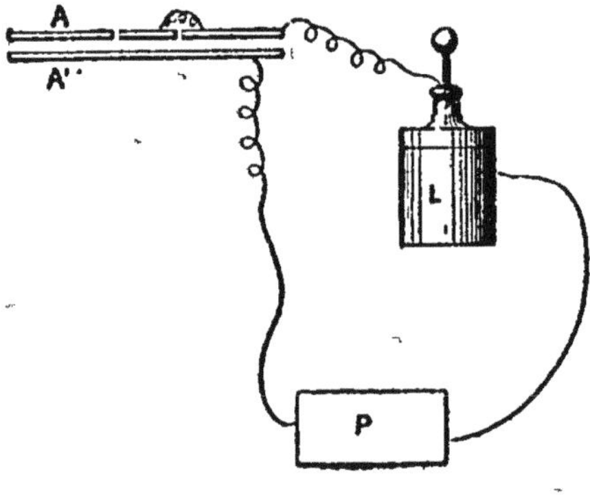

Fig. 71.

que dix unités électrostatiques par exemple, la distance à laquelle il faut amener le plateau inférieur pour mettre le disque dans le plan de l'anneau de garde est très petite, et, dans ce cas, l'équilibre peut être instable. Pour éviter cet inconvénient, Sir W. Thomson ajoute à la différence de potentiel à mesurer V la différence de potentiel constante V_1, qui existe entre les armatures parfaitement isolées d'une bouteille de Leyde chargée.

Si, par exemple, on veut mesurer la différence de potentiel entre les pôles d'une batterie de pile P (*fig.* 71), on met le pôle négatif de cette pile en communication avec le plateau A' de l'électromètre et le pôle positif avec l'armature chargée négativement de la bouteille L, dont l'armature positive est reliée avec l'anneau de garde A et, par conséquent, avec le disque D.

La différence de potentiel mesurée par l'instrument est alors $V_1 + V$; on a donc en désignant par e la distance qu'il faut donner au plateau :

$$V_1 + V = \frac{e}{r}\sqrt{8Pg}. \qquad (4)$$

On réunit ensuite directement les armatures de la bouteille de Leyde avec les plateaux A et A', et en désignant par e' la nouvelle distance qu'il faut donner aux plateaux, on a :

$$V_1 = \frac{e'}{r}\sqrt{8Pg}.$$

En retranchant cette relation de la première on obtient :

$$V = \frac{e - e'}{r}\sqrt{8Pg}. \qquad (5)$$

On voit, par cette formule, que la méthode de mesure n'exige pas la connaissance de la distance qui sépare les plateaux ; il suffit de connaître exactement la variation $e - e'$ de cette distance ; or, la vis micrométrique qui porte le plateau A' donne le $\frac{1}{200^e}$ de millimètre et permet d'apprécier jusqu'au $\frac{1}{2000^e}$.

Dans l'électromètre de Thomson, la bouteille de Leyde dont les armatures présentent la différence de potentiel V_1 est constituée par les parois mêmes de l'appareil. A cet effet, l'enveloppe cylindrique en verre blanc de Glascow [1] est recouverte, intérieurement et extérieurement, par des feuilles de papier d'étain qui forment les armatures de la bouteille. L'armature interne est reliée à l'anneau de garde A par les supports c et c' (*fig.* 70), et l'anneau de garde au disque mobile par l'intermédiaire d'un fil métallique très fin aboutissant à la partie supérieure des ressorts. La tige conductrice K soigneusement isolée de l'appareil et le fil enroulé en hélice H permettent de faire communiquer le plateau A' avec l'un des pôles de la source à étudier; l'autre pôle de cette source est relié à l'armature externe de la bouteille soit directement, soit en mettant ce pôle et l'armature externe de la bouteille de Leyde en communication avec le sol.

On charge cette bouteille de Leyde au moyen d'une petite machine électrique à influence, figurée à gauche de la partie supérieure de la figure 70 et qu'on appelle le *replenisher* (*reproducteur de charge*). Comme d'ailleurs la différence de potentiel V_1 des armatures de la bouteille n'entre pas dans la formule qui donne la différence de potentiel V à mesurer, il suffit que cette différence de potentiel V_1 ait la même valeur dans les deux expériences qui servent à déterminer V. On s'assure que cette condition est remplie à l'aide d'un électromètre, réduit à ses parties essentielles, placé en J sur le couvercle de l'instrument et auquel Sir W. Thomson a donné le nom de *jauge*.

[1] Ce verre isole dans la perfection quand il est maintenu dans une atmosphère sèche. En mettant de la ponce sulfurique dans un vase placé à l'intérieur de l'appareil on réalise cette condition. La bouteille de Leyde ne perd qu'une faible fraction de sa charge en plusieurs jours.

Jauge.— Cette jauge est formée d'un plateau P (*fig.* 72) entouré d'un anneau de garde G. Un fil de platine *p*, fixé au levier *l* qui porte le plateau P fait fonction de ressort et établit une communication entre l'anneau de garde et le plateau. Au-dessous de G se trouve un plateau métallique communiquant par une colonne verticale avec l'anneau de garde A (*fig.* 70) et par suite avec l'armature interne de la bouteille de Leyde de l'électromètre. L'anneau de garde G de la jauge étant relié à l'armature externe de cette bouteille, le plateau mobile P est attiré par le plateau inférieur jusqu'à ce que la force attractive soit équilibrée par la torsion du fil *p*. Cette force dépendant de la différence de potentiel des armatures de la bouteille, il suffit pour s'assurer que cette différence de potentiel conserve la même valeur de vérifier que la position du plateau P est la même ; un cheveu tendu horizontalement entre les branches d'une fourchette supportée par le levier permet de voir facilement si cette condition est réalisée. Si elle ne l'est pas, on tourne le replenisher dans un sens ou dans l'autre jusqu'à ce qu'elle le soit.

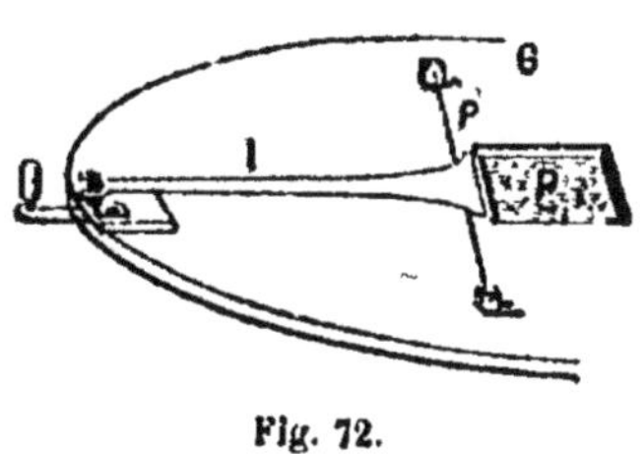

Fig. 72.

Replenisher. — Le replenisher, représenté en coupe par la figure 73, se compose de deux segments cylindriques en laiton *m* et *n* respectivement reliés aux deux armatures de la bouteille de Leyde et munis de ressorts *a* et *b*. Deux autres ressorts *c* et *d* sont portés par des tiges isolées reliées entre elles. Contre ces ressorts viennent frotter deux pièces de métal *r* et *s* réunies à l'axe de rotation par une tige isolante. Pour faire comprendre le jeu de l'appareil, supposons le conducteur *m* chargé positivement et le conducteur *n* chargé négativement. Quand les pièces de métal *r* et *s* sont en contact avec les ressorts *c* et *d*, ils sont soumis à l'influence de *m* et de *n*; *r* se charge négativement et *s* positivement. Par suite du mouvement de rotation, la pièce *r* quitte le ressort *c* et rencontre bientôt le ressort *b* pendant que la pièce *s* arrive au contact du ressort *a*. Dans cette position *r* et *s* se trouvent à l'intérieur des surfaces conductrices *m* et *n*

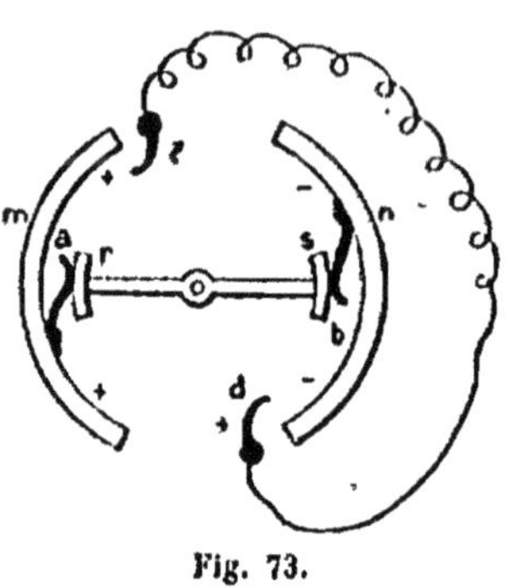

Fig. 73.

et quoique ces surfaces ne soient pas complètement fermées, la plus grande partie des charges de *r* et de *s* passent sur *n* et *m*. Or avant le contact avec les ressorts, *r* était chargé négativement et *s* positivement ; par conséquent la charge positive de *m* et la charge négative de *n* augmentent ainsi. Les mêmes phénomènes se renouvellent pendant la demi-révolution suivante et les deux armatures de la bouteille de Leyde prennent des charges de plus en plus grandes. Si l'on avait fait tourner l'axe de rotation dans le sens inverse, *adbc*, les charges des armatures auraient été en diminuant; il est facile de s'en rendre compte en répétant un raisonnement analogue au précédent.

Électromètre absolu de MM. Bichat et Blondlot.— Cet électromètre, destiné à la mesure des grandes différences de potentiel, se compose d'un cylindre mobile B (*fig.* 74) suspendu au fléau d'une balance au moyen d'une tige conductrice T et communiquant avec le sol par l'intermédiaire de cette tige et du fléau. Extérieurement se trouvent deux cylindres; l'un C, d'un diamètre un peu plus grand que le cylindre

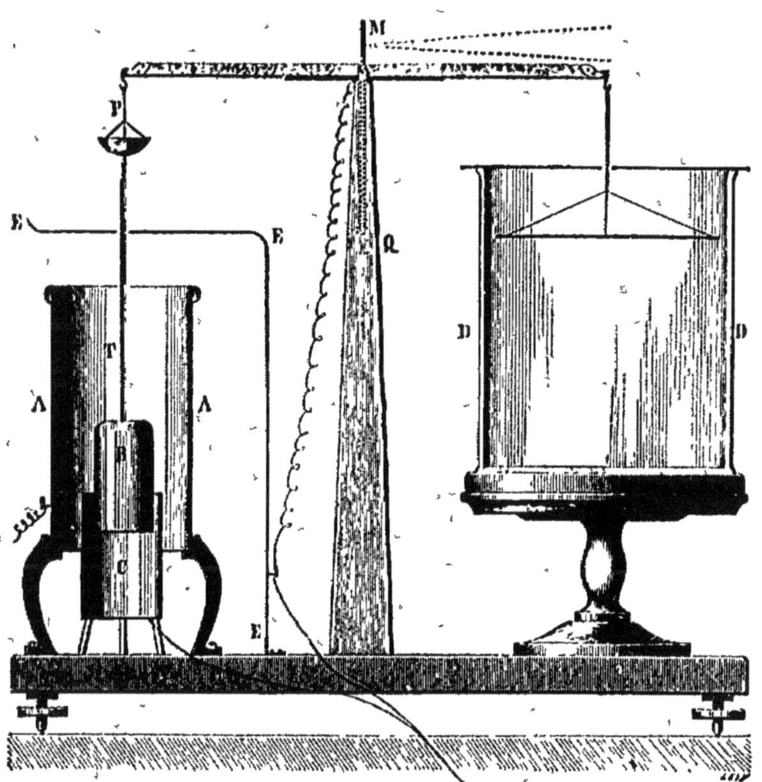

Fig. 74.

mobile B, contient la partie inférieure de celui-ci; ce cylindre C communique avec le sol; l'autre A, parfaitement isolé peut être mis en communication avec le conducteur dont on veut mesurer l'excès de potentiel sur le sol. Enfin, un écran EEE entoure les cylindres et protège les pièces métalliques de la balance contre les attractions du cylindre A.

Quand ce dernier cylindre est à un potentiel différent de celui du sol, le cylindre B, s'électrise par influence et des tensions électriques s'exercent en ses différents points. Celles qui agissent sur les parois latérales ont, par raison de symétrie, une résultante nulle. La force F qui agit sur le cylindre mobile se réduit donc à la résultante des tensions qui s'exercent aux divers points de la surface horizontale qui ferme le cylindre à sa partie supérieure ; elle est évidemment verticale et dirigée de bas en haut. Pour la mesurer il suffit d'ajouter dans le plateau P des poids marqués jusqu'à ce que le fléau revienne dans la position d'équilibre qu'il prend lorsque tous les cylindres sont reliés au sol ; si P est la masse en grammes des poids ajoutés, le produit Pg donne la force F en dynes. Cette mesure s'effectue rapidement, l'appareil étant rendu presque apériodique au moyen d'un large disque en carton suspendu à l'extrémité libre du fléau et se mouvant dans un cylindre en verre D d'un diamètre un peu plus grand : le frottement de l'air amortit presque immédiatement les oscillations du fléau.

Il s'agit maintenant de trouver l'expression de F en fonction de l'excès V du potentiel de A sur le potentiel de B.

Donnons au cylindre mobile un déplacement vertical dx dirigé de bas en haut, le travail des tensions électriques est Fdx; ce travail est égal, puisque les potentiels des conducteurs ne changent pas pendant le déplacement, à la variation de l'énergie électrique du système.

Pour calculer cette variation supposons le cylindre A prolongé indéfiniment dans les deux sens et le cylindre C prolongé indéfiniment vers le bas. Ce dernier cylindre forme un écran électrique pour tout point intérieur suffisamment éloigné de son ouverture pour qu'on puisse regarder la surface de ce cylindre comme une surface fermée. Par suite, la densité électrique est nulle sur la partie inférieure du cylindre B ; elle cesse d'être nulle à une certaine distance au-dessous de l'ouverture de C, va ensuite en croissant en valeur absolue, puis prend une valeur constante dans la partie latérale du cylindre suffisamment éloignée de C pour n'être soumise qu'à l'influence de A.

Quand on soulève le cylindre B de dx la surface de ce cylindre en regard de C diminue de $2\pi R_1 dx$, R_1 étant le rayon de B ; mais cette diminution ayant lieu par la partie inférieure de B où la densité est nulle, il n'en résulte aucune variation de la charge de la portion de B qui plonge dans C. La surface latérale de la portion de B située en dehors de C augmente de la quantité $2\pi R_1 dx$, dont a diminué la partie plongée ; la densité étant μ à l'extrémité supérieure de B, l'augmentation de charge résultant de cette augmentation de surface est $2\pi R_1 \mu dx$. Par conséquent, la variation d'énergie électrique du système est

$$-\frac{1}{2} 2\pi R_1 \mu dx V = -\pi R_1 V \mu dx,$$

puisque, le cylindre A étant infini, B peut être considéré comme un conducteur placé dans une enceinte fermée sur les parois de laquelle il présente un excès de potentiel — V. En égalant cette expression de la variation d'énergie au travail extérieur accompli par les forces électriques nous avons

$$F dx = -\pi R_1 V \mu dx,$$

ou

$$(1) \qquad F = -\pi R_1 V \mu.$$

Nous sommes donc ramenés au calcul de la densité de la couche électrique développée sur le cylindre B par l'influence du cylindre concentrique A dont le potentiel surpasse de V le potentiel de B, pour la partie latérale où la densité μ est sensiblement uniforme. Cette densité μ est alors la même que si les deux cylindres A et B étaient prolongés indéfiniment, le cylindre C n'existant pas; c'est le cas dans lequel nous allons nous placer pour faire ce calcul. Par raison de symétrie les surfaces équipotentielles comprises entre ces cylindres sont des cylindres concentriques; par suite les lignes de force passent par l'axe commun. Prenons un tube de force limité par les cylindres A et B, par deux plans verticaux passant par l'axe et faisant entre eux un angle α et enfin par deux plans horizontaux distants de ε. Ce tube de force aura la forme d'un coin tronqué représenté en *abcdefgh* (*fig.* 75). Soit φ la valeur du champ en un point d'une section *klmn* de ce tube par un cylindre de rayon r; le flux de force à travers cette section est $r\alpha\varepsilon\varphi$. D'après les propriétés des tubes de force traversant un milieu à l'état neutre, ce flux doit avoir la même valeur quelle que soit la section considérée; or pour toutes les sections ε et α sont les mêmes; nous

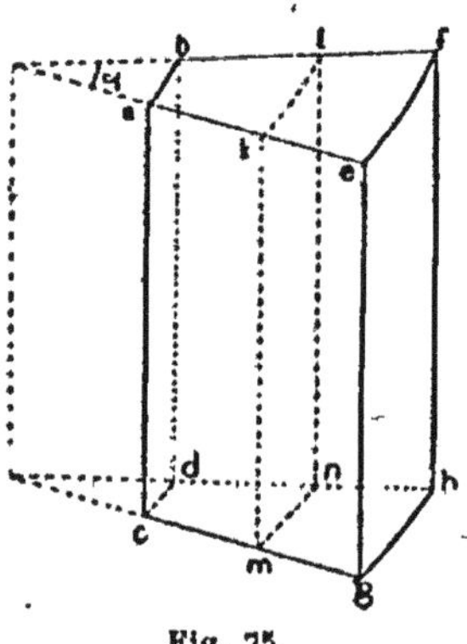

Fig. 75.

devons donc avoir

$$(2) \qquad \varphi r = a,$$

a étant une constante. Pour en trouver la valeur remplaçons φ par $-\frac{dv}{dr}$, v étant le potentiel en un point de la section; nous obtenons

$$dv = -a\frac{dr}{r}$$

d'où, en intégrant,

$$v = -a \operatorname{Log} r + \text{const.}$$

Appelons V_1 le potentiel du cylindre B; le potentiel du cylindre A, dont nous désignerons le rayon par R_2, est alors $V_1 + V$; par conséquent, nous avons

$$V_1 = -a \operatorname{Log} R_1 + \text{const},$$
$$V_1 + V = -a \operatorname{Log} R_2 + \text{const};$$

d'où

$$V = a \operatorname{Log} \frac{R_1}{R_2},$$

et par suite

$$a = \frac{V}{\operatorname{Log} \frac{R_1}{R_2}}.$$

En portant cette valeur de a dans la relation (2) nous en tirons

$$\varphi = \frac{V}{r} \frac{1}{\operatorname{Log} \frac{R_1}{R_2}}$$

pour la valeur du champ en un point situé à une distance r de l'axe des cylindres. En un point infiniment voisin du cylindre B, le champ est

$$\varphi_1 = \frac{V}{R_1} \frac{1}{\text{Log} \frac{R_1}{R_2}}.$$

Or, d'après la formule de Coulomb, on a $\varphi_1 = 4\pi\mu$; par suite

$$\mu = \frac{\varphi_1}{4\pi} = \frac{V}{4\pi R_1} \frac{1}{\text{Log} \frac{R_1}{R_2}}.$$

Telle est la valeur de la densité en un point du cylindre B ; en portant cette expression dans la relation (1) il vient,

$$F = -\pi R_1 V \frac{V}{4\pi R_1} \frac{1}{\text{Log} \frac{R_1}{R_2}};$$

d'où

$$V^2 = -4F \,\text{Log} \frac{R_1}{R_2},$$

ou encore, puisque $F = Pg$,

$$V^2 = 4Pg \,\text{Log} \frac{R_2}{R_1}. \tag{3}$$

La formule (3) suppose que les cylindres sont exactement centrés. Cette condition est difficilement réalisée dans l'appareil primitif où le cylindre mobile est suspendu à l'extrémité d'une longue tige. Pour éviter cette cause d'erreur, sensible surtout lorsqu'il s'agit de mesurer de grandes différences de potentiel, MM. Bichat et Blondlot ont fait construire un second modèle dans lequel le cylindre B est soutenu vers le milieu

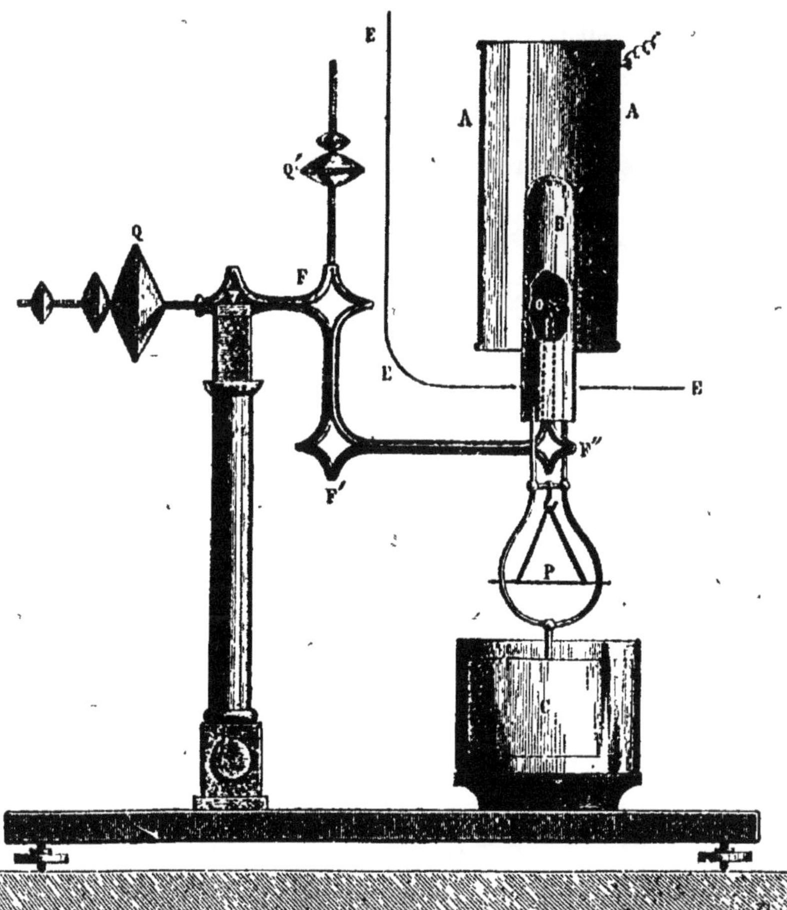

Fig. 76.

de sa longueur au moyen de deux couteaux croisés à angle droit, l'un d'eux est solidaire du cylindre B, l'autre est porté par le fléau coudé FF'F'' (*fig.* 76). Deux contrepoids Q,Q permettent d'équilibrer le fléau et de faire varier la hauteur de son centre de gravité ; un amortisseur G éteint rapidement ses oscillations. Enfin un écran protège le fléau contre les attractions du cylindre A et de plus remplace le troisième cylindre C du modèle primitif.

Électromètre absolu de M. Lippmann. — Voici le principe de cet instrument. Une sphère A (*fig.* 77) de rayon R_2 est mise en communication avec le sol ; une sphère concentrique B de rayon plus petit R_1 est reliée au corps dont on veut mesurer l'excès de potentiel V par rapport au sol. Cette sphère B prend une charge M donnée par la formule

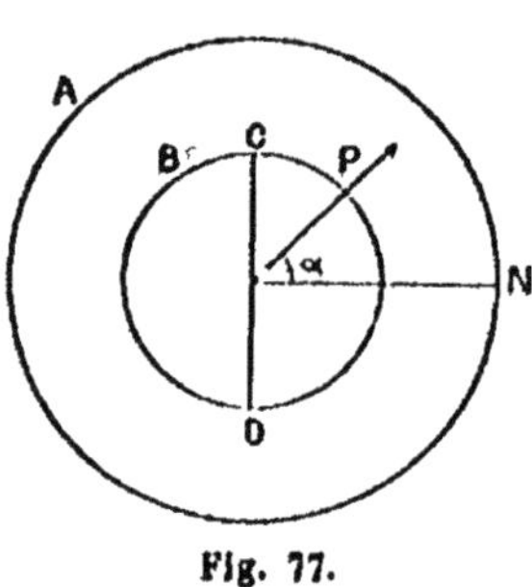

Fig. 77.

$$V = M\left(\frac{1}{R_1} - \frac{1}{R_2}\right),$$

et comme, par raison de symétrie, la distribution de cette charge est uniforme, on a pour la densité μ en un point

$$(1) \qquad \mu = \frac{M}{4\pi R_1^2} = \frac{V}{4\pi R_1^2\left(\frac{1}{R_1} - \frac{1}{R_2}\right)}.$$

Sur un élément ds de cette sphère s'exerce une tension $2\pi\mu^2 ds$. Si nous partageons la sphère en deux parties par un plan diamétral vertical CD, les tensions qui agissent sur chacun des hémisphères ont une résultante dirigée suivant la normale au plan de séparation, dont la valeur est

$$\int\int 2\pi\mu^2 \cos\alpha\, ds,$$

α étant l'angle de la normale extérieure à l'élément ds. Mais $ds \cos\alpha$ est la projection $d\sigma$ de cet élément sur le plan CD; par suite l'intégrale précédente étendue à la surface d'un hémisphère est égale à l'intégrale

$$\int\int 2\pi\mu^2 d\sigma$$

étendue à l'aire de la section CD. La densité étant constante on peut faire sortir $2\pi\mu^2$ du signe d'intégration, et on obtient pour la résultante des tensions

$$(2) \qquad F = 2\pi\mu^2 \int\int d\sigma = 2\pi\mu^2 \pi R_1^2 = 2\pi^2\mu^2 R_1^2$$

Sous l'action de ces forces les deux hémisphères tendent à s'écarter. Si donc, l'un d'eux étant fixe et l'autre mobile, nous pouvons mesurer la force F qui s'exerce sur ce dernier, les relations (1) et (2) nous permettront de calculer V.

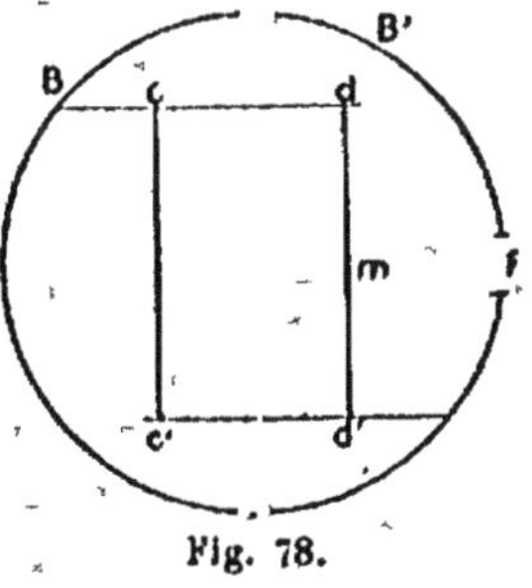

Fig. 78.

Pour mesurer la force F, M. Lippmann avait imaginé le dispositif suivant. A chacun des deux hémisphères B et B' (*fig.* 78) se trouve soudée une plaque métallique *cd*, *c'd'*. Trois fils métalliques représentés, l'un en *cc'*, les deux autres en *dd'* servent à suspendre l'hémisphère mobile B' à l'hémisphère fixe B et, en même temps à faire communiquer ensemble ces hémisphères. Ces fils sont verticaux quand B est à l'état neutre. Quand B est chargé, l'hémisphère B' tend à s'écarter de sa position primitive sous l'action de la force F; mais la pesanteur tend à l'y ramener, et, si P est le poids de cet hémisphère, les fils font avec la verticale dans leur nouvelle position d'équilibre un angle θ dont la tangente est

$$\tan \theta = \frac{F}{Pg}. \tag{3}$$

L'angle θ s'évalue par la méthode de Poggendorf au moyen d'un miroir m fixé sur les deux fils dd'. Des ouvertures percées dans les deux sphères permettent de faire tomber sur ce miroir un faisceau de rayons lumineux. Connaissant ainsi l'angle θ et déterminant une fois pour toutes la masse P de l'hémisphère mobile, la force F est donnée par la formule (3).

Des difficultés de construction n'ont pas permis de réaliser ce dispositif; on a dû suspendre l'hémisphère mobile à l'hémisphère fixe au moyen d'un couteau. La relation qui donne, d'après l'angle θ dont s'incline l'hémisphère mobile, la valeur de la force F, n'est plus la même qu'avec la disposition précédente. Si l'on connaissait la position du centre de gravité et celle du point d'application de F, on aurait, en écrivant que dans la position d'équilibre la somme des moments par rapport à l'axe de suspension des forces qui sollicitent le système est égale à zéro, une équation qui donnerait F en fonction de θ. Or, on connaît le point d'application de F, c'est le centre de la sphère B; quant au centre de gravité il est sur une verticale passant par l'axe de suspension lorsque l'appareil n'est pas chargé; par suite, il est facile de déterminer la position du plan contenant l'axe et le centre de gravité par rapport au système mobile. Il ne reste alors dans l'équation d'équilibre que deux inconnues : la force F et la distance d du centre de gravité à l'axe; il suffit donc d'une nouvelle relation pour déterminer ces deux quantités. On y parvient de la manière suivante : on démonte l'appareil, et on place à l'intérieur de l'hémisphère une masse additionnelle de manière à ce que son centre de gravité soit dans le plan vertical passant par l'axe de suspension et à une distance connue de cet axe; cela fait, on remonte l'appareil, et on le charge avec la même différence de potentiel que la première fois. La force F conserve la même valeur mais, l'action de la pesanteur ayant varié, la déviation de l'hémisphère mobile devient θ'. En écrivant la condition d'équilibre on obtient une équation qui ne contient comme inconnues que F et d. En éliminant F entre les deux équations d'équilibre on obtient la distance d du centre de gravité à l'axe, ce qui permet ensuite de déterminer dans chaque expérience la valeur de F, d'après l'angle dont s'incline l'hémisphère mobile.

Électromètre à quadrants de sir W. Thomson. — Lorsqu'on a déterminé une différence de potentiel au moyen d'un électromètre absolu, il suffit, pour avoir la valeur absolue d'une autre différence de potentiel, de déterminer leur rapport. On a construit dans ce but des électromètres relatifs qui ont sur les électromètres absolus, l'avantage d'être moins complexes et plus sensibles.

Celui qui a été imaginé par sir W. Thomson se compose essentiellement d'une aiguille très légère, en aluminium, mobile dans une boîte métallique plate, formée de quatre parties (*fig.* 79), appelées *quadrants*, reliées deux à deux comme le montre la figure. L'aiguille est formée de deux secteurs réunis par leurs sommets (*fig.* 80) ; les angles de ces secteurs sont arrondis pour éviter la déperdition de l'électricité quand l'aiguille est chargée. Elle est suspendue horizontalement soit par un fil métallique, soit par un bifilaire en fil de cocon.

L'axe de rotation de l'aiguille est prolongé en bas par un

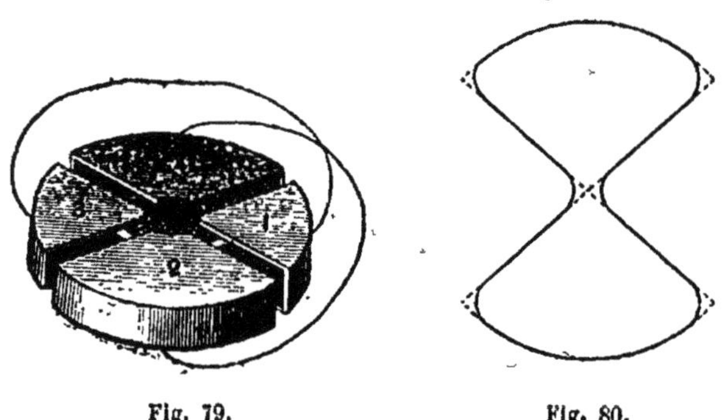

Fig. 79. Fig. 80.

fil de platine, qui plonge dans de l'acide sulfurique concentré, et permet de mettre en communication une source d'électricité avec l'aiguille sans gêner les mouvements de celle-ci. Une petite lame verticale de platine fixée à la partie immergée du fil a pour effet d'amortir les oscillations de l'aiguille. Les déviations sont mesurées au moyen d'un miroir porté par le fil de platine.

Quand les quatre quadrants sont au même potentiel l'aiguille n'est soumise qu'à la torsion du fil qui la supporte, et, par construction est en équilibre quand ses axes de symétrie sont dirigés suivant les lignes de séparation des quadrants. Supposons maintenant les quadrants à des potentiels différents ;

soient V le potentiel de l'aiguille, V_1 le potentiel des quadrants *impairs* 1 et 3, et V_2 celui des quadrants *pairs* 2 et 4; pour fixer les idées, admettons que l'on ait

$$V > V_1 > V_2;$$

dans ces conditions l'aiguille tout entière est chargée positivement. Les tensions qui s'exercent sur les deux faces de l'aiguille sont parallèles à l'axe de suspension et ne peuvent communiquer aucun mouvement de rotation à l'aiguille; celles qui agissent sur les arcs de cercle *ab* et *cd* (*fig.* 81) passent par l'axe et, pour cette raison, n'ont pas plus d'effet que les premières. Il n'y a donc à considérer que les tensions sur les bords latéraux *ad* et *bc*. Or, la densité électrique est plus grande sur les plages de l'aiguille en regard des quadrants pairs que sur les plages en regard des quadrants impairs, puisque la différence de potentiel entre l'aiguille et les quadrants est plus grande pour les quadrants pairs que pour les quadrants impairs. Par suite, les tensions sont plus grandes sur les bords *ob* et *oc* que sur les bords *oa* et *od*; par raison de symétrie ces forces forment un couple qui tend à faire tourner l'aiguille du côté des quadrants pairs.

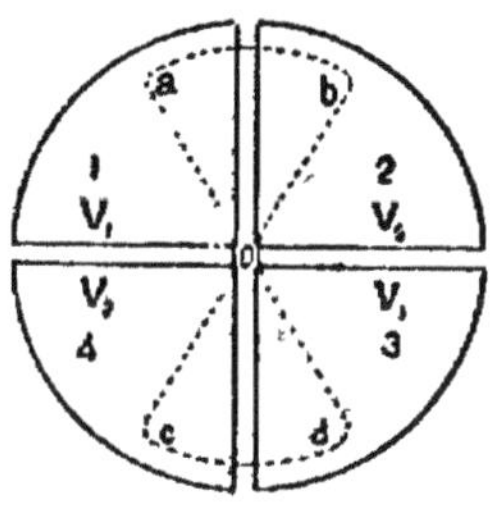

Fig. 81.

Si l'aiguille ne tourne que d'un très petit angle, ses bords restent dans des champs sensiblement constants et les forces qui agissent sur eux conservent à très peu près la même valeur; le moment du couple résultant de ces forces est donc indépendant de l'angle de déviation quand cet angle est très petit; désignons-le par C. Le moment du couple de la suspension unifilaire ou bifilaire est proportionnel à l'angle d'écart, soit c sa valeur par unité d'angle. La condition d'équilibre de l'aiguille est alors

$$c\alpha = C,$$

α étant l'angle de déviation.

Cherchons l'expression de C en fonction des potentiels V, V_1 et V_2. Les densités sur les bords de l'aiguille sont proportionnelles aux différences de potentiel de l'aiguille et des quadrants correspondants; par suite, les tensions sont proportionnelles au carré de ces différences. Nous pouvons donc représenter par $a(V - V_2)^2$ le moment des tensions qui s'exercent sur les bords ob et oc et par $a(V - V_1)^2$ le moment de celles qui s'exercent sur les bords oa et od, les coefficients de proportionnalité ayant la même valeur par raison de symétrie. Nous avons alors

$$(1) \quad C = a[(V - V_2)^2 - (V - V_1)^2] = a(V_1 - V_2)[2V - (V_1 + V_2)]$$

et la condition d'équilibre de l'aiguille devient

$$c\alpha = a(V_1 - V_2)[2V - (V_1 + V_2)]$$

d'où

$$(2) \quad \alpha = \frac{2a}{c}(V_1 - V_2)\left(V - \frac{V_1 + V_2}{2}\right).$$

Première méthode de mesure. — Cette relation peut être utilisée de diverses manières pour la comparaison des différences de potentiel. Dans la méthode proposée par sir W. Thomson pour la mesure des faibles différences de potentiel, comme celles des pôles d'un élément de pile, les quadrants impairs sont reliés à l'un des pôles et les quadrants pairs à l'autre pôle, tandis que l'aiguille est portée à un potentiel V très élevé par rapport à celui de la cage de l'instrument que nous avons le droit de choisir pour potentiel zéro. On peut alors en s'arrangeant de manière à ce que V_1 et V_2 diffèrent peu du potentiel de la cage de l'instrument, négliger dans la formule (2) la somme $\frac{V_1 + V_2}{2}$ par rapport à V, et il vient

$$\alpha = \frac{2a}{c}(V_1 - V_2)V.$$

Si donc V conserve la même valeur dans toutes les expériences la différence de potentiel à mesurer $V_1 - V_2$ est proportionnelle à l'angle de déviation.

Dans l'appareil de sir W. Thomson l'aiguille était reliée à l'armature interne d'une bouteille de Leyde formée, comme dans l'électromètre absolu, par la cage de l'instrument ; un replenisher servait à faire varier la différence de potentiel des armatures, et une jauge permettait de s'assurer que dans toutes les expériences cette différence de potentiel avait la même valeur.

M. Branly a supprimé ces organes accessoires et s'est servi pour charger l'aiguille d'une pile d'un grand nombre d'éléments dont un pôle est relié à l'aiguille et l'autre à la cage de l'instrument. Il a également supprimé la boîte dans laquelle se meut l'aiguille et l'a remplacée par quatre secteurs droits placés au-dessous de l'aiguille, réunis entre eux de la même manière que les quadrants de Thomson. L'emploi d'une pile ne peut occasionner aucune erreur, si l'on a soin de choisir une pile qui présente une différence de potentiel constante entre ses pôles; mais la suppression des quadrants peut donner lieu à de graves erreurs, car l'aiguille, n'étant plus à

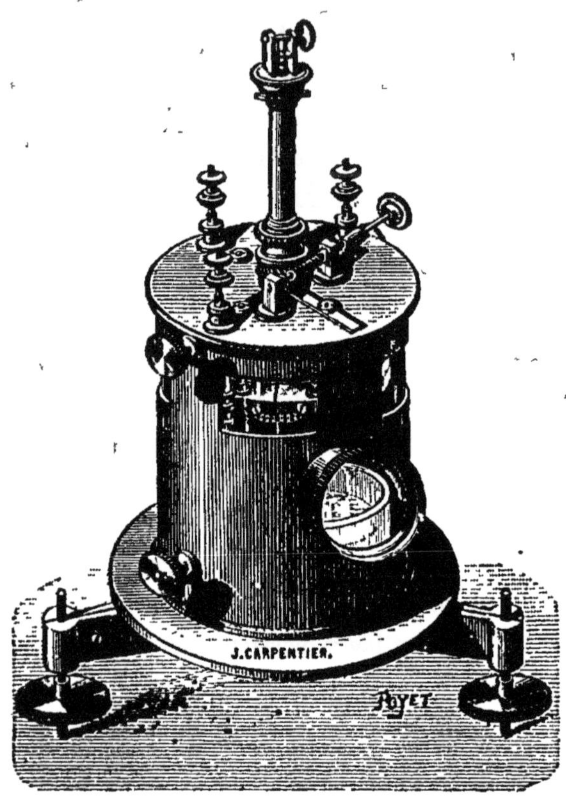

Fig. 82.

l'intérieur d'une surface conductrice, est influencée par la charge de la cage de l'instrument.

M. Mascart, tout en se servant comme M. Branly d'une pile pour charger l'aiguille, a conservé les quadrants de Thomson. Il a réalisé ainsi un instrument très sensible et très exact dont la figure 82 montre l'ensemble.

Mais, malgré l'amortisseur formé par la lame de platine plongeant dans l'acide sulfurique, l'aiguille de cet électromètre ne prend sa position d'équilibre qu'après un assez grand nombre d'oscillations. Dans le but d'éviter cet inconvénient, M. Curie a remplacé les quadrants de Thomson par quatre paires de secteurs droits en acier, aimantés transversalement. Les deux secteurs qui forment une paire sont placés l'un au-dessus de l'autre, les pôles de noms contraires en regard, et sont réunis par un fil métallique; l'aiguille se meut entre les quatre secteurs supérieurs et les quatre secteurs inférieurs; elle est ainsi protégée contre l'action de la cage de l'instrument. De plus elle se trouve placée dans un champ magnétique intense produit par les secteurs aimantés, et des courants d'induction prennent naissance quand elle se déplace; ces courants s'opposant au mouvement de l'aiguille, l'instrument est presque apériodique. Les communications électriques entre les paires de secteurs sont établies de la même manière qu'entre les quadrants de l'électromètre Thomson. La suspension est unifilaire; un fil métallique, pincé à ses extrémités supportant l'aiguille et servant aussi de conducteur pour charger celle-ci.

Seconde méthode de mesure. — Si on porte les quadrants à des potentiels égaux et de signes contraires, c'est-à-dire si on s'arrange de manière à avoir $V_1 = -V_2$, la formule (2) se réduit à

$$\alpha = \frac{4a}{c} V_1 V. \tag{3}$$

Il est facile de réaliser cette condition en chargeant les quadrants au moyen d'une pile d'un nombre pair d'éléments dont le milieu est relié à la cage de l'instrument, puisque nous pouvons prendre pour potentiel zéro, le potentiel de cette cage. L'aiguille est mise en communication avec le conducteur dont on veut mesurer l'excès de potentiel sur le potentiel de la cage. En ayant soin de prendre une pile suffisamment constante pour que dans toutes les expériences V_1 conserve la même valeur, l'excès de potentiel V, est d'après la formule (3) proportionnel à la déviation de l'aiguille. On désigne cette manière de charger l'instrument sous le nom de *charge symétrique*.

La formule (3) montre que pour un même excès V du potentiel de l'aiguille sur celui de la cage, la déviation α de l'aiguille varie proportionnellement à la différence du potentiel $2V_1$ des quadrants. M. Gouy, dans une étude approfondie d'un électromètre de M. Mascart, a trouvé que la déviation de l'aiguille est sensiblement proportionnelle à la différence de potentiel des quadrants tant que cette différence est inférieure à 8/15 d'unité électrostatique, et que contrairement aux indications de la théorie, au delà, la déviation de l'aiguille croît moins vite que la différence $2V_1$ et finit par décroître quand $2V_1$ augmente.

Il résulte donc des expériences de M. Gouy que dans le cas de la charge symétrique, la formule (2) qui donne la déviation n'est pas exacte et qu'elle conduit à des résultats éloignés de la réalité quand la différence de potentiel des quadrants est grande. D'autres expériences du même physicien ont établi que lorsqu'on opère par la méthode de mesure de Thomson la formule (2) est toujours applicable. Ces résultats ne doivent pas nous étonner, car, en établissant la formule de l'électromètre nous avons admis que la densité sur les bords de l'aiguille est proportionnelle à la différence de potentiel de l'aiguille et du quadrant correspondant, ce qui ne serait vrai que si l'aiguille et le quadrant formaient un condensateur fermé (1).

(1) Il est possible, comme l'a fait M. Gouy (*Journal de Physique*, 2e série, t. VII, p. 97) de trouver une formule de l'électromètre en complet accord avec l'expérience.

Soient C la capacité de l'aiguille, C_1 celle des quadrants impairs, C_2 celle des quadrants pairs, i_1 et i_2 les coefficients d'influence mutuels de l'aiguille et des deux paires de quadrants, i_q le même coefficient entre les deux paires de quadrants.

En appliquant les formules (2) de la page 89, on a pour les charges de l'aiguille et des quadrants.

$$(1)\qquad \left\{\begin{aligned} M &= CV - i_1V_1 - i_2V_2 \\ M_1 &= -i_1V + C_1V_1 - i_qV_2 \\ M_2 &= -i_2V - i_qV_1 + C_2V_2 \end{aligned}\right.$$

et pour l'énergie électrique du système formé par l'aiguille et les quadrants

$$W = \frac{1}{2}(MV + M_1V_1 + M_2V_2).$$

Pour une déviation α de l'aiguille à partir de la position symétrique, la variation de l'énergie est, puisque les potentiels sont constants,

$$\Delta W = \frac{1}{2}(V\Delta M + V_1\Delta M_1 + V_2\Delta M_2),$$

ou en remplaçant les variations des charges par leurs valeurs tirées des relations (1),

$$\Delta W = \frac{1}{2}(V^2\Delta C + V_1^2\Delta C_1 + V_2^2\Delta C_2) - VV_1\Delta i_1 - VV_2\Delta i_2 - V_1V_2\Delta i_q.$$

C est la charge que prend l'aiguille portée au potentiel 1 quand les quadrants sont reliés à la cage; elle est indépendante de la position de l'aiguille si les quadrants sont assez rapprochés pour qu'on puisse regarder leur ensemble comme formant une surface fermée; par suite

$$\Delta C = 0.$$

C_1 est la charge des quadrants impairs lorsque leur potentiel est 1, celui de l'aiguille et des quadrants pairs étant zéro; elle diminue quand l'aiguille

Troisième méthode de mesure. — Si l'on réunit l'aiguille aux quadrants impairs et la cage de l'instrument aux quadrants

tourne du côté des quadrants pairs, sens que nous prendrons pour sens positif des déviations. En développant suivant les puissances croissantes de α, la variation de cette charge, on obtient, en négligeant les puissances supérieures à la deuxième

$$\Delta C_1 = -\lambda\alpha + \mu\alpha^2.$$

La symétrie de l'appareil exige que la variation C_2, pour une déviation $-\alpha$, soit égale à la variation de C_1 pour une déviation α; on a donc

$$\Delta C_2 = \lambda\alpha + \mu\alpha^2.$$

Pour les mêmes raisons, on peut poser

$$\Delta i_1 = \beta\alpha + \gamma\alpha^2$$
$$\Delta i_2 = -\beta\alpha + \gamma\alpha^2.$$

Quant à Δi_g, il est facile de voir par la signification physique du coefficient i_g que cette quantité est indépendante du signe de α; par suite

$$\Delta i_g = \varepsilon\alpha^2.$$

En portant ces valeurs dans l'expression de la variation d'énergie, on obtient

$$\Delta W = \left[\frac{1}{2}\lambda(V_2^2 - V_1^2) - \beta V(V_1 - V_2)\right]\alpha + \left[\frac{1}{2}\mu(V_1^2 + V_2^2) - \gamma V(V_1 + V_2) - \varepsilon V_1 V_2\right]\alpha^2.$$

Si nous supposons $V = 0$ et $V_1 = V_2$ l'énergie du système est évidemment indépendante de la position de l'aiguille; on doit donc avoir $\Delta W = 0$ pour ces valeurs des potentiels, ce qui exige

$$\varepsilon = \mu.$$

Pour la même raison, la variation d'énergie doit être nulle pour $V = V_1 = V_2$; on en conclut

$$\gamma = 0.$$

En tenant compte de ces deux égalités, la variation d'énergie devient :

$$\Delta W = \left[\frac{1}{2}\lambda(V_2^2 - V_1^2) - \beta V(V_1 - V_2)\right]\alpha + \frac{1}{2}\mu(V_1 - V_2)^2\alpha^2.$$

pairs on a

$$V_1 = V \qquad \text{et} \qquad V_2 = 0\,;$$

par suite la formule (2) se réduit à

$$\alpha = \frac{a}{c}V^2.$$

Les potentiels des conducteurs conservant les mêmes valeurs pendant le déplacement, la variation d'énergie est égale au travail des forces électriques ; si c est le moment du couple de torsion par unité d'angle, ce travail est

$$\int c\alpha d\alpha = \frac{1}{2}c\alpha^2,$$

et en l'égalant à ΔW, on tire

$$(2) \qquad \alpha = \frac{\lambda\,(V_2^2 - V_1^2) - 2\beta V\,(V_1 - V_2)}{c - \mu\,(V_1 - V_2)^2}.$$

Quand on a $V = \frac{V_1 + V_2}{2}$, c'est-à-dire quand la différence de potentiel entre l'aiguille et les quadrants impairs est égale et de signe contraire à la différence de potentiel de l'aiguille et des quadrants pairs, les densités en deux points de l'aiguille symétrique par rapport à l'axe de symétrie de l'appareil ne diffèrent que par le signe ; par suite les tensions sur ces points sont égales et l'aiguille ne doit pas tourner. On doit donc avoir $\alpha = 0$ pour $V = \frac{V_1 + V_2}{2}$. D'après la formule (2) pour que cette condition soit réalisée il faut avoir $\beta = -\lambda$; on a alors

$$\alpha = \frac{2\lambda\,(V_1 - V_2)\left(V - \frac{V_1 + V_2}{2}\right)}{c - \mu\,(V_1 - V_2)^2}.$$

Cette formule ne diffère de la formule ordinaire que par un terme nouveau $\mu\,(V_1 - V_2)^2$; le coefficient μ étant très petit, ce terme peut être négligé quand la différence de potentiel des quadrants est petite ; c'est ce qui arrive dans la méthode de mesure de Thomson Au contraire, il a une influence considérable lorsque la différence de potentiel des quadrants est très grande comme cela peut avoir lieu dans la charge symétrique. Comme μ est négatif la déviation α finit par décroître quand $(V_1 - V_2)$ augmente.

La déviation est proportionnelle au carré de la différence de potentiel de l'aiguille et de la cage. Les expériences de M. Gouy ont montré que cette formule est exacte quand la différence de potentiel V n'est pas très considérable.

Sensibilité de l'instrument. — Quelle que soit la méthode de mesure adoptée, la déviation de l'aiguille est d'autant plus grande pour les mêmes valeurs des potentiels V, V_1, V_2, que le coefficient a est plus grand. Pour avoir l'expression de ce coefficient, cherchons la valeur de a en nous appuyant sur le théorème qui donne le travail des forces électriques dans un déplacement de conducteurs maintenus à des potentiels constants.

Les forces électriques qui agissent sur l'aiguille se réduisant, comme nous l'avons vu, à un couple de moment C par rapport à l'axe de rotation, le travail de ces forces pour une déviation $d\alpha$ de l'aiguille est

$$T = C\,d\alpha.$$

De cette déviation résulte une augmentation $kd\alpha$ de la surface de l'aiguille en regard de la paroi supérieure d'un des quadrants, du quadrant 2 par exemple. L'aiguille ayant deux faces, l'augmentation des surfaces de l'aiguille en regard des parois de ce quadrant est $2kd\alpha$ et l'augmentation de la charge électrique de ces surfaces est $2k\mu_2 d\alpha$. Par raison de symétrie, la charge des faces de l'aiguille qui sont en regard de la surface interne du quadrant 4 a la même valeur, de sorte que l'augmentation de la charge électrique des plages paires de l'aiguille (c'est-à-dire des plages qui se trouvent à l'intérieur des quadrants pairs) est $4k\mu_2 d\alpha$. Pour des raisons semblables l'augmentation de charge des plages impaires est $-4k\mu_1 d\alpha$.

Par conséquent l'augmentation totale de la charge de l'aiguille est

$$4kd\alpha\,(\mu_2 - \mu_1),$$

et la variation d'énergie résultant de cette augmentation

$$\frac{1}{2}\,4kd\alpha\,(\mu_2 - \mu_1)\,V.$$

Mais cette quantité n'est qu'une partie de la variation d'énergie du système formé par les quadrants et l'aiguille car, quand celle-ci se déplace, la charge des quadrants varie. Il est facile de voir que la variation d'énergie des quadrants est

$$\frac{1}{2}\,[-\,4kV_2\mu_2 d\alpha + 4kV_1\mu_1 d\alpha]$$

ou

$$\frac{1}{2}\,4kd\alpha\,(\mu_1 V_1 - \mu_2 V_2).$$

Par conséquent la variation d'énergie de l'aiguille et des quadrants est

$$2kd\alpha\,[(\mu_2 - \mu_1)\,V + \mu_1 V_1 - \mu_2 V_2],$$

ou

$$2kd\alpha\,[\mu_2\,(V - V_2) - \mu_1\,(V - V_1)].$$

En égalant cette expression au travail T des forces électriques et divisant par $d\alpha$, nous obtenons

$$C = 2k\,[\mu_2\,(V - V_2) - \mu_1\,(V - V_1)].$$

Mais les quadrants et les plages de l'aiguille qui sont en regard peuvent être assimilés aux armatures d'un condensateur; par suite, si nous supposons l'aiguille à égale distance des parois des quadrants et si nous désignons par e cette distance nous aurons

$$\mu_1 = \frac{1}{4\pi e}(V - V_1),$$

et

$$\mu_2 = \frac{1}{4\pi e}(V - V_2).$$

En portant ces valeurs dans l'expression de C, nous obtenons

$$C = \frac{k}{2\pi e}[(V - V_2)^2 - (V - V_1)^2].$$

Si on compare cette valeur de C à la formule (1) (p. 196) on voit que le coefficient de proportionnalité a est donné par

$$a = \frac{k}{2\pi e}.$$

Quant au moment c de la suspension, il dépend de la manière dont l'aiguille est suspendue. Si la suspension est unifilaire, c est proportionnel à la quatrième puissance du rayon r du fil et en raison inverse de sa longueur l; on a donc

$$c = h\frac{r^4}{l}$$

et par suite

$$\frac{a}{c} = \frac{k}{h}\frac{l}{2\pi e r^4}.$$

Cette relation montre que le rapport $\frac{a}{c}$ et par conséquent la sensibilité de l'instrument, croissent proportionnellement à la longueur du fil de suspension, en raison inverse de la quatrième puissance de son rayon, et en raison inverse de la distance de l'aiguille aux quadrants. Cette distance est limitée par l'étincelle qui éclate entre l'aiguille et les quadrants dès qu'elle devient trop petite. Quant à la longueur du fil de suspension elle ne peut dépasser 30° environ sans rendre l'instrument d'un maniement incommode. C'est donc surtout en faisant varier le diamètre du fil de suspension qu'on fera varier la sensibilité de l'instrument; on parvient à une extrême sensibilité en prenant des fils dont le diamètre ne dépasse pas $\frac{1}{100^e}$ de millimètre.

Lorsque l'aiguille est suspendue par un bifilaire de cocon le moment de la suspension par unité d'angle est donné avec une très grande approximation par la formule

$$c = \mathrm{P}g\frac{dd'}{l},$$

où P est la masse de l'aiguille, d l'écartement des fils à leur partie supérieure, d' l'écartement à l'extrémité inférieure et l leur longueur. On a alors

$$\frac{a}{c} = \frac{k}{2\pi e}\frac{l}{\mathrm{P}gdd'}.$$

Par conséquent, la sensibilité est d'autant plus grande que l est plus grand et e plus petit. Pour les mêmes raisons que dans la suspension unifilaire, on ne peut donner à l une longueur trop grande, ni à e une valeur trop petite; aussi pour augmenter la sensibilité de l'appareil, diminue-t-on le plus possible le poids de l'aiguille. Souvent on évide sa partie centrale. Cet évidement de l'aiguille n'augmente pas la sensibilité, car le coefficient k, qui dépend de la surface des parties de l'aiguille en regard d'une paire de quadrants se trouve ainsi diminué et, il est facile de voir que k diminue plus vite que P; par conséquent sous le rapport de la sensibilité il y a désavantage à évider l'aiguille. Mais la diminution de la masse de l'aiguille a pour effet de diminuer son moment d'inertie et, par là, de rendre l'amortissement des oscillations plus rapide.

D'ailleurs les deux quantités d et d' peuvent être choisies de manière à rendre la sensibilité très grande ; il suffit qu'elles soient très petites. Dans ce but le bifilaire est formé d'un seul fil replié et, dans l'anse formée à la partie inférieure, l'aiguille est suspendue par un crochet ; d' se réduit alors à l'épaisseur du crochet. Quant à l'écartement d des fils à leur partie supérieure il peut être rendu aussi petit que l'on veut et, en général, au moyen d'un petit dispositif très simple, on peut le faire varier facilement de manière à donner à l'appareil la sensibilité que réclame l'expérience. C'est là un grand avantage de la suspension bifilaire sur la suspension unifilaire. On ne peut en effet, avec ce dernier mode de suspension, faire varier la sensibilité qu'en changeant le fil de suspension, ou en modifiant la distance e de l'aiguille aux parois horizontales des quadrants ; or le changement du fil de suspension est une opération délicate lorsque ce fil est très fin, et la distance e ne peut être modifiée que dans l'électromètre de M. Curie.

Électromètre de MM. Blondlot et Curie. — Dans cet électromètre, le système mobile est formé par deux demi-cercles A et A' (*fig.* 83) qui, bien que solidaires, sont isolés au point de vue électrique et peuvent être portés à des potentiels différents V_1 et V_2 Ce système mobile que, par abréviation, nous appellerons *aiguille*, se meut entre quatre plateaux fixes semi-circulaires et superposés deux à deux. L'une des paires de plateaux P_1 est maintenue au potentiel V_1, l'autre paire P_2, au potentiel V_2. La suspension est unifilaire. Quand il n'y a aucune charge électrique sur les plateaux et sur l'aiguille, dans la position d'équilibre, le diamètre de séparation des deux parties de l'aiguille doit faire avec le diamètre de séparation des plateaux semi-circulaires un angle voisin de 90°.

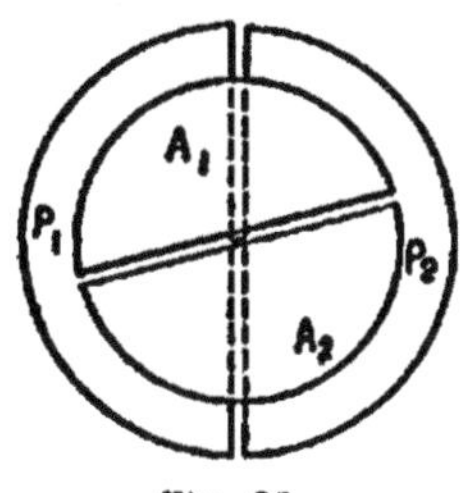

Fig. 83.

Un raisonnement de tout point identique à l'un de ceux dont nous nous sommes servis pour établir la formule de l'électromètre à quadrants nous conduirait à la formule

$$\alpha = \frac{a}{c}(V_1 - V_2)(V - V')$$

qui est parfaitement exacte pourvu que l'angle des deux fentes diamétrales ne devienne pas très petit. Cette formule contenant quatre potentiels, l'instrument se prête à un plus grand nombre d'usages que l'électromètre à quadrants.

La figure 84 représente l'instrument ; la cage en laiton qui entoure l'appareil est enlevée pour laisser voir la disposition intérieure. Les plateaux P_1, P_2, P_3, P_4, sont en acier aimanté pour amortir les oscillations ; ils peuvent être déplacés verticalement au moyen de vis de pression et sont isolés des parois de la cage par des pièces d'ébonite ; des vis micrométriques V, V' permettent de donner aux plateaux inférieurs des déplacements très lents. L'aiguille (*fig.* 85), qui doit être très légère pour avoir un faible moment d'inertie et prendre rapidement sa position d'équilibre, est formée de deux plaques d'alumi-

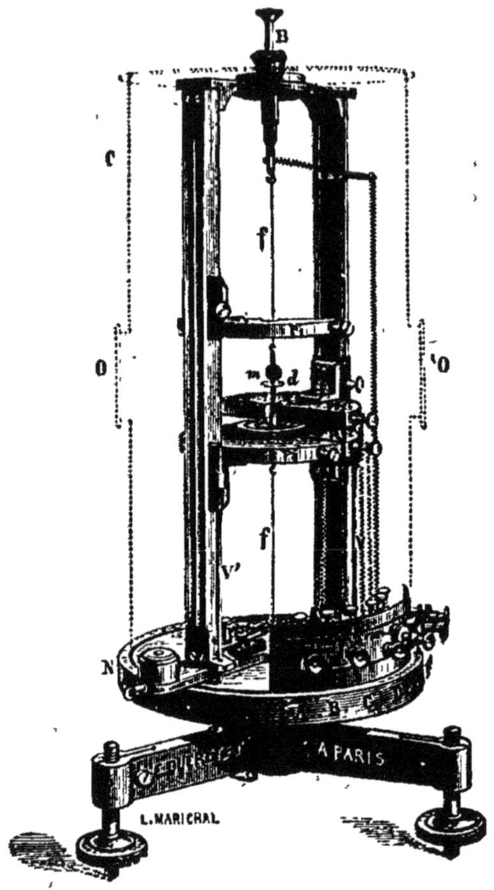

Fig. 84.

nium excessivement minces; on donne de la rigidité à ces plaques en les ondulant. Une monture en ébonite réunit les deux portions A_1 et A_2 de l'aiguille, et deux crochets dont l'un communique avec A_1 et l'autre avec A_2 servent à attacher l'aiguille aux fils de suspension *f* (*fig.* 84).

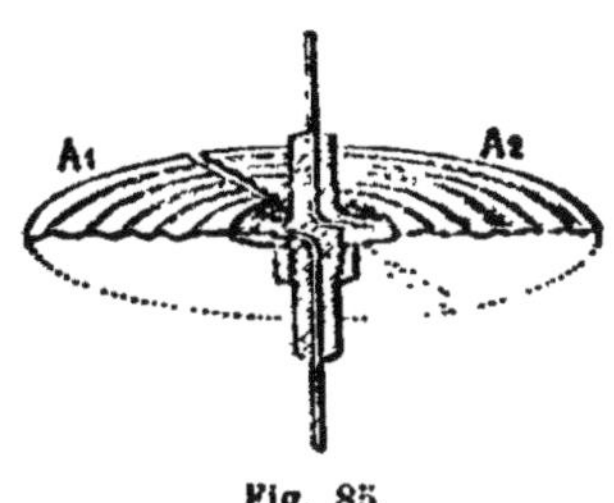

Fig. 85.

Le fil supérieur est fixé à une chape B, le fil inférieur à un ressort; ces points d'attache sont isolés de la cage et communiquent avec des bornes, car c'est par l'intermédiaire de chacun de ces fils que les portions A_1 et A_2 de l'aiguille sont portées au potentiel voulu.

Les électromètres ne sont pas les seuls instruments qui puissent servir à la mesure des différences de potentiel; les galvanomètres sont également employés à cet usage. Mais les méthodes galvanométriques étant fondées sur les propriétés des courants, elles ne sauraient trouver place ici; nous y reviendrons plus tard.

MESURE DES CAPACITÉS

La mesure des capacités offre de l'intérêt à plusieurs points de vue ; remarquons d'abord, qu'en vertu de la relation $M = CV$, la connaissance de la capacité C d'un condensateur, jointe à celle de la différence de potentiel V des armatures, en fait connaître la charge M. En outre, nous verrons que la mesure des capacités de condensateurs à lame isolante de nature différente a permis l'étude du rôle du milieu isolant dans les phénomènes d'influence.

Dans le cas où l'air est le seul milieu isolant, nous avons vu que la capacité d'un conducteur ne dépendait que de sa forme et de sa position par rapport à l'enceinte, et que de simples mesures de longueur suffisaient pour déterminer la valeur absolue de la capacité. Toutefois le calcul de la valeur de la capacité n'est possible que dans un petit nombre de cas où la forme géométrique du conducteur est particulièrement simple.

Le problème de la mesure des capacités comprend donc deux parties : 1° la détermination en valeur absolue de la capacité de conducteurs de formes simples, au moyen de mesures de longueurs, ce qui fournit des *capacités étalons ;* 2° la mesure du rapport de deux capacités.

Étalons de capacité. — La capacité d'une sphère placée dans une enceinte infinie étant égale à son rayon, une sphère pourrait servir d'étalon de capacité. Mais nous avons montré qu'une salle, même de grandes dimensions, ne peut être assimilée à une enceinte infinie, et que l'influence des parois de la salle peut modifier la capacité théorique d'une quantité souvent supérieure à 1/50° de sa valeur. L'emploi d'une sphère comme étalon n'est donc pas pratique ; d'ailleurs la capacité obtenue ainsi serait trop petite pour la plupart des usages.

Un condensateur sphérique n'a pas les mêmes inconvénients; dans le cas où l'air sépare les armatures, sa capacité est donnée par :

$$C = \frac{RR}{R' - R},$$

R étant le rayon de la sphère intérieure et R′ celui de l'enveloppe sphérique concentrique. Sir W. Thomson s'en est servi comme étalon. Mais son emploi ne s'est pas généralisé, car la mesure du rayon R′ est assez difficile. De plus, il faut percer l'enveloppe d'une ouverture livrant passage à la tige qui sert à charger la sphère interne, et maintenir cette sphère par des cales isolantes ; il en résulte des modifications de la valeur de la capacité, impossibles à déterminer par le calcul.

Le procédé le plus pratique et le plus généralement adopté pour avoir un étalon de capacité, consiste à prendre deux disques parallèles. Près du centre de chaque disque la capacité par unité de surface est $\frac{1}{4\pi e}$, e étant la distance de disques, qui peut être mesurée avec une grande précision au moyen de microscopes; au voisinage des bords, la capacité par unité de surface est un peu plus grande, mais des formules données par Kirchhoff permettent de calculer très exactement la capacité totale d'un condensateur formé par deux disques parallèles ayant même axe. D'ailleurs, si l'on veut se dispenser de ces calculs, il suffit de munir le condensateur d'un anneau de garde comme dans l'électromètre absolu de sir W. Thomson; cette disposition est très employée aujourd'hui.

Comparaison des capacités. — Soient C et C′ les capacités de deux condensateurs, dont les armatures ont pour différences de potentiel respectives V et V′; les charges des armatures sont

$$M = CV, \qquad M' = C'V',$$

et le rapport des capacités est

$$\frac{C'}{C} = \frac{M'}{M}\frac{V}{V'},$$

La comparaison de deux capacités se ramène donc à la mesure relative de deux quantités d'électricité et à celle de deux différences de potentiel. Mais on peut réduire les mesures à une seule, soit en faisant $M = M'$, soit au contraire en rendant égales les différences de potentiel V et V′; dans le premier cas il suffit de mesurer une différence de potentiel, dans le second un rapport de quantités d'électricité.

Pour donner aux deux condensateurs la même charge, on se sert d'une bouteille de Lane, et dans les deux opérations on compte un même nombre de décharges de cette bouteille. La comparaison des différences de potentiel V et V′ s'effectue au moyen d'un électromètre de capacité négligeable vis-à-vis des capacités des condensateurs. Cette méthode assez peu précise est rarement employée.

Dans la seconde méthode, les armatures des condensateurs sont portées à la même différence de potentiel en les reliant, par exemple, aux deux pôles d'une pile. Les charges sont mesurées soit, comme le faisait Gaugain, au moyen d'un *électroscope à décharges*, soit au moyen d'un *galvanomètre balistique*.

Emploi de l'électroscope à décharges. — L'électroscope à décharges de Gaugain (*fig.* 86) est tout simplement un électroscope à feuilles d'or possédant une boule métallique B communiquant avec le sol et placée dans le plan d'écart des feuilles d'or. Celles-ci sont mises en communication avec l'armature dont on veut mesurer la charge au moyen d'un fil très médiocre conducteur (un fil de coton sec); l'autre armature du condensateur est reliée à la boule B par l'intermédiaire du sol.

Fig. 86.

Quand la charge des feuilles devient suffisante, ce qui demande un temps appréciable par suite de la mauvaise conductibilité du fil de communication, une des feuilles vient toucher la boule B; elles se déchargent alors et retombent verticalement. Une nouvelle charge les écarte de nouveau et un second contact avec la boule se produit. Les mêmes phénomènes se reproduisent jusqu'à ce que les armatures du condensateur soient au même potentiel, c'est-à-dire jusqu'à ce que le condensateur soit complètement déchargé. A chaque contact des feuilles d'or et de la boule une même quantité d'électricité passe d'une armature à l'autre, de sorte que la charge du condensateur est proportionnelle au nombre de contacts. Le rapport des nombres obtenus avec deux condensateurs donne donc le rapport des charges M et M', et par suite celui des capacités s'ils sont chargés au même potentiel.

Emploi du galvanomètre balistique. — L'emploi de l'électroscope de Gaugain a l'inconvénient d'exiger un temps assez considérable, et par conséquent de nécessiter un isolement parfait, condition très difficile à réaliser. Aussi cet instrument est-il remplacé avantageusement par le galvanomètre balistique. Il suffit de faire passer la décharge du condensateur à travers le galvanomètre ; la décharge étant presque instantanée l'aiguille du galvanomètre reçoit un choc (de là le nom de *galvanomètre balistique*) qui la fait dévier d'un angle α proportionnel à la quantité d'électricité, si le galvanomètre est sans amortissement et si la déviation est faible. On a alors, en appelant α et α' les déviations obtenues par les décharges des condensateurs à comparer,

$$\alpha = kCV, \qquad \alpha' = kC'V';$$

d'où

$$\frac{\alpha}{\alpha'} = \frac{C}{C'} \tag{1}$$

puisque $V = V'$; le rapport des capacités est donc donné par le rapport des déviations.

Pour éviter que la gaine isolante qui entoure les fils du galvanomètre soit percée par une décharge entre deux spires contiguës du cadre multiplicateur, il faut que la différence de potentiel des armatures du condensateur soit très faible. La charge CV des armatures est alors très petite, et, pour obtenir une déviation assez considérable de l'aiguille, le fil du galvanomètre doit faire un grand nombre de tours. On est donc conduit à prendre un galvanomètre à fil long et très fin. Mais la durée de la décharge augmente avec la longueur et la finesse du fil et, comme l'arc d'impulsion de l'aiguille n'est proportionnel à la quantité d'électricité que dans le cas d'une décharge instantanée, on ne peut exagérer ni la longueur ni la finesse du fil.

D'ailleurs une correction est nécessaire. Elle est due à ce que la proportionnalité entre la déviation et la quantité d'électricité n'a lieu que si le galvanomètre est sans amortissement. Or un tel galvanomètre est irréalisable, la résistance de l'air et les forces produites par les courants d'induction qui résultent du déplacement de l'aiguille, agissant en sens contraire du déplacement; en outre, si l'amortissement est trop faible, l'aiguille ne revient au zéro qu'après un grand nombre d'oscillations, et il faut laisser s'écouler un intervalle de temps très considérable entre deux expériences consécutives. Par conséquent, l'amortissement du galvanomètre a, en général, une valeur trop grande pour que les impulsions observées puissent être introduites dans la formule (1) sans correction. L'expérience et l'analyse mathématique montrent que les amplitudes des oscillations de l'aiguille décroissent en progression géométrique; de la raison de cette progression, que l'on détermine par l'observation des amplitudes, on peut déduire par un calcul assez simple l'arc d'impulsion que l'on aurait observé avec un galvanomètre sans amortissement. Ce sont les valeurs ainsi calculées que l'on porte dans la formule qui donne le rapport des capacités.

Le temps pendant lequel l'aiguille semble immobile à l'extrémité de sa course étant très court, il est parfois assez difficile de mesurer exactement l'arc d'impulsion ; on peut, par une disposition spéciale, éviter cet inconvénient et donner à l'aiguille une déviation fixe. Il suffit pour cela de charger le condensateur et de le décharger dans le fil du galvanomètre un grand nombre de fois par seconde, 500 fois par exemple. Les chocs que reçoit l'aiguille se reproduisant à des intervalles de temps très courts, cette aiguille prend une déviation constante α qui, ainsi qu'on le démontre dans la théorie des galvanomètres, est proportionnelle à la quantité d'électricité qui passe en une seconde, pourvu que la déviation α soit faible; si donc n est le nombre de décharges par seconde, C la capacité du condensateur et V la différence de potentiel de ses armatures, on a

$$\alpha = knCV.$$

Dans l'expérience se rapportant au second condensateur, la déviation prend une nouvelle valeur α' donnée par

$$\alpha' = knC'V;$$

par conséquent on a encore

$$\frac{\alpha}{\alpha'} = \frac{C}{C'}.$$

Pour obtenir un grand nombre de décharges par seconde on emploie un diapason D (*fig.* 87) entretenu électriquement : l'une des branches porte une pièce métallique isolée du diapason, et communiquant avec l'une des armatures du condensateur C; cette pièce vient alternativement en contact avec deux pointes R et S. Quand c'est la pointe R qui est en contact avec le diapason, le condensateur se charge; quand c'est au contraire la pointe S, le condensateur se décharge dans le galvanomètre G.

Ajoutons qu'au moyen d'un commutateur convenable, on peut faire communiquer l'une des armatures du condensateur tantôt avec le pôle positif, tantôt avec le pôle négatif de la pile de charge, tout en faisant passer le courant de décharge toujours dans le même sens à travers le galvanomètre. Nous verrons bientôt l'utilité de cette disposition.

Le galvanomètre balistique ne permet pas toujours de pro-

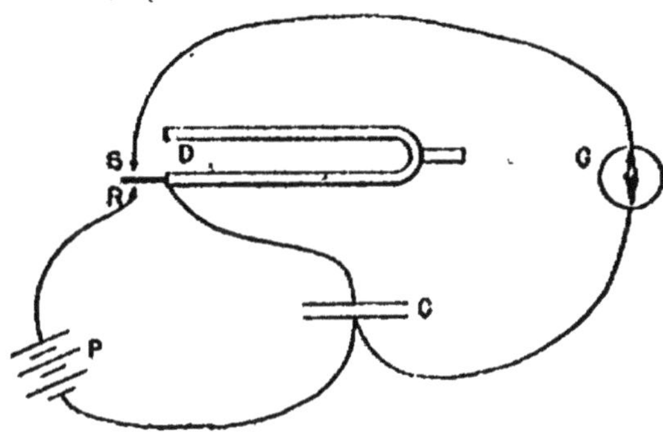

Fig. 81.

fiter de la simplification qui résulte de l'emploi d'une même différence de potentiel pour charger les condensateurs dont on veut comparer les capacités. En effet, lorsqu'on opère avec la même différence de potentiel, les charges des condensateurs sont proportionnelles à leurs capacités. Si donc ces capacités sont très différentes (et il peut arriver qu'elles soient dans le rapport de 1 à 1000), les déviations de l'aiguille du galvanomètre sont aussi très différentes. Or, l'exactitude des mesures exige que ces deux déviations restent comprises entre certaines limites et, par conséquent, ne soient pas trop différentes l'une de l'autre. Dans le cas où l'on a à mesurer des capacités très inégales, on charge le condensateur dont la capacité C est la plus grande à l'aide d'une très faible différence de potentiel V et celui dont la capacité C' est la plus petite avec une différence de potentiel V' plus grande, dans un rapport connu avec la précédente V; on a alors entre les déviations α et α' la relation

$$\frac{\alpha}{\alpha'} = \frac{CV}{C'V'}$$

En choisissant les différences de potentiel de telle sorte que leur rapport soit approximativement inverse de celui des capacités les déviations de l'aiguille ont des valeurs voisines.

On peut faire varier la différence de potentiel qui sert à charger les condensateurs en prenant un nombre plus ou moins grand d'éléments de pile; si ces éléments sont identiques, le rapport $\frac{V}{V'}$ est donné par le rapport du nombre d'éléments employés dans les deux expériences. Mais ce procédé est rarement employé; on préfère faire varier la différence de potentiel en reliant les armatures à deux points d'un circuit parcouru par un courant constant, et en modifiant la *résistance* de la portion du circuit comprise entre les points d'attache. Nous verrons à propos de l'étude de la pile que cette méthode est très exacte, mais pour le moment nous ne pouvons insister davantage sur son mode d'emploi.

Microfarad. — On trouve dans le commerce des étalons de capacité gradués avec l'unité de capacité appelée *microfarad,* qui se rattache au système des *unités électromagnétiques* que nous verrons plus loin. Ces condensateurs, de capacité énorme, sont formés par des feuilles de papier d'étain séparés par des lames minces de mica, ou par des feuilles de papier paraffiné ; toutes les feuilles d'étain d'ordre pair sont reliées entre elles et constituent l'une des armatures, les feuilles impaires également réunies entre elles forment l'autre armature. Ce condensateur est placé dans une boîte dont le couvercle en ébonite porte deux bornes communiquant respectivement avec les deux armatures du condensateur.

Souvent l'appareil est composé de plusieurs fractions de microfarad qu'on peut grouper à volonté à l'aide de chevilles pour faire varier la capacité et faciliter les mesures.

Si l'on compare ces étalons à un étalon dont la capacité est connue en unités électrostatiques on trouve qu'un microfarad vaut 900 000 unités électrostatiques ; c'est la capacité d'une sphère de 900 000 centimètres de rayon placée dans une enceinte infinie.

POUVOIR INDUCTEUR SPÉCIFIQUE

Diélectriques. — Jusqu'à présent nous avons presque toujours supposé que le milieu séparant les conducteurs était l'air. Nous devons donc chercher si les phénomènes que nous avons étudiés sont modifiés quand on change la nature du corps isolant, du *diélectrique* suivant l'expression de Faraday.

Si nous refusons d'admettre que des forces puissent s'exercer à distance sans qu'il y ait modification du milieu intermédiaire il est bien probable que la nature du diélectrique à travers lequel s'exercent les forces électriques doit influer sur les phénomènes observés. D'ailleurs l'expérience montre qu'il en est bien ainsi.

Prenons un condensateur plan AB (*fig.* 88) chargé avec une différence de potentiel constante, en mettant A en communication avec l'une des armatures d'une batterie C de grande capacité et B en communication avec le sol. En isolant ensuite l'armature B et la reliant aux feuilles d'un électroscope E dont la cage est au potentiel du sol, les feuilles ne divergent pas ; mais, si pour une cause quelconque la charge de B vient à augmenter en valeur absolue, de l'électricité de nom contraire à celle de B se développe sur les feuilles qui divergent alors. C'est précisément ce que l'on constate si l'on introduit entre les plateaux une lame solide E de substance isolante. L'influence du plateau A sur le plateau B augmente donc par l'interposition d'une lame diélectrique solide.

Ce fait a été mis en évidence pour la première fois par la

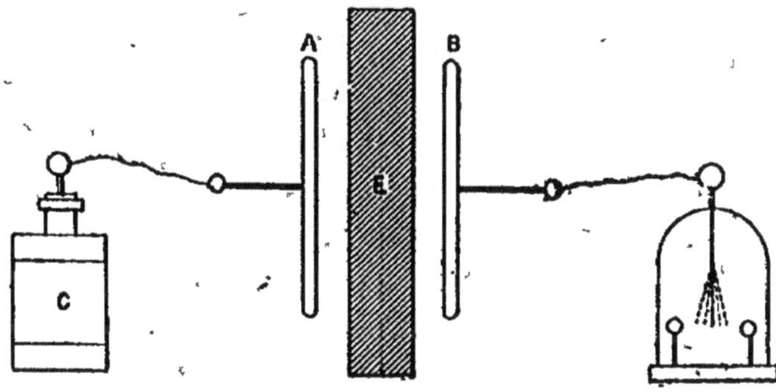

Fig. 88.

comparaison des capacités d'un condensateur à lame d'air et d'un condensateur de même forme et de mêmes dimensions à lame solide ; la capacité du second est toujours plus grande que celle du premier.

Pénétration des charges. — Cette augmentation de la capacité d'un condensateur quand on remplace la lame d'air par une lame solide résulte de deux causes qu'il convient de distinguer avec soin.

Lorsqu'on a tiré une étincelle d'un condensateur à lame d'air, en réunissant entre elles ses deux armatures, ces armatures prennent le même potentiel et il est impossible d'en tirer une seconde étincelle. Mais si l'on prend un condensateur à lame solide en contact direct avec les armatures nous avons vu qu'on pouvait au contraire obtenir successivement plusieurs étincelles diminuant rapidement d'intensité. Nous avons expliqué ces phénomènes par ce fait qu'aucune substance solide n'est absolument isolante et que, par conséquent, une partie des charges des armatures pénètre peu à peu à l'intérieur même de la lame qui les sépare.

Cette pénétration des charges dans l'intérieur de la lame isolante peut facilement expliquer l'augmentation de capacité qui résulte du remplacement de la lame d'air d'un condensateur par une lame solide. En effet, puisque dans ce dernier cas une partie des charges de noms contraires sont à l'intérieur même de la lame, elles sont à une distance plus petite que l'épaisseur de la lame ; c'est donc comme si l'épaisseur de la lame isolante qui sépare les armatures avait diminué, et, puisque la capacité varie en raison inverse de la distance des armatures, cette capacité doit augmenter.

La même explication conviendrait au cas où les armatures sont séparées de la lame isolante par des lames d'air. La lame (*fig.* 88) n'étant pas absolument isolante, l'électricité positive, provenant de la décomposition de son fluide neutre sous l'influence des charges des armatures, se propage lentement vers la face en regard de l'armature négative B tandis que l'électricité négative vient sur la face opposée. Ces charges agissent à leur tour sur les armatures et augmentent leurs charges, de sorte que la capacité du condensateur devient plus grande.

Pouvoir inducteur spécifique. — La propagation de l'électricité dans un isolant étant extrêmement lente, la capacité d'un condensateur à lame solide devrait, d'après l'explication précédente, être sensiblement égale à celle d'un condensateur à lame d'air de mêmes dimensions lorsque la durée de la charge et le temps qui sépare la charge de la mesure de la capacité sont excessivements petits. L'expérience montre qu'il en est autrement.

En effet, mesurons la capacité au moyen d'un galvanomètre balistique par la méthode de la déviation constante, en renversant plusieurs fois par seconde le sens de la charge des armatures tout en lançant dans le même sens le courant de décharge dans le galvanomètre (dispositif signalé p. 219) En faisant varier le nombre des renversements du courant de charge pendant une seconde on fait varier en sens inverse la durée de la charge; or on constate que la capacité d'un condensateur à lame solide commence par diminuer avec la durée de charge, puis, qu'elle devient constante à partir d'une certaine valeur de cette durée, égale à une très petite fraction de seconde. Mais cette valeur constante de la capacité est notablement plus grande que la capacité du même condensateur à lame d'air.

Il faut donc admettre que le diélectrique a une influence spéciale en dehors du phénomène de la pénétration. Cette influence se traduit, pour une distance constante des armatures, par une augmentation de la capacité du condensateur; en d'autres termes, une lame diélectrique d'épaisseur e donne au condensateur une capacité égale à celle que l'on obtiendrait en remplaçant la lame diélectrique par une lame d'air d'épaisseur e' plus petite que e. Des expériences analogues aux précédentes ont montré que le rapport

$$K = \frac{e}{e'}$$

est, pour une même substance, indépendant de l'épaisseur de la lame, que cette lame soit ou non au contact des armatures;

on a donné à ce rapport caractéristique de la substance le nom de *pouvoir inducteur spécifique* ou de *constante diélectrique*.

Lorsque, dans les mesures de capacité, on ne prend aucune précaution pour éviter la pénétration des charges, la capacité est encore augmentée pour cette raison et l'épaisseur e'' de la lame d'air équivalente à la lame diélectrique d'épaisseur e est plus petite que e'. Par conséquent, on a

$$\frac{e}{e''} > K;$$

nous appellerons le rapport $\frac{e}{e''}$, dont la valeur dépend des conditions de la mesure, le pouvoir inducteur spécifique *apparent* de la substance.

D'après la définition même du pouvoir inducteur spécifique, l'épaisseur e' de la lame d'air équivalente à une lame diélectrique d'épaisseur e est égale à $\frac{e}{K}$. Comme la capacité d'un condensateur à lame d'air d'épaisseur e' est $\frac{1}{4\pi e'}$ par unité de surface lorsque cette épaisseur est négligeable vis-à-vis du rayon de courbure, on a pour la capacité par unité de surface d'un condensateur à lame diélectrique d'épaisseur e,

$$\frac{1}{4\pi \frac{e}{K}} = \frac{K}{4\pi e}.$$

On peut donc des dimensions géométriques d'un condensateur quelconque déduire sa capacité si l'on connaît le pouvoir inducteur spécifique de la substance qui sépare les armatures; de là l'importance de la mesure de cette quantité. Nous allons indiquer, en suivant l'ordre historique, les travaux qui ont été exécutés dans ce but.

Expériences de Cavendish. — C'est en 1771 que Cavendish découvrit la propriété que possèdent les isolants solides d'augmenter la capacité d'un condensateur quand on les substitue à la lame d'air, et dans des expériences entreprises la même année et continuées jusqu'en 1781, il détermina le pouvoir inducteur spécifique de quelques-uns de ces isolants.

Pour comparer les capacités de deux condensateurs, Cavendish employait la méthode suivante. Les armatures A et A' (*fig.* 89) des condensateurs étaient réunies entre elles par un fil conducteur relié à l'armature interne d'une batterie chargée fonctionnant comme source électrique, tandis que les armatures B et B' étaient mises en communication avec le sol. Dans ces conditions A prenait une charge m et A' une charge m' différente de m si les deux condensateurs n'avaient pas la même capacité; quant aux armatures B et B' elles prenaient des charges sensiblement égales à $-m$ et $-m'$. Lorsque les condensateurs étaient chargés, on les isolait, puis on faisait communiquer A avec B' et les deux autres armatures avec le sol (*fig.* 90). L'ensemble des plateaux A et B' possédait alors une charge $m - m'$, positive si le condensateur AB avait une capacité plus grande que l'autre et négative dans le cas con-

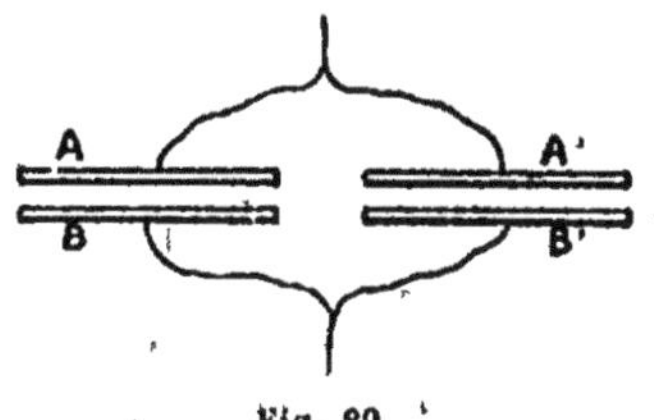

Fig. 89.

traire. Un électroscope E, formé par deux petites balles de sureau, permettait de reconnaître si les capacités des condensateurs étaient égales, et quand elles étaient inégales quelle était celle qui était la plus grande. En modifiant convenablement l'une des capacités on arrivait à les rendre égales.

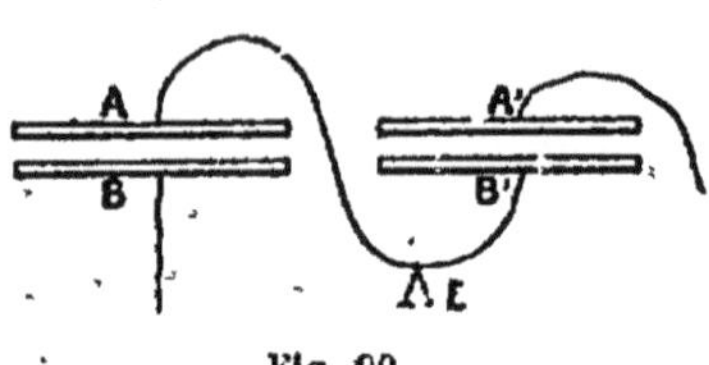

Fig. 90.

Cavendish commença par construire à l'aide de cette méthode deux condensateurs ayant la même capacité, puis un troisième ayant une capacité double des premiers, et ainsi de suite jusqu'à ce qu'il eût une série de condensateurs lui permettant de réaliser des capacités variant de 1 à 66. Ensuite il mesura au moyen de ces condensateurs étalons les capacités que prenait un même condensateur dont les armatures étaient, en premier lieu, séparées par une lame solide, et en second lieu, par une lame d'air. Le rapport des nombres trouvés dans les deux expériences lui donnait le pouvoir inducteur spécifique de l'isolant.

Pour pouvoir apprécier une fraction de son unité de capacité, Cavendish avait construit un condensateur formé de deux feuilles d'étain rectangulaires collées sur un carreau de verre plus grand ; l'une de ces armatures était de plus petite surface que l'autre, et en faisant déborder plus ou moins un plateau de laiton posé sur celle-ci, on pouvait accroître à volonté la capacité du condensateur. Cavendish admettait que cette capacité était proportionnelle à l'étendue des surfaces en regard.

Enfin Cavendish avait pris soin de comparer la capacité de

ses condensateurs à celle d'une sphère isolée suspendue au milieu de son laboratoire.

Cette méthode, à cause de la pénétration des charges, ne peut donner que le pouvoir inducteur spécifique apparent.

Expériences de Faraday. — En 1837, Faraday, sans avoir connaissance des travaux de Cavendish dont la publication n'a été faite qu'en 1870 par Maxwell, découvrit de nouveau l'influence de la nature de la lame isolante sur la capacité d'un condensateur.

Pour mesurer le pouvoir inducteur spécifique, Faraday prenait deux condensateurs sphériques identiques dont l'un était à lame d'air, l'autre à lame isolante quelconque. Il chargeait l'un d'eux (*fig.* 91), en touchant le conducteur d'une machine électrique avec la boule b, l'armature externe étant en communication avec le sol, puis mesurait par la méthode de Coulomb la densité μ sur la boule b. Ensuite il mettait en contact les deux boules b et b' des deux condensateurs, les armatures externes étant toujours reliées au sol. La charge $M = CV$ de l'armature interne B du condensateur A se partageait entre les armatures B et B' ; B conservait une charge $m = Cv$ et B' prenait une charge $m' = C'v$, v étant le potentiel commun aux deux armatures après le contact. On avait donc la relation

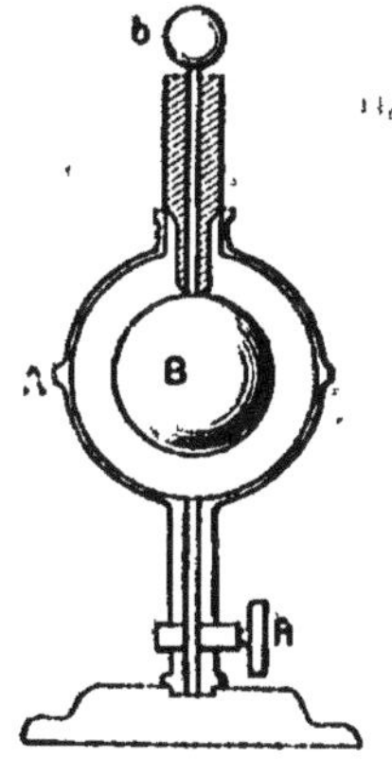

Fig. 91.

$$CV = Cv + C'v,$$

d'où :

$$\frac{C'}{C} = \frac{V}{v} - 1.$$

Les densités électriques μ et μ_1 de la boule b avant et après le contact avec b sont proportionnelles à V et v ; par conséquent la relation précédente peut s'écrire

$$(1) \qquad \frac{C'}{C} = \frac{\mu}{\mu_1} - 1.$$

Faraday déterminait le rapport $\frac{\mu}{\mu_1}$ au moyen du plan d'épreuve, et il calculait d'après la formule (1) le pouvoir inducteur spécifique de la substance isolante qui séparait les armatures de l'un des condensateurs.

Le plus souvent, Faraday se contentait de remplir l'espace limité par la sphère B et l'hémisphère inférieur de A ; l'effet de l'isolant se trouvait ainsi réduit à la moitié environ de l'effet qu'il aurait produit si toute la cavité avait été remplie.

Faraday essaya également de mesurer le pouvoir inducteur spécifique des gaz. A cet effet le pied de ses condensateurs était percé d'un canal muni d'un robinet R qui permettait de faire vide dans l'appareil et d'y introduire un gaz quelconque. Mais sa méthode n'était pas assez précise pour accuser les petites différences qui existent entre les pouvoirs inducteurs des gaz ; il les trouva tous égaux à l'unité. Quant aux résultats de ses recherches sur les solides ils sont entachés de la même cause d'erreur que ceux de Cavendish ; il y avait pénétration des charges.

Le même reproche peut être fait aux expériences exécutées en 1871 par MM. Gibson et Barclay ; aussi, nous ne ferons que les signaler.

Expériences de M. Gordon. — Après que M. Gaugain eut montré la nécessité de réduire à une très faible fraction de seconde la durée de la charge d'un condensateur pour éviter la pénétration des charges, de nombreux expérimentateurs s'occupèrent de la détermination du pouvoir inducteur spécifique vrai. Nous ne décrirons que les expériences faites en 1879 par M. Gordon par une méthode dont l'idée est due à Sir W. Thomson et à Maxwell.

L'appareil de M. Gordon (*fig.* 92) comprend cinq plateaux métalliques ; trois d'entre eux A, C, E ont 15 centimètres de diamètre ; les deux autres B et D n'ont que 10 centimètres. Les distances de ces plateaux sont les mêmes (2^{c}, 5) sauf la distance des plateaux A et B qui est variable, le plateau A pouvant être déplacé parallèlement à lui-même au moyen de la vis micrométrique M. Le plateau du milieu C est porté au potentiel V et les plateaux extrêmes A et E à un même potentiel V' par une source électrique dont les pôles sont en N et P. Le plateau du milieu C est relié à l'aiguille d'un électromètre à quadrants, dont les quadrants impairs sont réunis au plateau B et les quadrants pairs au plateau D.

Si nous supposons les cinq plateaux à la même distance et séparés par de l'air, la symétrie de l'appareil est parfaite et les potentiels des plateaux B et D doivent être égaux à la moyenne $\frac{V+V'}{2}$ des potentiels des autres plateaux ; dans ce cas l'aiguille de l'électromètre reste au zéro. Lorsqu'on rapproche le plateau A du plateau B, le potentiel de ce dernier prend une valeur V_1 plus voisine de V' que de V, et par conséquent différente du potentiel $\frac{V+V'}{2} = V_2$ du plateau D ;

la différence de potentiel entre les quadrants pairs et l'aiguille étant plus petite que la différence de potentiel entre les quadrants impairs et l'aiguille, celle-ci dévie vers ces derniers quadrants. Si au contraire on éloigne le plateau A de façon que la distance entre A et B soit supérieure à la distance qui laisse l'aiguille au zéro, l'inverse se produit et l'aiguille dévie vers les quadrants pairs.

Le sens de ces déviations est comme on le voit indépendant du signe des pôles N et P et, par conséquent, du signe de la charge du plateau correspondant. Aussi peut-on employer

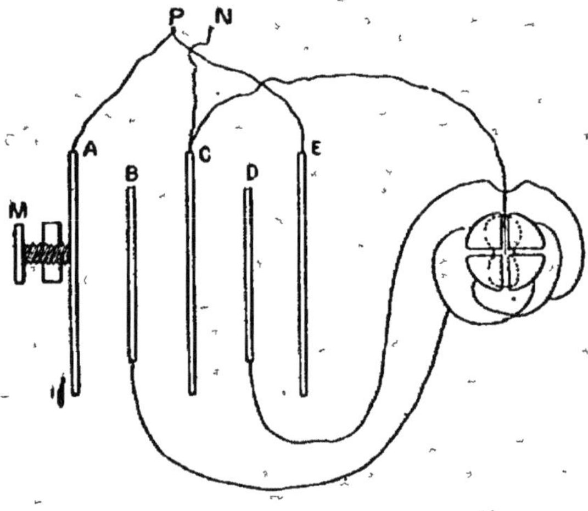

Fig. 92.

comme source électrique une bobine de Ruhmkorff dont les pôles changent de signe un grand nombre de fois par seconde : 1200 fois dans les expériences de M. Gordon.

Pour mesurer le pouvoir inducteur spécifique d'une substance, on commence par régler la position du plateau mobile A de façon à amener l'aiguille de l'électromètre au zéro ; puis on introduit entre les plateaux A et B une lame de la substance étudiée. Si e est l'épaisseur de cette lame et K son pouvoir inducteur spécifique, l'effet de la lame est le même que si la distance des plateaux A et B avait été diminuée de $e - \frac{e}{K}$; par conséquent l'aiguille de l'électromètre dévie, et pour la ramener au zéro il faut reculer le plateau A d'une distance égale à $e - \frac{e}{K}$. Cette distance ε est mesurée au moyen de la vis micrométrique, et l'égalité

$$\varepsilon = e - \frac{e}{K}$$

donne pour la valeur du pouvoir inducteur spécifique

$$K = \frac{e}{e - \varepsilon}.$$

Malgré la très courte durée de la charge, il était à craindre que l'emploi d'une bobine d'induction comme source électrique n'évitât pas complètement la pénétration des charges : en effet, le phénomène d'induction qui prend naissance par suite de la fermeture du courant inducteur n'est pas identique à celui qui résulte de la rupture ; la durée de ce dernier phénomène est beaucoup plus courte et la différence de potentiel y atteint une valeur bien plus grande. Pour éviter cet inconvénient et rendre la méthode irréprochable, un commutateur renversait 30 fois par seconde le sens du courant inducteur.

Le tableau suivant donne les résultats obtenus par Gordon :

Verre		3,24
Paraffine		1.99
Soufre		2,58
Gomme laque		2,74
Ebonite		2,28
Caoutchouc	noir	2,22
	vulcanisé	2,50
Gutta-percha		2,46

Pouvoirs inducteurs spécifiques des liquides. — La méthode de Gordon se prête facilement à la mesure du pouvoir inducteur spécifique des liquides ; Gordon a mesuré celui du sulfure de carbone qu'il a trouvé égal à 1,81. Tout récemment M. Négréano a, par la même méthode, opéré sur divers carbures de la série de la benzine, sur l'essence de térébenthine et l'éther ordinaire. Dans son appareil les plateaux étaient disposés horizontalement et le liquide était contenu dans une petite cuvette plate placée entre les plateaux A et B. Ces expériences ont été entreprises pour vérifier si, comme le veut la théorie électromagnétique de la lumière de Maxwell, la racine carrée du pouvoir inducteur spécifique est égale à l'indice de réfraction de la substance. Dans le tableau suivant qui résume une partie des observations de M. Négréano se trouvent indiquées la racine carrée de K et la valeur de l'indice de réfraction pour la raie D du spectre. Comme on peut en juger par les nombres ci-dessous, la différence entre les nombres qui représentent ces deux grandeurs n'est pas très considérable, et vu la difficulté que présente la mesure exacte du pouvoir inducteur spécifique K, il est peut-être possible que cette différence soit due aux erreurs expérimentales.

SUBSTANCES	K	$\sqrt{K}$	n_D
Benzine pure	2,2921	1,5139	1,5062
Toluène	2,242	1,4949	1,4912
Xylène (mélange de plusieurs isomères)..	2,2679	1,5059	1,4897
Métaxylène	2,3781	1,5421	1,4977
Pseudocumène	2,4310	1,5591	1,4837
Cymène	2,4706	1,5716	1,4837
Essence de térébenthine	2,2618	1,5039	1,4726

Pouvoirs inducteurs spécifiques des gaz. — Le pouvoir inducteur spécifique des gaz est difficile à obtenir à cause de la petitesse de l'effet à mesurer. Comme nous l'avons dit, Faraday n'a pu réussir à mettre en évidence les petites différences qui existent entre les pouvoirs inducteurs spécifiques des divers gaz. Ce n'est qu'en 1874 que M. Boltzmann a réussi à mesurer ces pouvoirs inducteurs.

L'appareil employé par M. Boltzmann se compose de deux plateaux A et B placés sous une cloche dans laquelle on peut faire le vide ; des écrans métalliques protègent ces plateaux contre toute influence extérieure. Le plateau A est relié d'une manière permanente au pôle positif d'une pile de 300 éléments Daniell dont l'autre pôle communique au sol ; le plateau B communique avec une des paires de quadrants d'un électromètre dont l'aiguille est électrisée et dont l'autre paire de quadrants communique avec le sol.

L'appareil étant rempli de gaz, on met le plateau B en communication avec le sol pendant un instant ; les deux paires de quadrants de l'électromètre étant au potentiel du sol, l'aiguille se met au zéro. Ensuite on fait le vide dans l'appareil ; l'influence du plateau A sur le plateau B n'étant plus la même, l'aiguille de l'électromètre dévie et de cette déviation on déduit, par le calcul, le pouvoir inducteur spécifique du gaz étudié par rapport au vide.

Cette méthode n'est évidemment pas à l'abri des erreurs provenant de la pénétration des charges ; mais dans le cas des gaz cette pénétration ne paraît pas exister. L'expérience prouve en effet que, quel que soit le gaz employé pour séparer les armatures d'un condensateur, il n'y a jamais de charge résiduelle. Les nombres obtenus par M Boltzmann sont inscrits dans le tableau suivant ; la troisième colonne donne la racine carrée du pouvoir inducteur spécifique, et la quatrième l'indice de réfraction. L'accord entre ces deux dernières quantités est très satisfaisant.

GAZ	K	$\sqrt{K}$	n
Air......................	1,000 590	1.000 295	1,000 294
Acide carbonique............	1,000 946	1,000 473	1,000 449
Hydrogène..................	1.000 264	1.000 132	1.000 138
Oxyde de carbone...........	1,000 690	1.000 345	1.000 340
Protoxyde d'azote...........	1.000 984	1,000 492	1.000 503
Bicarbure d'hydrogène.......	1.001 312	1.000 656	1,000 678
Protocarbure d'hydrogène....	1.000 944	1.000 472	1.000 443

Remarque sur la définition de l'unité de quantité d'électricité. — Puisque l'influence qui s'exerce entre deux corps électrisés varie avec la nature du corps qui les sépare, il nous faut revenir sur la définition de la quantité d'électricité que nous avons donnée (page 15). Dans cette définition nous supposions implicitement que le milieu diélectrique était l'air dans les conditions normales. Il est plus rationnel pour définir l'unité d'électricité de supposer le vide entre les deux points électrisés ; par conséquent, nous prendrons comme unité *la quantité d'électricité qui, agissant sur une quantité égale* *placée* DANS LE VIDE *à un centimètre de distance, la repousse ou l'attire avec une force égale à une dyne.* Cette unité est quelquefois appelée une *électrie.*

Il est évident que si nous adoptons cette unité les formules que nous avons établies en partant de la formule

$$f = \frac{mm'}{d^2}$$

qui donne la force qu'excercent l'une sur l'autre deux masses m et m' placées à une distance d, ne sont vraies que lorsque les conducteurs sont placés dans le vide. Lorsque le diélectrique est l'air, une certaine puissance, positive ou négative du pouvoir inducteur spécifique de l'air s'introduit dans les formules comme facteur ; mais cette quantité étant très voisine de l'unité il est à peu près inutile d'en tenir compte. D'ailleurs quel que soit le milieu diélectrique, pourvu qu'il soit homogène et isotrope, les formules sont rigoureusement vraies, si l'on définit l'unité d'électricité par la force qui s'exerce entre deux quantités égales placées dans ce milieu. Il n'y a donc de difficulté que dans le cas où le diélectrique est hétérogène, ou, ce qui revient au même, dans le cas où il y a plusieurs isolants. Nous allons voir qu'on peut encore appliquer les formules ordinaires, à la condition d'imaginer à la surface de séparation des diélectriques une couche fictive d'électricité.

THÉORIE DES DIÉLECTRIQUES

Théorie de Sir W. Thomson. — La première tentative d'explication des phénomènes que présentent les diélectriques est due à Faraday. Plus tard, sir W. Thomson exposa une théorie qui, non seulement expliquait les phénomènes connus alors, mais encore fit prévoir de nouveaux faits que l'expérience ne tarda pas à vérifier.

L'hypothèse fondamentale de sir W. Thomson est qu'un diélectrique primitivement à l'état neutre dans un champ électrique subit une polarisation tout à fait analogue à celle qu'éprouve un corps magnétique sous l'action d'un champ magnétique ; en d'autres termes, un élément de volume du diélectrique prend à sa surface une charge négative dans la région par laquelle pénètre le champ, une charge positive égale dans l'autre région et reste à l'état neutre à l'intérieur.

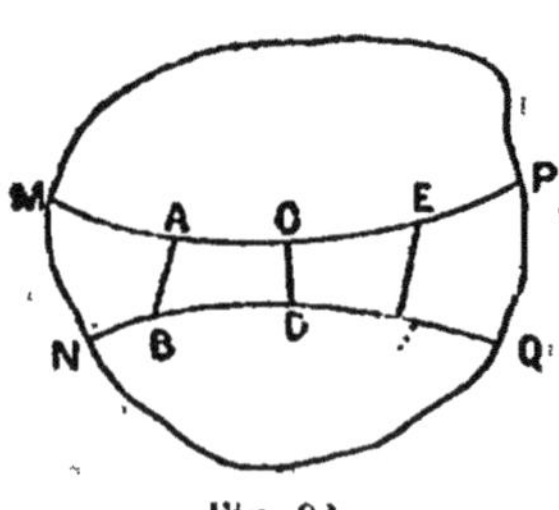

Fig. 93.

Si, en particulier, nous prenons un élément de volume ABCD (*fig.* 93), limité par les parois d'un tube de force et par deux sections AB et CD, il n'y a de charges électriques que sur les bases AB et CD, et si sur la ligne de force le sens du champ est AC, la base AB prend une charge négative $-m$, et la base CD une charge positive égale, $+m$. Un élément de volume contigu CDEF prend de même des charges égales et contraires $-m'$ et $+m'$ sur ses bases CD et EF. Mais pour que l'élément ABEF formé par la réunion des deux éléments contigus reste à l'état neutre à son intérieur, les charges $+m$ et $-m'$ que possède CD, considéré successivement comme base de ABCD et comme base de CDEF, doivent être égales et de signes contraires; par conséquent $m = m'$, c'est-à-dire que sur les sections d'un même tube de force se développent des charges égales et contraires. Il en résulte que si le diélectrique est placé dans le vide les portions MN et PQ découpées sur la surface de séparation du diélectrique et du vide par un tube de force possèdent des charges égales et contraires. Comme il en serait de même pour tous les tubes de force que l'on peut tracer à l'intérieur du diélectrique, l'hypothèse de Thomson revient, en définitive, à admettre qu'un diélectrique de forme quelconque prend, sous l'action d'un champ électrique, une couche négative en tous les points de sa surface par lesquels le champ pénètre et une couche positive de masse égale sur la portion de sa surface par laquelle sort le champ.

Faisons remarquer que ces couches se distinguent de celles développées par influence dans un diélectrique qui n'est pas absolument isolant en ce qu'elles apparaissent ou disparaissent dans un temps inappréciable, tandis que l'électricité développée par influence n'apparaît que lentement et, du reste, ne forme jamais une couche exactement superficielle.

Intensité d'électrisation. — Coefficient d'électrisation. — Considérons un diélectrique à l'intérieur duquel le champ est uniforme. Les tubes de forces sont des cylindres et par conséquent toutes les sections droites AB, CD (*fig.* 94) d'un même tube de force sont égales. Or, d'après l'hypothèse de Thomson toutes ces sections possèdent sur chacune de leurs faces des charges égales en valeur absolue ; par suite, la charge par unité de surface d'une section quelconque a la même valeur I. Si le sens du champ est dirigé suivant AC et si nous désignons par σ l'aire d'une section droite, les charges des bases AB et CD d'un élément ABCD sont respectivement $-I\sigma$ et $+I\sigma$. Dans le cas où ABCD représenterait un aimant élémentaire possédant des quantités de magnétisme $-I\sigma$ et $+I\sigma$, le moment magnétique de cet élément serait

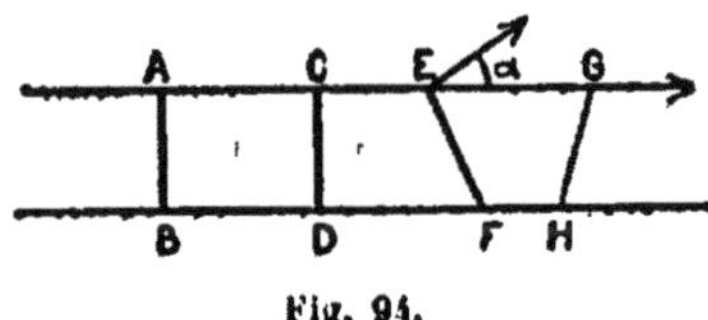

Fig. 94.

$$I\sigma l = Iv,$$

l étant la longueur de l'aimant et v son volume ; par conséquent I serait l'intensité d'aimantation. Par analogie, sir W. Thomson a, dans le cas des diélectriques, donné le nom *d'intensité d'électrisation* à cette quantité I.

L'intensité d'électrisation dépend évidemment de la valeur φ du champ, car il n'y a pas de polarisation, et par suite I est nul, quand $\varphi = 0$; nous pouvons donc poser

$$I = i\varphi.$$

i est appelé le *coefficient d'électrisation*. Il dépend de la nature du diélectrique, mais, comme nous le verrons bientôt, il est indépendant de la valeur du champ.

Densité de la couche développée par polarisation. — Soient s l'aire d'une section oblique EF et μ la densité de la couche développée par polarisation sur cette section. La valeur absolue de la charge de EF étant égale à celle d'une des faces de la section droite ED, nous avons

$$s\mu = \sigma I = \sigma i\varphi;$$

d'où :

$$\mu = \frac{\sigma}{s} I = \frac{\sigma}{s} i\varphi,$$

ou, en désignant par α l'angle de la normale à EF avec CE,

$$(1) \qquad \mu = I \cos\alpha = i\varphi \cos\alpha.$$

Si l'on convient de prendre pour α l'angle que forme la direction positive du champ avec la portion de normale qui est extérieure à l'élément de volume dont fait partie EF, la formule précédente donne μ en grandeur et en signe. En effet dans le cas de la figure l'angle α est aigu quand EF est considéré comme limitant le tronçon CDEF; par suite la formule (1) donne pour μ une valeur positive ce qui est conforme à l'hypothèse de Thomson. Si au contraire EF appartenait au tronçon EFGH l'angle α serait obtus et on aurait pour μ une valeur négative, comme cela doit être.

Dans le cas où le champ n'est pas uniforme on peut, en prenant un tube de force infiniment petit, considérer la portion de ce tube comprise entre une section droite et une section oblique infiniment voisine comme un cylindre dont les bases possèdent des couches uniformes. Le raisonnement précédent s'applique alors sans changement, et par conséquent la densité μ en un point est encore donnée par la formule (1). Cette formule est donc générale.

Cas de deux diélectriques. — Considérons un élément AB (*fig.* 95) de la surface de séparation S de deux diélectriques D_1 et D_2. Si le diélectrique D_2 était remplacé par le vide, sans qu'il en résulte de changement pour la valeur du champ à l'intérieur de D_1, la densité de la couche développée par polarisation sur l'élément AB aurait une certaine valeur μ_1 ; si, au contraire, le diélectrique D_2 était conservé, et le diélectrique D_1 remplacé par le vide, sans que le champ soit changé à l'intérieur de D_2, la densité sur le même élément prendrait une autre valeur μ_2. Sir W. Thomson admet que lorsque les deux diélectriques existent à la fois il se développe sur la surface de séparation une couche de polarisation dont la densité μ sur l'élément AB est égale à la somme algébrique des densités μ_1 et μ_2.

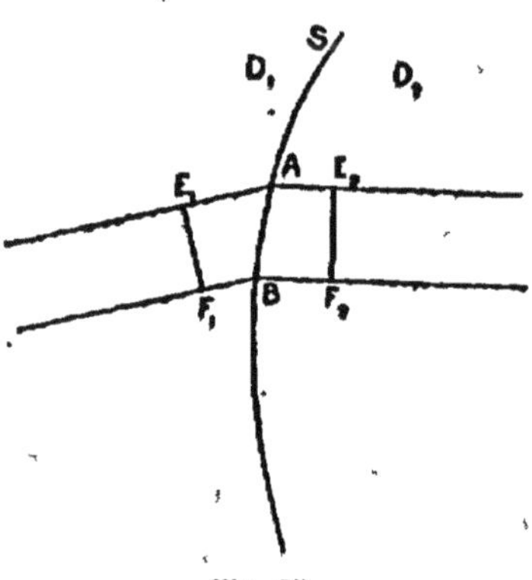

Fig. 95.

Cette hypothèse conduit à une relation importante entre les valeurs φ_1 et φ_2 du champ en deux points infiniment voisins de l'élément AB et situés de part et d'autre. Pour l'établir, traçons dans chacun des diélectriques un tube de force s'appuyant sur le contour de AB, et limitons les deux tubes ainsi obtenus par les sections droites E_1F_1, E_2F_2, infiniment voisines de l'élément. En désignant par σ_1 et σ_2 les aires de ces sections, nous avons $-\sigma_1\varphi_1$ et $+\sigma_2\varphi_2$ pour les valeurs des flux de force qui sortent du volume $E_1F_1E_2F_2$ à travers les bases E_1F_1 et E_2F_2; quant au flux qui sort à travers les parois formées par les tubes E_1F_1 et E_2F_2, il est nul, d'après les propriétés des tubes de force. Par conséquent, l'application du théorème de Gauss à la surface fermée $E_1F_1E_2F_2$ qui contient à son intérieur, sur AB, une quantité d'électricité μs, donne la relation

$$-\sigma_1\varphi_1 + \sigma_2\varphi_2 = 4\pi\mu s,$$

ou

$$-\frac{\sigma_1}{s}\varphi_1 + \frac{\sigma_2}{s}\varphi_2 = 4\pi\mu,$$

ou enfin, en appelant α_1 et α_2 les angles aigus formés par la normale à l'élément AB avec les directions du champ dans les deux diélectriques

$$(2) \qquad -\varphi_1\cos\alpha_1 + \varphi_2\cos\alpha_2 = 4\pi\mu.$$

Mais, d'après l'hypothèse de Thomson,

$$\mu = \mu_1 + \mu_2,$$

et d'après la formule (1) trouvée page 241.

$$\mu_1 = i_1\varphi_1\cos\alpha_1$$
$$\mu_2 = -i_2\varphi_2\cos\alpha_2.$$

En tenant compte de ces relations, l'égalité (2) devient

$$-\varphi_1\cos\alpha_1 + \varphi_2\cos\alpha_2 = 4\pi(i_1\varphi_1\cos\alpha_1 - i_2\varphi_2\cos\alpha_2)$$

ou

$$(3) \qquad (1 + 4\pi i_1)\varphi_1\cos\alpha_1 = (1 + 4\pi i_2)\varphi_2\cos\alpha_2$$

Expression du coefficient d'électrisation en fonction du pouvoir inducteur spécifique. — Jusqu'ici le coefficient d'électrisation i n'a qu'une signification théorique ; la relation précédente va nous permettre d'en déterminer la valeur en fonction du pouvoir inducteur spécifique, quantité que nous savons mesurer.

Considérons un condensateur plan indéfini comprenant entre ses armatures A_1B_1 et A_4B_4 (*fig.* 96) une lame diélectrique dont les faces A_2B_2 et A_3B_3 sont parallèles entre elles et aux armatures du condensateur, et supposons que le vide sépare la lame diélectrique des armatures. Les surfaces équipotentielles étant, par raison de symétrie, des plans parallèles, les lignes de force sont parallèles et, par suite, le champ est uniforme à l'intérieur du diélectrique et dans l'espace vide qui le sépare des armatures; soient φ', φ, φ'' les valeurs respectives du champ, dans l'espace compris entre A_1B_1 et A_2B_2, dans la lame diélectrique et dans l'espace compris entre A_3B_3 et A_4B_4.

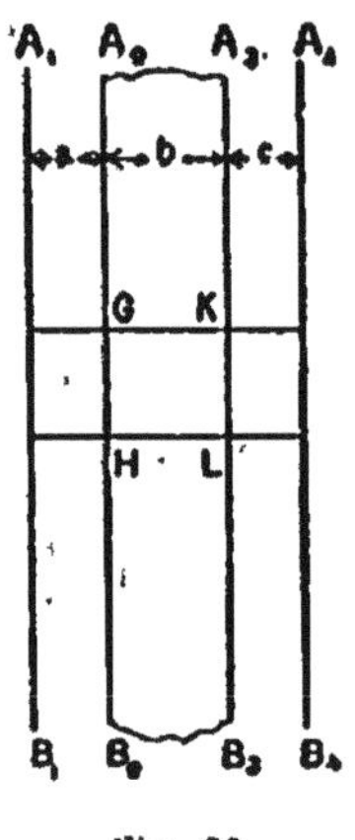

Fig. 96.

Appliquons la relation (3) du paragraphe précédent à la surface de séparation GH du vide et du diélectrique ; nous devons dans cette formule faire,

$$\alpha_1 = \alpha_2 = o, \qquad \varphi_1 = \varphi', \qquad \varphi_2 = \varphi, \qquad i_2 = i,$$

i désignant le coefficient d'électrisation de la substance diélectrique qui forme la lame, et de plus

$$i_1 = o,$$

puisque le vide ne se polarise pas. En tenant compte de ces égalités la formule (3) devient

$$\varphi' = (1 + 4\pi i)\,\varphi. \tag{4}$$

L'application de la même formule à la surface de séparation KL du diélectrique et du vide donne la relation

$$\varphi\,(1 + 4\pi i) = \varphi''. \tag{5}$$

On déduit de (4) et de (5)

$$\varphi' = \varphi''.$$

Cherchons maintenant la valeur des champs φ et φ' qui entrent dans la relation (4) en fonction des potentiels V_1, V_2, V_3, V_4 des divers plans, A_1B_1, A_2B_2, A_3B_3, A_4B_4. Lorsque l'unité de quantité d'électricité positive passe du plan A_1B_1 au plan A_2B_2, les forces électriques accomplissent un travail $V_1 - V_2$; une autre expression de ce travail est donnée par le produit $\varphi' a$ de la force qui agit sur cette quantité par le chemin parcouru a, nous avons donc

$$V_1 - V_2 = \varphi' a.$$

Nous aurons de même

$$V_2 - V_3 = \varphi b,$$
$$V_3 - V_4 = \varphi' c,$$

a et c étant les distances des faces de la lame aux armatures du condensateur et b l'épaisseur de cette lame.

Si nous additionnons membre à membre les trois égalités

précédentes, nous obtenons

$$V_1 - V_4 = \varphi' (a + c) + \varphi b,$$

et, en remplaçant φ par sa valeur

$$\varphi = \frac{\varphi'}{1 + 4\pi i}$$

tirée de la relation (4), nous avons

$$V_1 - V_4 = \varphi' \left(a + c + \frac{b}{1 + 4\pi i}\right)$$

pour la formule qui donne le champ φ' en un point voisin des armatures du condensateur et situé dans le vide. Le champ, en un point situé entre les armatures d'un condensateur à lame de vide et d'épaisseur e, étant lié à la différence de potentiel $V_1 - V_4$ des armatures par la formule

$$V_1 - V_4 = \varphi e$$

la valeur de ce champ sera égale à φ' si la distance des armatures est

$$e = a + c + \frac{b}{1 + 4\pi i}.$$

Mais si, au voisinage des armatures des deux condensateurs plans, l'un à lame de vide, l'autre à lame diélectrique, la valeur du champ φ' est la même, la densité par unité de surface $\mu = \frac{\varphi'}{4\pi}$ a aussi la même valeur et, par conséquent, les deux condensateurs ont des capacités égales. Nous arrivons donc à cette conclusion qu'un condensateur plan indéfini à lame de vide d'épaisseur

$$a + c + \frac{b}{1 + 4\pi i}$$

possède la même capacité qu'un condensateur plan indéfini dont les armatures distantes de $a+b+c$ comprennent entre elles une lame diélectrique d'épaisseur b. Cette lame équivaut donc à une lame de vide d'épaisseur

$$b' = \frac{b}{1 + 4\pi i}$$

plus petite que b. L'hypothèse de la polarisation de Thomson conduit donc bien, dans ce cas, au résultat trouvé par l'expérience.

Par définition, le pouvoir inducteur spécifique K d'un diélectrique est égal au rapport $\frac{b}{b'}$ des épaisseurs équivalentes d'une lame diélectrique et d'une lame de vide ; par conséquent, pour que la théorie de Thomson rende compte numériquement du phénomène il suffit de poser :

$$K = 1 + 4\pi i, \tag{6}$$

d'où :

$$i = \frac{K - 1}{4\pi}.$$

Cette formule montre que le coefficient d'électrisation i dépend de la nature du diélectrique et qu'il est indépendant de la valeur du champ.

Nous montrerons plus loin que la théorie de Thomson rend compte aussi numériquement de l'augmentation de capacité produite par l'introduction d'un diélectrique entre les armatures d'un condensateur de forme quelconque.

Flux d'induction. — On appelle *flux d'induction* à travers un élément de surface s situé dans un diélectrique, le produit du flux de force $\varphi s \cos\alpha$ à travers cette surface, par le pouvoir inducteur spécifique K du diélectrique ; le pouvoir inducteur spécifique du vide étant égal à l'unité, la valeur du flux d'induction à travers une surface située dans le vide se confond avec la valeur du flux de force.

Le flux d'induction jouit par rapport à un système de plusieurs diélectriques de la même propriété que le flux de force dans le vide ou dans un diélectrique homogène: *le flux d'induction à travers une section quelconque d'un même tube de force est constant.*

Pour démontrer cette propriété reportons-nous à la figure 95. Le flux d'induction à travers une section quelconque de la portion de tube située dans le diélectrique D_1 a évidemment la même valeur, puisque cette valeur ne diffère du flux de force que par un coefficient constant K_1. Pour la même raison, le flux d'induction à travers une section quelconque de la portion du tube située dans le diélectrique D_2 reste constant. Il nous suffit donc de faire voir que le flux d'induction à travers l'élément AB considéré comme section du tube E_1F_1AB est égal au flux à travers cet élément considéré comme limitant le tube ABE_2F_2. Dans le premier cas, le flux d'induction est $K_1\varphi_1 s \cos\alpha_1$, et dans le second $K_2\varphi_2 s \cos\alpha_2$. Or l'égalité entre ces deux quantités résulte immédiatement de la relation (3)

$$(1 + 4\pi i_1)\,\varphi_1 \cos\alpha_1 = (1 + 4\pi i_2)\,\varphi_2 \cos\alpha_2,$$

car, si nous multiplions les deux membres de cette égalité

par s, et si nous remplaçons les coefficients $1 + 4\pi i_1$ et $1 + 4\pi i_2$ par les quantités K_1 et K_2 qui leur sont égales d'après la relation (6), nous obtenons :

$$(7) \qquad K_1 \varphi_1 s \cos \alpha_1 = K_2 \varphi_2 s \cos \alpha_2.$$

Relation entre la densité sur une surface conductrice et la densité de la couche de polarisation sur une surface diélectrique infiniment voisine. — Soient S (*fig.* 97) une surface conductrice de forme quelconque et Σ la surface parallèle d'un diélectrique séparé de la surface conductrice par un espace vide infiniment mince. Ces deux surfaces étant infiniment voisines, les lignes de force qui partent normalement de la surface conductrice S sont aussi normales à Σ. Arrivant normalement sur cette surface, il n'y a aucune raison pour qu'elles changent de direction en pénétrant dans le diélectrique ; par conséquent les parois d'un tube de force tel que ACDB resteront normales à l'élément AB tant qu'on ne considérera que la portion de ce tube comprise entre AB et une surface GH infiniment voisine de Σ. En prenant cette surface GH normale au tube et en appelant φ la valeur du champ en un de ses points, le flux d'induction qui la traverse est $K\varphi s$. A travers une section normale EF située dans le vide qui sépare la surface conductrice du diélectrique, le flux d'induction est $\varphi' s'$, φ' étant la valeur du champ en un de ses points. Puisque ces deux surfaces EF et GH font partie d'un même tube de force, on a l'égalité :

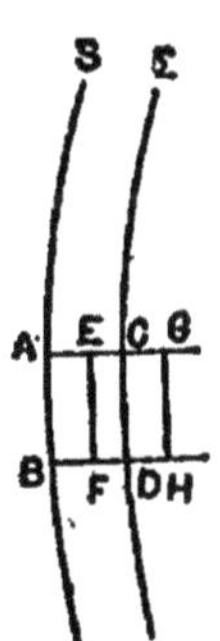

Fig. 97.

$$\varphi' s' = K\varphi s ;$$

mais, d'après nos hypothèses, ces deux surfaces sont infiniment voisines de CD et par conséquent leurs aires s et s' ne diffèrent que par un infiniment petit du second ordre ; en négligeant cet infiniment petit nous obtenons :

$$\varphi' = K\varphi. \tag{8}$$

D'après le théorème de Coulomb la densité μ' sur l'élément AB de l'armature S est

$$\mu' = \frac{\varphi'}{4\pi};$$

d'après la formule (1) de la page 241, la densité μ sur l'élément CD de la surface du diélectrique a pour valeur

$$\mu = -i\varphi = -\frac{K-1}{4\pi}\varphi. \tag{9}$$

En divisant μ par μ' et tenant compte de la relation (8) entre φ' et φ, nous obtenons

$$\frac{\mu}{\mu'} = -\frac{K-1}{K} \tag{10}$$

pour le rapport des densités en deux points correspondants de l'armature et de la surface du diélectrique.

Faisons observer que la valeur de ce rapport étant indépendante de la distance infiniment petite qui sépare les armatures du diélectrique la formule (10) reste vraie quand les armatures touchent le diélectrique.

Influence de la nature du diélectrique sur la capacité d'un condensateur. — Considérons un condensateur fermé dont les armatures sont maintenues à une différence de potentiel constante V. Supposons-le d'abord en équilibre électrique, quand l'espace qui sépare ses armatures est vide de toute matière pondérable. Si nous remplissons cet espace d'une substance diélectrique, l'équilibre est rompu. D'après la théorie de Thomson le diélectrique se polarise et les couches de polarisation développées sont de signes contraires aux charges des armatures qui sont en regard ; l'influence de ces couches sur les armatures a donc pour effet d'augmenter leurs charges. Par conséquent, quand un nouvel état d'équilibre est atteint les armatures possèdent des charges plus grandes que dans l'état initial. Comme la différence de potentiel est supposée constante, il résulte de cette augmentation de charge, une augmentation de capacité.

Montrons que l'augmentation de capacité déduite de la théorie a bien la valeur trouvée par l'expérience.

La démonstration a déjà été faite plus haut dans le cas d'un condensateur plan indéfini, pour établir la relation qui existe entre le pouvoir inducteur spécifique K et le coefficient d'électrisation i. Mais il reste à considérer le cas général d'un condensateur fermé quelconque.

Soient V la différence de potentiel des armatures et μ' la densité en un point de l'une d'elles, dans l'état d'équilibre, lorsqu'elles sont séparées par le vide. Remplaçons le vide par un diélectrique de pouvoir inducteur K et multiplions par K la densité en chaque point des armatures de façon qu'au point considéré la densité devienne $K\mu'$; en même temps, mettons en chaque point de la surface du diélectrique la couche de polarisation qui correspond dans l'état d'équilibre à la densité de l'armature, c'est-à-dire dont la densité μ, pour le point considéré, est donnée, d'après la relation (10), par

$$\mu = -\frac{K-1}{K}\cdot K\mu' = -(K-1)\mu'.$$

Il est aisé de voir que le système sera ainsi en équilibre électrique. En effet, la couche développée par polarisation sur chaque face du diélectrique touchant l'armature correspondante, produit en tout point le même champ que si elle était déposée sur l'armature même. Le champ est donc le même que si en chaque point des armatures la densité électrique était la somme de la densité qui y existe réellement ($K\mu'$) et de celle $[-(K-1)\mu']$ développée par polarisation; ce qui donne pour le point considéré $K\mu' - (K-1)\mu' = \mu'$, c'est-à-dire la densité primitive : le champ électrique est donc le même en tous les points qu'avant l'introduction du diélectrique ; par conséquent, le nouvel état est encore un état d'équilibre, et la différence de potentiel entre les armatures est restée la même qu'avant l'introduction du diélectrique. D'ailleurs comme pour une même différence de potentiel entre deux armatures séparées par le même diélectrique il ne peut y avoir qu'un seul état d'équilibre possible, la substitution au vide d'un diélectrique aura toujours pour effet de faire varier dans le rapport de 1 à K les charges des armatures, c'est-à-dire dans le même rapport que dans le cas d'un condensateur plan indéfini. La théorie de Thomson conduit donc bien au résultat donné par l'expérience.

Le raisonnement que nous venons d'employer peut laisser subsister un doute. Il semble que, l'ensemble de la couche de polarisation et de la charge des armatures produisant le même effet que la charge primitive, la capacité n'a pas varié.

Mais pour lever toute difficulté il suffit de faire observer que quand on réunit les armatures du condensateur, les couches de polarisation ne passent pas dans le fil de communication ; elles se recombinent à travers le diélectrique. Il n'y a donc que les charges de densité ($K\mu'$) des armatures qui entrent en jeu dans la décharge à travers le fil ; par conséquent la capacité doit bien se trouver augmentée dans le rapport de 1 à K d'après la théorie de sir W. Thomson, par l'introduction du diélectrique.

Remarque. — D'après la formule (9) la densité électrique de polarisation en un point de la surface d'un diélectrique a pour valeur

$$\mu = \pm \frac{K-1}{4\pi} \varphi$$

quand les lignes de forces sont normales à la surface, φ étant le champ à l'intérieur du diélectrique. Mais d'après la formule (8) le champ à l'extérieur est $\varphi' = K\varphi$; par suite la densité μ est donnée en fonction du champ extérieur par la relation

$$\mu = \pm \frac{K-1}{K} \frac{\varphi'}{4\pi}.$$

Si nous supposions le pouvoir inducteur spécifique infiniment grand cette formule se réduirait à

$$\mu = \pm \frac{\varphi'}{4\pi};$$

c'est précisément la formule de Coulomb. Par conséquent au point de vue des phénomènes d'influence *un conducteur se comporte comme un diélectrique de pouvoir inducteur spécifique infiniment grand.*

Déplacement électrique. — Considérons un cylindre diélectrique ABCD (*fig.* 98) à l'état neutre et en dehors de l'action de tout champ électrique. Nous pouvons évidemment le considérer comme formé de deux cylindres égaux et superposés, électrisés uniformément, l'un par de l'électricité négative, l'autre par une quantité égale d'électricité positive. Si l'on place le diélectrique dans un champ uniforme dont les lignes de forces parallèles aux génératrices du cylindre ont AC pour direction positive, il se polarise; une couche négative se forme sur la face AB et une couche positive sur la face CD. Or on peut supposer que le développement de ces couches résulte d'un glissement infiniment faible du cylindre positif suivant la direction positive du champ, le cylindre négatif restant immobile. C'est ce que Maxwell appelle un *déplacement électrique*.

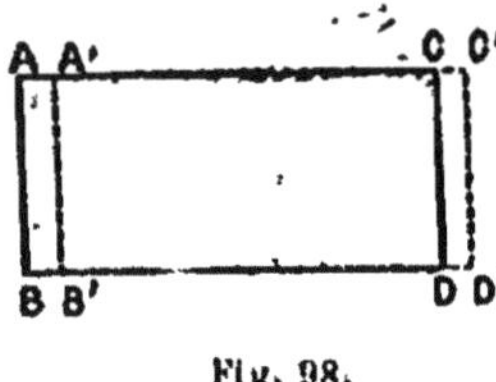

Fig. 98.

Il est facile de calculer quelle doit être la valeur ε du déplacement pour que les couches de polarisation aient la même densité que dans la théorie de Thomson. Soient σ la section droite du cylindre et ρ la valeur absolue de la densité cubique uniforme des deux cylindres électrisés. Le volume AB A'B' compris entre l'extrémité AB du cylindre négatif ABCD et l'extrémité A'B' du cylindre positif A'B'C'D' possède une charge négative $-\varepsilon\sigma\rho$, le volume CDC'D' possède une charge positive égale $\varepsilon\sigma\rho$. Dans la théorie de Thomson les charges des faces AB et CD sont respectivement $-\sigma i\varphi$ et $+\sigma i\varphi$, il suffit donc, pour faire concorder la théorie de Thomson et celle du déplacement, de poser

$$\varepsilon\sigma\rho = \sigma i\varphi$$

d'où

$$(11) \qquad \varepsilon\rho = i\varphi.$$

Supposons maintenant que la forme du diélectrique soit quelconque, mais que le champ soit encore uniforme à l'intérieur du diélectrique. Nous pouvons décomposer ce corps en une infinité de cylindres dont les génératrices sont parallèles à la direction du champ. Sous l'influence du champ les cylindres positifs glissent tous sur les cylindres négatifs d'une même quantité $\varepsilon \left(= \frac{i\varphi}{\rho}\right)$. Or l'ensemble des cylindres positifs équivaut à un corps de même forme que le corps considéré et électrisé positivement ; de même, l'ensemble des cylindres négatifs équivaut à un corps de même forme électrisé négativement. On peut donc considérer le diélectrique comme formé de deux corps chargés d'électricités différentes et qui, sous l'influence d'un champ, se déplacent l'un par rapport à l'autre.

Action d'une sphère diélectrique sur un point électrisé. — Lorsqu'un diélectrique est en présence d'un conducteur électrisé il se polarise et les couches de polarisation étant à des distances inégales du conducteur exercent sur lui des forces de sens contraire mais inégales. Par conséquent, l'introduction d'un diélectrique dans le voisinage d'un conducteur électrisé mobile a pour effet de déplacer ce conducteur; il est d'ailleurs facile de voir que l'action est toujours attractive.

Cherchons quelle est la valeur de la force qui agit sur un point chargé d'une quantité d'électricité m quand on place une sphère de rayon très petit à une distance d de ce point. Pour fixer les idées nous supposerons d'abord que m est électrisé positivement.

La sphère étant très petite nous pouvons considérer le champ comme uniforme dans son intérieur, et par suite, regarder la polarisation comme due à un déplacement relatif de deux sphères positive et négative. Soient ρ la valeur absolue de

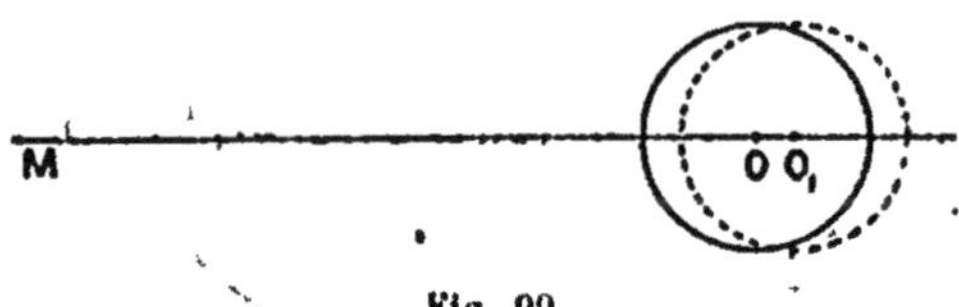

Fig. 99.

la densité cubique de ces sphères de volume v et $OO_1 = \varepsilon$ le déplacement de leurs centres sous l'influence du champ ; la force due à l'action de la sphère négative de centre O sur le point M est

$$\frac{v\rho m}{d^2}$$

et celle qui est due à la sphère positive,

$$-\frac{v\rho m}{(d+\varepsilon)^2}.$$

On a donc pour la résultante de ces forces

$$f = v\rho m\left(\frac{1}{d^2} - \frac{1}{(d+\varepsilon)^2}\right)$$

ou, en négligeant le carré de ε

$$f = \frac{2v\rho m\varepsilon}{d^3},$$

ou, enfin, en remplaçant $\varepsilon\rho$ par sa valeur $i\varphi$ donnée par la relation (11)

$$f = \frac{2vmi\varphi}{d^3}$$

Il reste à calculer la valeur φ du champ à l'intérieur de la sphère diélectrique. Faisons le calcul pour le centre O de la sphère négative. Le champ en ce point se compose du champ $\frac{m}{d^2}$ dû au point M, dirigé dans le sens OO_1 et du champ $+\frac{4}{3}\pi\varepsilon\rho$ produit par la sphère positive [1] dirigé dans le sens O_1O ; quant au champ produit par la sphère négative il est nul puisque le point O est le centre de cette sphère ; on a donc

$$\varphi = \frac{m}{d^2} - \frac{4}{3}\pi\varepsilon\rho$$

[1] Nous pouvons considérer une sphère électrisée uniformément dans toute sa masse comme formée d'une infinité de couches homogènes concentriques ; chacune de ces couches produisant en un point extérieur le même champ que si sa charge était placée au centre (page 40), le champ produit à l'extérieur par une sphère homogène est le même que si toute la charge de cette sphère était au centre.

Pour avoir la valeur du champ en un point P placé dans l'intérieur d'une sphère de rayon R électrisée uniformément, décomposons celle-ci en couches concentriques. Le champ électrique étant nul à l'intérieur d'une couche sphérique uniformément électrisée, les couches sphériques qui entourent le point P produisent en ce point un champ nul. Il n'y a donc à considérer que les couches pour lesquelles le point est extérieur. D'après ce qui précède, le champ résultant de ces couches est le même que si leurs charges étaient placées au centre ; si donc ε est la distance du point P au centre, et ρ la densité de la charge de la sphère, le champ en P a pour valeur

$$\frac{4}{3}\pi\varepsilon^3\rho\,\frac{1}{\varepsilon^2} = \frac{4}{3}\pi\varepsilon\rho.$$

Il devient nul pour $\varepsilon = 0$, c'est-à-dire quand le point P est au centre.

ou, en remplaçant $\varepsilon\rho$ par $i\varphi$,

$$\varphi = \frac{m}{d^2} - \frac{4}{3}\pi i \varphi$$

De cette égalité on tire

$$\varphi = \frac{1}{3 + 4\pi i}\frac{3m}{d^2},$$

ou, puisque $1 + 4\pi i = K$,

$$\varphi = \frac{1}{K + 2}\frac{3m}{d^2}.$$

En portant cette valeur de φ dans l'expression de f, nous obtenons après simplifications et remplacement de i par $\frac{K - 1}{4\pi}$,

$$(12) \qquad f = \frac{K - 1}{K + 2}\frac{3vm^2}{2\pi d^5}$$

Telle est la valeur de la force qui s'exerce entre un point électrisé et une sphère diélectrique.

Il est évident que cette force conserve la même grandeur et le même sens si le point M est électrisé négativement.

Expériences de M. Boltzmann. — M. Boltzmann a comparé les actions qu'excerce un petit corps électrisé sur deux sphères de même rayon placées à la même distance d du corps électrisé, l'une en matière isolante, l'autre en matière conductrice. Pour avoir la force F qui s'exerce dans ce dernier cas, il suffit de faire K infini dans la formule (12) (voir p. 253); on obtient ainsi :

$$F = \frac{3vm^2}{2\pi d^5}$$

et par conséquent, pour le rapport A des deux forces

$$A = \frac{F}{f} = \frac{K+2}{K-1}.$$

Quand ce rapport est connu, le pouvoir inducteur spécifique K est donc donné par la formule

$$K = \frac{A+2}{A-1}$$

Pour mesurer le rapport A, M. Boltzmann a fait usage de deux dispositifs. Dans une première série d'expériences, deux sphères A et A' (*fig.* 100) de 0c,7 de diamètre, formées de la même substance, de soufre par exemple, étaient suspendues à une distance de 9 centimètres l'une de l'autre par deux fils de 2 mètres de longueur situés devant une règle divisée. L'une d'elles était rendue conductrice en la recouvrant d'une mince couche d'or. Quand on introduisait entre ces sphères une boule métallique électrisée B de 2c,6 de diamètre, les sphères étaient attirées inégalement. En modifiant la position de la boule électrisée on pouvait l'amener à la même distance des sphères mobiles; on mesurait alors les déviations des fils et leur rapport donnait le rapport des forces F et f, puisque les sphères avaient le même poids.

Fig. 100.

Dans la seconde série d'expériences, les forces étaient

évaluées au moyen d'un dispositif plus sensible. L'une des sphères A (*fig.* 101), était attachée par deux fils aux extrémités d'une tige CD portée par une suspension bifilaire E et la déviation produite sur le système par la boule électrisée était mesurée par la méthode de Poggendorf à l'aide du miroir M.

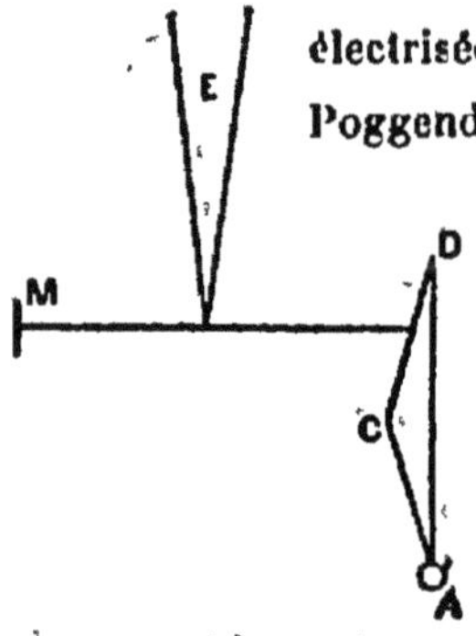

Fig. 101.

On faisait successivement deux expériences, l'une avec la sphère diélectrique, la seconde avec la sphère conductrice ; en amenant dans les deux expériences la boule électrisée à la même distance des sphères, le rapport A était donné par le rapport des déviations observées.

Pour éviter la pénétration de l'électricité, la charge et la décharge de la boule attractive B étaient faites en moins d'un dixième de seconde, et l'on observait l'impulsion qu'éprouvait la boule mobile. Dans d'autres expériences, la boule attractive B avait sa charge changée de signe un très grand nombre de fois à l'aide d'un diapason faisant 180 vibrations par seconde; quel que soit le signe de l'électrisation de la boule B, il y a toujours attraction, et l'on observait la déviation permanente de la boule mobile.

Les résultats obtenus par M. Boltzmann pour le pouvoir inducteur spécifique sont résumés dans le tableau suivant :

	Par la méthode d'attraction	Par la méthode de condensation
Soufre	3,90	3,84
Ebonite	3,48	3,15
Paraffine	2,32	2,32
Résine	2,48	2,55

Les nombres trouvés par cette méthode (1re colonne), étant très voisins de ceux obtenus par la décharge des condensateurs (2e colonne), les expériences de M. Boltzmann peuvent être regardées comme une vérification de la théorie de Thomson.

Hypothèse de Faraday. — Pour expliquer les phénomènes que présentent les diélectriques, Mossotti et ensuite Faraday adoptèrent une hypothèse faite auparavant par Poisson pour l'explication de l'aimantation par influence. Cette hypothèse consiste à regarder le diélectrique, comme formé d'un nombre considérable de particules conductrices disséminées régulièrement dans un milieu isolant. Un bloc de soufre parsemé de petits grains de plomb donne une image exacte de la manière dont Faraday concevait la constitution et les propriétés d'un diélectrique : sous l'influence d'un champ électrique, les grains de plomb s'électriseraient, une couche négative se formerait d'un côté, une couche positive de l'autre.

L'application du calcul à l'hypothèse de Faraday conduit aux mêmes conséquences que la théorie de Thomson.

Pyro-électricité. — A la théorie des diélectriques se rattachent quelques phénomènes singuliers que présentent certains cristaux lorsqu'on les chauffe ou qu'on les comprime.

Anciennement déjà, on savait que la *tourmaline* acquiert, lorsqu'on la chauffe, la propriété d'attirer les corps légers. Cette substance cristallise dans le système ternaire, les cristaux sont hémièdres ; ils possèdent un axe de symétrie ternaire, mais n'ont pas de centre de symétrie. Si on coupe un de ces cristaux par deux plans perpendiculaires à l'axe de symétrie deux couches d'électricité de noms contraires apparaissent sur ces plans (*faces*) lorsqu'on élève la température du cristal. Canton a constaté que si on brise alors le cristal chaque fragment présente deux pôles électriques et que deux faces qui étaient en contact avant la rupture possèdent des charges de noms contraires. Une tourmaline chauffée est donc dans un état de polarisation analogue à celui que présente un aimant, ou un diélectrique placé dans un champ électrique. Cette polarisation disparaît peu à peu quand on maintient la température constante. Si alors on refroidit la tourmaline, on voit apparaître sur les faces des charges de signes contraires à celles qui existaient pendant l'échauffement.

Gaugain a pu mesurer les quantités d'électricité qui se développent dans ce phénomène. Deux feuilles d'étain étaient collées sur les sections normales à l'axe, l'une d'elles était mise en communication avec le sol, l'autre avec un électroscope à décharges. Il a constaté que la quantité d'électricité développée, quand on fait passer le cristal d'une température déterminée à une autre température déterminée, est indépendante de la manière dont s'effectue la variation.

L'*hydrosilicate de zinc* ou *calamine*, qui cristallise en cristaux dépourvus de centre, présente les mêmes phénomènes que la tourmaline.

On a signalé également l'existence de la pyro-électricité dans d'autres cristaux hémièdres; mais les phénomènes observés ne sont que des conséquences de la *piézo-électricité*, développée par des dilatations inégales.

Pour expliquer la pyro-électricité, on peut admettre que les cristaux pyro-électriques sont naturellement polarisés, et que cette polarisation est fonction de la température. Abandonnés à l'air, ces cristaux se recouvrent d'une couche d'eau hygrométrique qui forme une surface légèrement conductrice. Par un phénomène d'influence, chaque couche d'eau située sur l'une des faces, prend lentement une charge d'électricité (m') contraire à celle qui existe sur cette face par polarisation (m), et cette charge par influence ne cesse qu'au moment où la couche électrique m' est égale à la couche m; ces deux charges m et m' égales et de signes contraires, au contact l'une de l'autre, produisent une action électrique nulle sur tous les points, soit à l'intérieur, soit à l'extérieur du cristal : celui-ci ne paraît plus électrisé.

Si maintenant la température varie dans le sens qui fait augmenter la charge de polarisation m, on aura $m > m'$, et chaque face du cristal paraîtra électrisée, jusqu'à ce que ce phénomène d'influence, lent à se produire à cause de la mauvaise conductibilité de la surface humide du cristal, ait rendu de nouveau m' égal à m. Si la température varie en sens contraire, c'est m' qui devient plus grand que m, et le cristal paraît chargé en sens inverse jusqu'à ce que m' soit redevenu égal à m.

Piézo-électricité. — En 1880, MM. J. et P. Curie ont découvert qu'à température constante la compression des cristaux hémièdres à faces inclinées développe des charges de noms contraires aux extrémités du cristal.

La piézo-électricité est un phénomène de polarisation électrique produit par la déformation du cristal. Dans le cas de la tourmaline, la compression suivant l'axe produit les mêmes phénomènes qu'un refroidissement et la traction les mêmes phénomènes que l'échauffement, c'est-à-dire les phénomènes inverses de la compression.

La piézo-électricité s'observe également sur la calamine, le quartz et plusieurs autres cristaux. En général, pour qu'une direction dans un cristal jouisse de la propriété d'être un *axe électrique*, c'est-à-dire pour que la compression ou la traction puisse déterminer sur des plans perpendiculaires à cet axe la production de charges électriques, il faut : 1° que le cristal n'ait pas de centre ; 2° qu'il ne présente pas de plan de symétrie perpendiculaire à la direction en question ; 3° qu'il ne possède pas d'axe de symétrie d'ordre pair perpendiculaire à cette direction. Ces conditions sont nécessaires et l'expérience montre qu'elles sont suffisantes.

Nous avons dit que les phénomènes présentés par l'échauffement de quelques cristaux, paraissent plutôt se rapporter à la piézo-électricité qu'à la pyro-électricité. C'est ce qui a lieu pour le quartz. Un cristal de quartz peut dans certaines conditions se polariser quand on le chauffe ; mais cette polarisation est due aux tractions et compressions qui résultent de la dilatation inégale des diverses parties du cristal qui ne sont pas à la même température ; elle est donc due à la piézo-électricité. D'ailleurs, si l'explication est juste, la polarisation ne doit pas se produire quand l'échauffement est uniforme ; c'est ce que l'expérience confirme.

PILE

PILE EN ÉQUILIBRE ÉLECTRIQUE

Définitions. — Nous nous occuperons dans ce chapitre des sources d'électricité appelées *piles électriques;* ces sources ont un débit considérable, mais leurs pôles ne présentent généralement qu'une faible différence de potentiel.

Une pile électrique est le plus souvent formée d'*éléments* qui peuvent être réunis de plusieurs manières que nous indiquerons bientôt.

Un élément de pile est constitué par deux métaux ou deux conducteurs solides, plongeant dans un même liquide électrolytique [1], ou bien dans deux liquides reliés par un siphon ou par les canaux capillaires d'un corps poreux.

Les deux corps solides ou métalliques se nomment les *électrodes*. Les pôles sont constitués par deux conducteurs de même nature, généralement des fils métalliques, en contact direct avec les électrodes.

(1) On désigne sous le nom de liquide *électrolytique* ou plus simplement d'*électrolyte* un liquide capable d'être décomposé par le passage d'un courant électrique. Il n'y a que les acides ou les sels amenés à l'état liquide par fusion ou par dissolution qui jouissent de cette propriété.

Un élément de pile est une source électrique. — Cette propriété est facile à vérifier au moyen de l'électromètre à quadrants. Mettons les pôles en communication par des fils métalliques de même nature, l'un avec les quadrants impairs, l'autre avec les quadrants pairs. Nous voyons l'aiguille dévier de sa position d'équilibre ; les quadrants et, par conséquent, les fils de communication et les pôles, puisqu'ils sont formés de la même substance, sont donc à des potentiels différents.

Du reste, ce n'est que pour pouvoir exposer plus simplement la conclusion que nous avons supposé les pôles de même nature que les quadrants de l'électromètre : l'expérience donne exactement le même résultat, quelle que soit la nature des pôles, ce qui est une conséquence de la *loi de Volta* que nous exposons plus loin.

Un élément de pile est donc bien une source électrique.

Électroscope condensateur. — Pour mettre en évidence la différence de potentiel que présentent les pôles d'un élément de pile, on ne peut pas se servir directement d'un électroscope à feuilles d'or. L'expérience montre, en effet, que si on relie l'un des pôles à la boule de l'électroscope et l'autre au socle métallique de l'appareil, les feuilles ne divergent pas : la différence de potentiel est trop faible. On peut pourtant dans ce but utiliser l'électroscope à feuilles d'or d'une manière indirecte, car il permet de montrer qu'il est possible de charger un condensateur avec un élément de pile : l'instrument formé d'un électroscope à feuilles d'or et d'un condensateur, employé le plus souvent à faire cette expérience, s'appelle *électroscope condensateur*. Le condensateur se compose de deux plateaux A et B (*fig.* 102) de même métal, vernis sur leurs faces en regard. Cette double couche de vernis forme la lame isolante; comme elle est très mince, la capacité du condensateur est très grande. Le plateau inférieur B communique avec les feuilles d'or; le plateau supérieur A peut être soulevé par un manche isolant.

Pour montrer, avec cet instrument, la différence de potentiel qui existe entre les deux pôles d'un élément de pile, on met les pôles respectivement en contact avec chacune des armatures du condensateur. On supprime les communications, puis on écarte le plateau supérieur; on voit alors les feuilles d'or diverger. Cette expérience prouve que le condensateur a été chargé par l'élément; la différence de potentiel des deux pôles n'est donc pas nulle : l'élément de pile est une source d'électricité.

Fig. 102.

Afin de faire bien comprendre le rôle du condensateur dans cette expérience, faisons remarquer qu'après avoir mis les deux plateaux du condensateur en communication avec les pôles de l'élément, ces plateaux ont pris une différence de potentiel V égale à celle que présentent les pôles dans l'état d'équilibre; la charge de chacune des armatures est devenue $M = CV$ en désignant par C la capacité très grande de ce condensateur. Le plateau inférieur étant isolé garde sa charge M quand on enlève le plateau supérieur, mais cette charge se trouve répandue sur un conducteur formé par le plateau et les feuilles d'or dont la capacité C' est maintenant très faible; l'excès de potentiel sur le sol V' de ce conducteur est donné par $M = C'V'$; on a donc :

$$C'V' = CV \qquad \text{ou} \qquad V' = V\frac{C}{C'}.$$

Le rapport $\frac{C}{C'}$ étant environ égal à 500, on voit que l'excès sur le sol du potentiel V' des feuilles d'or est 500 fois plus grand, la charge des feuilles d'or 500 fois plus grande que si on avait mis l'un des pôles de l'élément de pile en communication avec les feuilles d'or, l'autre avec le socle métallique de l'appareil ([1]).

Il est bon de remarquer qu'il est absolument nécessaire de vernir les deux plateaux. On sait, en effet, que les charges des armatures d'un condensateur se portent presqu'entièrement sur la lame isolante (page 103). Par conséquent, si le plateau supérieur est seul verni, il emporte, lorsqu'on l'enlève, sa propre charge ainsi que la charge du plateau inférieur ; et les feuilles ne divergent pas. Si c'est le plateau inférieur qui est seul verni, en enlevant le plateau supérieur on ne modifie pas l'état électrique du système, puisque ce plateau n'emporte pas d'électricité et les feuilles ne divergent pas non plus.

Force électromotrice d'un élément de pile. — Si l'on vient à altérer d'une manière quelconque la différence de potentiel que présentent les pôles d'un élément de pile, par exemple en mettant ces pôles au contact, ce qui les amène sensiblement au même potentiel, on constate soit avec l'électromètre à quadrants, soit avec l'électroscope condensateur que cette différence de potentiel reprend la même valeur, dès

([1]) En projetant avec une lentille les feuilles d'or, vivement éclairées par derrière au moyen de la lumière Drummond, on rend facilement visible à tout un auditoire l'écartement des feuilles.

que les pôles sont de nouveau séparés. Cette différence de potentiel est donc une quantité caractéristique de l'élément de pile ; on l'appelle *force électromotrice* de l'élément.

Cette force électromotrice est indépendante des dimensions de l'élément. — Pour le montrer, il suffit d'observer les indications que donne un électromètre avec un grand et avec un petit élément composés des mêmes substances ; dans les deux cas, les indications sont les mêmes.

Elle dépend de la nature des substances qui forment les électrodes et du liquide qui les baigne. On s'en assure en mesurant, par exemple, successivement la force électromotrice d'un autre élément dont les électrodes, l'une en zinc, l'autre en cuivre, plongent dans l'eau acidulée par l'acide sulfurique, et d'un élément constitué par une dissolution sulfurique de bichromate de potasse dans laquelle plongent une lame de zinc et une lame de charbon de cornue ; la force électromotrice de ce dernier élément est sensiblement double de celle du premier.

Mais une expérience du même genre fait voir que la force électromotrice d'un élément ne dépend pas de la nature des pôles.

Enfin la force électromotrice d'un élément est indépendante de l'état d'électrisation de cet élément, c'est-à-dire de l'excès de potentiel d'une de ses parties sur le potentiel du sol.

Pôle positif et pôle négatif. — Le *pôle positif* d'un élément est celui qui est au plus haut potentiel ; l'autre est le *pôle négatif*.

Quand les pôles sont réunis aux armatures d'un condensateur, l'armature reliée au pôle positif se charge nécessairement d'électricité positive puisqu'elle est à un potentiel plus élevé que l'autre. Mais il ne faut pas en conclure que le pôle positif d'une pile est toujours électrisé positivement; le signe de sa charge dépend des conditions dans lesquelles il se trouve. Ainsi, sa charge pourra être négative s'il est à une faible distance d'un conducteur dont le potentiel est plus grand.

Il est facile de reconnaître le signe d'un pôle. On charge, au moyen de l'élément, les feuilles d'or de l'électroscope condensateur, comme il a été indiqué plus haut. En approchant du plateau supérieur un bâton de résine électrisé, on détermine par le procédé habituel le signe de l'électricité des feuilles d'or; suivant que cette électricité est positive ou négative, le pôle qui communiquait avec le plateau inférieur est le pôle négatif.

Dans toutes les piles d'un usage courant, une des électrodes est en zinc; le pôle négatif est celui qui correspond à cette électrode.

Différence de potentiel au contact. — Puisque dans l'état d'équilibre les deux pôles d'un élément de pile présentent une différence de potentiel, et qu'un conducteur homogène présente le même potentiel en tous ses points [1], il faut nécessairement qu'en passant d'un des conducteurs qui composent l'élément à un autre de nature différente, il y ait un saut brusque dans la valeur du potentiel : en général

[1] On peut vérifier facilement qu'à l'intérieur du liquide électrolytique qui se trouve dans un élément de pile en état d'équilibre le potentiel est le même en tous les points; il suffit de mettre respectivement chaque paire de quadrants d'un électromètre en contact avec deux points différents du liquide par deux fils d'un *même métal*, l'aiguille ne dévie pas. Elle dévie, au contraire, si les deux fils qui trempent dans le liquide, ne sont pas de même nature, car alors l'excès de potentiel des fils sur le liquide n'est plus le même et les quadrants présentent une différence de potentiel entre eux; ils constituent les pôles de la pile dont les deux fils sont les électrodes.

deux conducteurs de nature différente, en contact l'un avec l'autre, présentent, dans l'état d'équilibre, une différence de potentiel, qui, du reste, peut être nulle dans certains cas particuliers. C'est ce que nous avions admis dès le début de ce cours pour ne faire aucune hypothèse.

Le fait que la force électromotrice d'une pile est indépendante de la grandeur et de la forme des conducteurs solides ou liquides montre que la différence de potentiel, que présentent deux conducteurs au contact, est elle-même indépendante de la forme de la surface de séparation, et ne dépend que de la nature des conducteurs.

Nous représenterons par le symbole

$$A|B,$$

l'excès de potentiel d'un conducteur B sur le conducteur A en contact avec lui : A|B sera une quantité positive, quand B sera à un potentiel plus grand que A, et une quantité négative dans le cas contraire. Il résulte de cette convention que l'on a identiquement :

$$A|B = - B|A.$$

Expression de la force électromotrice d'un élément. — Exprimons la valeur de la différence de potentiel des pôles d'un élément au moyen des différences de potentiel au contact des diverses substances qui le composent.

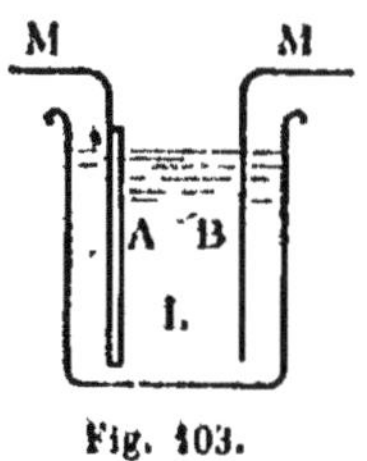

Fig. 103.

Désignons par A et B les substances qui forment les électrodes de l'élément (*fig.* 103), par L le liquide électrolytique, et par M, le métal qui forme les deux pôles. Si V est le potentiel du pôle soudé à l'électrode A, on a identiquement pour le potentiel V′ de l'autre pôle

$$V' = V + M|A + A|L + L|B + B|M\ ;$$

d'où l'on tire pour l'expression de la force électromotrice de la pile

$$(1)\quad V' - V = e = M|A + A|L + L|B + B|M.$$

S'il y avait deux liquides électrolytiques L et L′ cette expression comprendrait un terme de plus ; on aurait alors

$$(2)\quad V' - V = e = M|A + A|L + L|L' + L'|B + B|M.$$

Nous verrons que ces deux formules se simplifient lorsque les conducteurs qui forment les pôles et les électrodes satisfont à la *loi de Volta*, condition généralement remplie par ces conducteurs.

Loi de Volta. — *La différence de potentiel des extrémités d'une chaîne de conducteurs métalliques, en équilibre électrique et à la même température, est la même que si les métaux extrêmes étaient directement au contact.* Cette loi est exprimée par la formule :

$$(3)\quad A|B + B|C + \ldots + E|F = A|F,$$

A, B, C, ... E, F désignant les métaux qui forment la chaîne.

Pour démontrer expérimentalement cette loi, il suffit de faire communiquer le quadrant d'un électromètre avec une pièce métallique A maintenue à un potentiel constant : 1° par un fil du même métal que la pièce métallique A; 2° par une chaîne formée par divers conducteurs métalliques ; quels que soient ces conducteurs métalliques, l'aiguille de l'électromètre prend la même position dans les deux expériences : la différence de potentiel entre le quadrant et la pièce métallique A est donc la même dans la seconde expérience que dans la première, où le métal du quadrant était réuni directement au métal de la pièce A.

Une conséquence immédiate de cette loi est que si les deux métaux extrêmes de la chaîne sont de même nature, ils sont au même potentiel. Ainsi, si l'on prend une double lame mi-partie cuivre et zinc (*fig.* 104), et qu'on mette les quadrants pairs en communication par un fil métallique avec le zinc Z et les quadrants impairs par un autre fil métallique avec le cuivre C, l'aiguille ne dévie pas, car les quadrants pairs et impairs étant formés d'un même métal et étant réunis par une chaîne métallique sont au même potentiel.

Fig. 104.

De même, si l'on réunit par une chaîne métallique les deux plateaux d'un électroscope condensateur, ces plateaux ne se chargent pas quand ils sont formés par un même métal, comme c'est le cas ordinaire. Des expériences de ce genre ont même fait croire, parfois, que deux métaux en contact ne présentaient jamais de différence de potentiel, quelles que soient leurs natures. Mais si l'on construit un électroscope condensateur avec des plateaux de nature différente, par exemple, avec un plateau de cuivre et un plateau de zinc, en les réunissant par une chaîne métallique quelconque, ils se chargent d'électricité, car en soulevant le plateau supérieur les feuilles d'or divergent. Du reste, on constate que la divergence est indépendante de la nature des métaux qui composent la chaîne métallique : elle reste la même quand les plateaux communiquent par un fil du même métal que l'un d'eux.

C'est par des expériences analogues à celles-ci que Volta a démontré l'exactitude de la loi qui porte son nom.

Nous verrons plus loin que le galvanomètre permet une vérification bien plus délicate de l'exactitude de la loi de Volta, et qu'il fait voir qu'elle n'est rigoureuse que si tous les métaux sont à la même température.

Ajoutons que les métaux ne sont pas les seuls corps qui obéissent à la loi de Volta. Les alliages, certains sulfures métalliques et certains métalloïdes tels que le graphite, le charbon de cornue, le tellure et quelques variétés de sélénium jouissent à cet égard de la même propriété que les métaux.

Application à l'élément de pile. — Les conducteurs qui forment les pôles et les électrodes d'un élément obéissant à la loi de Volta, on a l'égalité

$$B|M + M|A = B|A.$$

Par conséquent la force électromotrice donnée par la formule (1) devient

$$e = A|L + L|B + B|A. \qquad (4)$$

On voit qu'elle est indépendante de la nature des pôles M. Cette propriété de l'élément de pile, que nous avons déduite de l'expérience (page 269), est donc une conséquence de la loi de Volta.

Remarque. — Supposons qu'on vienne à recouvrir l'une des électrodes d'une couche de métal très mince, mais cependant plus épaisse que le double du rayon d'activité des forces pondéro-électriques La différence de potentiel entre cette couche métallique qui touche le liquide et le pôle correspondant à l'électrode est la même, d'après la loi de Volta, que si l'électrode était entièrement formée du métal superficiel et, par conséquent, il en est de même de la force électromotrice de l'élément de pile. L'expérience prouve l'exactitude de cette conclusion; du laiton doré, argenté ou nickelé se comporte comme une électrode massive en or, en argent ou en nickel. On conçoit même que cette expérience puisse conduire à donner une idée de l'ordre de grandeur du rayon d'activité des forces pondéro-électriques. Nous reviendrons plus tard sur ce sujet; pour le moment, retenons seulement qu'une mince couche conductrice formée à la surface d'une électrode est capable de modifier la force électromotrice de l'élément.

Lorsqu'on fait passer un courant électrique à travers un élément de pile, les liquides électrolytiques se décomposent et leurs éléments viennent en partie se déposer sur les électrodes; par suite, d'après ce qui précède, la force électromotrice de l'élément varie. C'est à ce phénomène que l'on donne le nom de *polarisation de la pile.* Dorénavant, nous appellerons force électromotrice d'un élément, la différence de potentiel des pôles dans l'état d'équilibre, donnée dès que le courant a cessé de traverser l'élément par une mesure assez rapide pour que les surfaces n'aient pas eu le temps de changer de nature. En prenant cette définition de la force électromotrice, tout ce que nous dirons à propos des piles s'appliquera aussi bien à une pile polarisée qu'à une pile non polarisée.

Application des lois précédentes aux mesures électrométriques. — Revenons un instant sur la mesure des différences de potentiel au moyen d'un électromètre, par exemple de l'électromètre à quadrants.

Désignons par A et A′ les substances dont sont composés les conducteurs *a* et *a′* dont on veut mesurer la différence de potentiel, et soient V et V′ les potentiels de ces conducteurs. Désignons de même par M et M′ les métaux qui constituent les fils *m* et *m′* qui relient respectivement les conducteurs *a* et *a′* à chaque paire de quadrants, et enfin désignons par Q le métal dont sont formés les quadrants. On a pour les potentiels V_1 et V_2 de ceux-ci les relations :

$$V_1 = V + A|M + M|Q,$$
$$V_2 = V' + A'|M' + M'|Q,$$

d'où :

$$V_1 - V_2 = V - V' + (A|M - A'|M') + (M|Q - M'|Q).$$

On voit, qu'en général, la différence de potentiel des quadrants $V_1 - V_2$, d'où dépend la position de l'aiguille de l'électromètre, n'est pas la même que la différence de potentiel qu'on veut mesurer $V - V'$.

Pour qu'elle soit la même, il faut que chacun des termes entre parenthèse soit nul ; c'est-à-dire qu'on ait :

$$A|M = A'|M' \qquad \text{et} \qquad M|Q = M'|Q.$$

Cette condition sera toujours réalisée si les deux conducteurs *a* et *a′* sont de *même nature* et si les deux fils de communication sont formés d'un *même métal*. Telles sont donc les conditions suffisantes et généralement indispensables, pour que l'électromètre permette la mesure exacte de la différence de potentiel de deux conducteurs.

Si les conducteurs a et a' ne sont pas de même nature, on ne sera jamais assuré d'obtenir leur différence de potentiel exacte par l'emploi direct de l'électromètre.

Dans le cas où les conducteurs a et a' sont formés d'une même substance obéissant à la loi de Volta, il n'est pas nécessaire pour mesurer leur différence de potentiel exactement d'employer des fils de même métal, puisque quels que soient les métaux qui composent ces fils, d'après la loi de Volta, le potentiel de chacune des paires de quadrants est le même que si elle était directement réunie au conducteur a ou a'.

Pile électrique en général. — *Une* PILE *est une chaîne de conducteurs dont les extrémités sont de même nature*, les conducteurs extrêmes sont les *pôles* de la pile ; la *force électromotrice* est la différence de potentiel que présentent les pôles.

Si tous les conducteurs qui composent une pile obéissent à la loi de Volta, et sont à la même température, la force électromotrice est nulle. Mais si ces conducteurs sont à des températures différentes, les extrémités de la chaîne présentent, en général, des potentiels différents ; on dit alors que la pile est une *pile thermo-électrique*.

S'il y a des conducteurs n'obéissant pas à la loi de Volta, la différence de potentiel des pôles est, en général, différente de zéro, lors même que tous les conducteurs sont à la même température : on dit alors que la *pile* est une *pile hydro-électrique*.

Accouplement des éléments de pile en tension. — Le plus souvent une pile est formée d'éléments dont les pôles sont reliés entre eux. Un des modes d'accouplement consiste à relier le pôle positif d'un élément au pôle négatif de l'élément suivant (*fig.* 105). Cherchons quelle est la force électromotrice de la pile ainsi formée.

Supposons d'abord que les pôles de tous les éléments soient de même nature, et désignons par $e_1, e_2, e_3, \ldots e_n$, les forces électromotrices de ces éléments. La force électromotrice d'un élément de pile, étant indépendante de l'état d'électrisation de l'élément, conserve la même valeur que l'élément fasse ou non partie d'une pile (ce qu'il est facile de constater directement au moyen d'un électromètre). Si donc V est le potentiel du pôle négatif du premier élément, celui du pôle positif du premier élément ou du pôle négatif du second élément est $V + e_1$, celui du pôle positif du second élément est $V + e_1 + e_2, \ldots\ldots$ celui du pôle positif du dernier élément est

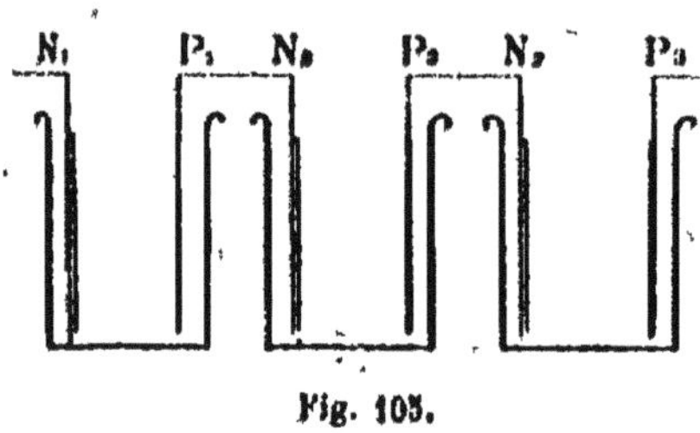

Fig. 105.

$$V' = V + e_1 + e_2 + e_3 + \ldots + e_n.$$

Par conséquent la force électromotrice de la pile formée par ces n éléments est

$$V' - V = e_1 + e_2 + e_3 \ldots + e_n,$$

c'est-à-dire la somme des forces électromotrices des éléments. C'est pour cette raison que l'on a appelé le mode d'accouplement que nous venons d'étudier, *accouplement en tension*, le mot *tension* ayant ici la signification de *différence de potentiel.*

Revenons maintenant sur l'hypothèse que nous avons faite au sujet de la nature des pôles des éléments. Ces pôles et les électrodes étant supposés obéir à la loi de Volta, la différence de potentiel de l'électrode d'un élément et de l'électrode de l'élément suivant qui lui est reliée, est indépendante de la nature des conducteurs métalliques qui servent à la jonction, c'est-à-dire des pôles des deux éléments. On peut donc sans faire varier la force électromotrice de la pile, changer la nature des pôles des éléments intermédiaires.

Dans le cas particulier où tous les éléments ont la même force électromotrice e, on a pour la force électromotrice de la pile

$$E = V' - V = ne\ ;$$

elle est donc proportionnelle au nombre des éléments. On le vérifie au moyen d'un électromètre en prenant successivement des piles formées de un, deux, trois,... éléments ; on constate que les déviations de l'aiguille sont entre elles comme les nombres 1, 2, 3,...

M. Angot a vérifié la formule $E = \sum e$ par un très grand nombre d'expériences faites dans des conditions différentes.

Éléments en opposition. — Lorsque deux éléments sont réunis par leurs pôles de même nom, la force électromotrice de la pile formée est

$$E = e_1 - e_2.$$

On dit alors que les deux éléments sont en *opposition*.

Ce mode d'accouplement est employé pour reconnaître l'égalité de deux forces électromotrices. On voit, en effet, que la force électromotrice totale est nulle, quand les deux éléments ont la même force électromotrice.

On peut facilement vérifier par ce procédé la propriété déjà démontrée, savoir : que si deux éléments sont formés des mêmes substances, la force électromotrice est la même, quelles que soient les dimensions des éléments. Il suffit d'associer en opposition ces deux éléments ; on constate, au moyen d'un électromètre, que la force électromotrice résultante est nulle.

Couches électriques doubles. — La différence de potentiel que nous avons constatée entre les deux pôles d'une pile, dans l'état d'équilibre, nous a montré qu'en général il existe un brusque saut de potentiel entre un conducteur et un autre de nature différente en contact avec lui. Cette chute de potentiel entraîne, comme conséquence, d'après la loi de Coulomb, l'existence de deux couches électriques, l'une positive, l'autre négative, de valeur absolue égale, située de part et d'autre de la surface du contact à une très petite distance de celle-ci (*couche double*). C'est ce que nous allons démontrer.

Soit MN (*fig.* 106) la surface de séparation de deux corps A et B, surface que, pour plus de simplicité, nous supposerons d'abord plane. De part et d'autre de ce plan, et à des distances égales aux rayons d'activité des forces pondéro-électriques dans les deux corps, menons deux plans CD et EF parallèles entre eux et au plan MN. Nous savons que, si les corps A et B sont conducteurs et en équilibre électrique, il n'y a pas d'électricité libre en un point intérieur à ces corps, et non situé dans l'intervalle des deux plans

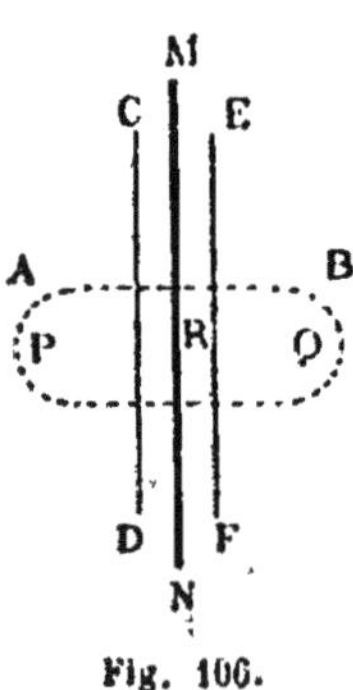

Fig. 106.

CD et EF, mais nous ignorons s'il en est encore ainsi pour un point situé dans cet intervalle. Pour le savoir, adressons-nous à la relation de Poisson (page 45)

$$\frac{\partial^2 V}{\partial x^2} + \frac{\partial^2 V}{\partial y^2} + \frac{\partial^2 V}{\partial z^2} = -4\pi\rho.$$

Cette formule peut être simplifiée dans le cas qui nous occupe. En effet, les surfaces équipotentielles situées entre les plans CD et EF sont par raison de symétrie des plans parallèles à MN. Si donc nous prenons pour plan des yz un plan parallèle à MN et pour axe des x une perpendiculaire à ce plan, les dérivées partielles $\frac{\partial V}{\partial y}$ et $\frac{\partial V}{\partial z}$ sont nulles et il en est de même des dérivées secondes $\frac{\partial^2 V}{\partial y^2}$ et $\frac{\partial^2 V}{\partial z^2}$. Par suite la relation de Poisson se réduit à

$$(1) \qquad \frac{\partial^2 V}{\partial x^2} = -4\pi\rho,$$

et il nous suffit pour avoir la valeur de la densité électrique ρ en un point de chercher la valeur de $\frac{\partial^2 V}{\partial x^2}$ en ce point.

Prenons deux axes rectangulaires Ox et OV (*fig.* 107); portons suivant Ox une longueur Oa égale à l'abscisse d'un point du système de conducteurs A et B, et, sur une parallèle à OV, une longueur aa' proportionnelle à la valeur du potentiel en ce point. Le potentiel étant constant dans la portion du conducteur A situé en deçà du plan CD la ligne représentative du potentiel est, jusqu'au plan CD, une droite $a'c'$ parallèle à Ox; de même le potentiel étant constant au-delà de EF dans le conducteur B la ligne resprésentative est une parallèle $e'b'$ à Ox à partir de EF. S'il existe une différence de potentiel entre les deux conducteurs A et B ces deux parties $a'c'$ et $e'b'$ ne sont pas dans le prolongement l'une de l'autre. Or, les phénomènes naturels ne présentent jamais de sauts brusques; ces deux droites doivent donc se raccorder par une courbe conti-

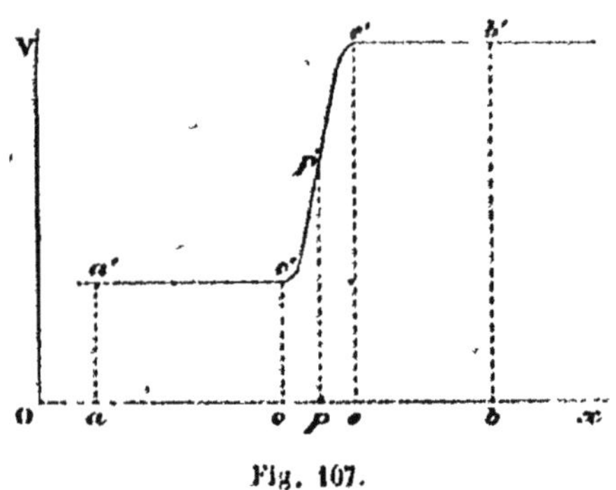

Fig. 107.

nue; en d'autres termes, le potentiel doit varier d'une manière continue dans l'intervalle compris entre les plans voisins CD et EF. La courbe $c'p'e'$ nécessairement doit présenter un point d'inflexion. En ce point p' on a $\frac{\partial^2 V}{\partial x^2} = 0$; mais dans la portion de la courbe $c'p'$ qui tourne sa convexité vers l'axe des x, on a $\frac{\partial^2 V}{\partial x^2} > 0$ et dans la portion $p'e'$ dont la concavité est tournée vers l'axe des x, on a $\frac{\partial^2 V}{\partial x^2} < 0$. Par conséquent d'après la relation (1), la densité électrique est négative pour les points dont l'abscisse est comprise entre Oc et Op, nulle pour ceux dont l'abscisse est Op et positive pour les points dont l'abscisse est comprise entre Op et Oe. Il existe donc entre les plans CD et EF une double couche électrique; la couche négative est située du côté du conducteur dont le potentiel est le plus petit, la couche positive du côté de l'autre conducteur.

Menons maintenant un tube de force dans la partie CDEF où le potentiel est variable ; ce tube est un cylindre. Limitons-le par deux surfaces P et Q placées dans les conducteurs A et B, là où le champ électrique est nul. Le flux de force total à travers la surface fermée PRQ est nulle ; par conséquent, d'après le théorème de Gauss, cette surface fermée contient à son intérieur autant des deux électricités. Ainsi, à étendue égale, les charges positives et négatives des deux couches sont égales en valeur absolue.

Le même phénomène doit se produire si la surface de séparation des deux conducteurs n'est pas plane et les couches électriques doivent avoir la même valeur quelle que soit la courbure. Les rayons de courbure de la surface de séparation peuvent, en effet, toujours être considérés comme infiniment grands vis-à-vis de l'épaisseur de la couche dans laquelle le potentiel est variable, ce qui revient à considérer la surface de séparation comme plane, dans une région de la surface de séparation très étendue par rapport à l'épaisseur de cette couche.

On peut arriver à la même conclusion par un raisonnement plus élémentaire. Considérons deux plateaux conducteurs de nature différente placés dans le vide en regard l'un de l'autre et réunis par un conducteur de même nature que l'un d'eux. Ces deux plateaux présentent la même différence de potentiel que s'ils étaient directement au contact. Si cette différence n'est pas nulle, les deux plateaux constituant un condensateur, prennent des charges de noms contraires sur leurs faces en regard; le plateau au plus bas potentiel prend une charge négative, l'autre une charge positive. Si on rapproche les deux plateaux, les densités de ces charges électriques deviennent de plus en plus grandes pour que l'équilibre électrique subsiste. Quand les plateaux arrivent au contact, l'équilibre aura encore lieu, chacun des plateaux conservant sa charge, puisqu'ils n'ont pas cessé de présenter la différence de potentiel nécessaire à l'équilibre quand ils sont au contact : il y a donc une couche électrique double de part et d'autre de la surface de contact.

Nous avons supposé jusqu'ici que les corps étaient conducteurs. Comme il n'y a aucune différence tranchée entre les bons conducteurs, les médiocres conducteurs et les isolants les raisonnements précédents s'appliquent à tous les corps; seulement la couche double mettra pour se former un temps d'autant plus long après le contact que le corps est plus mauvais conducteur de l'électricité.

Conséquences de l'existence d'une couche double. — Prenons deux plateaux métalliques en contact et soit M la valeur absolue de la charge des couches électriques qu'ils possèdent. Si nous faisons glisser ces plateaux l'un sur l'autre de manière à diminuer la surface de contact la valeur absolue de la charge de chacune des couches diminue; soit M' la nouvelle valeur. Une quantité M — M' d'électricité positive et une quantité égale d'électricité négative seraient donc devenues libres, si ces charges ne se recombinaient pas immédiatement, à travers la surface de contact; le glissement ne se fait jamais, en effet, avec une vitesse plus grande que celle du déplacement de l'électricité dans un corps bon conducteur.

Par conséquent, les plateaux ne doivent à aucun instant présenter des signes d'électrisation, et, quand ils sont séparés ils doivent être à l'état neutre.

Mais si au lieu de faire glisser les plateaux l'un sur l'autre, on les sépare normalement, les charges des couches doubles ne peuvent se recombiner complètement et les plateaux doivent rester chargés, l'un d'électricité positive, l'autre d'électricité négative.

L'expérience confirme pleinement ces deux conclusions.

Si, au contraire, nous supposons que l'un au moins des deux corps au conctact est médiocre conducteur, les charges de la couche double n'ont pas le temps de se recombiner en totalité quand on fait rapidement glisser ces corps l'un sur l'autre. Dans ce cas les deux corps doivent s'électriser par glissement. On voit comment l'électrisation par frottement se trouve expliquée par le phénomène des couches doubles, c'est-à-dire en dernière analyse, par l'existence d'une différence de potentiel entre corps de nature différente au contact, jointe au phénomène de la condensation électrique.

Remarque. — C'est Helmholtz qui a le premier fait usage de la considération des couches doubles pour l'explication d'un certain nombre de phénomènes; il les regardait comme une hypothèse rendant compte de la différence de potentiel que peuvent présenter deux conducteurs en contact. Mais des raisonnements que nous avons présentés, il résulte que l'existence des couches doubles est une conséquence nécessaire du fait de cette différence de potentiel et de la loi de Coulomb ou des formules qui s'en déduisent. Par conséquent l'hypothèse ne provient que de l'extension de la loi de Coulomb, démontrée seulement dans le cas de distances sensibles, au cas de distances extrêmement petites. Or, jusqu'ici cette généralisation de la loi de Coulomb s'est toujours trouvée justifiée ; nous pouvons donc avoir confiance dans l'existence d'une couche électrique double au contact de deux corps présentant une différence de potentiel, qui rend compte simplement des phénomènes de l'électrisation par frottement et d'autres phénomènes sur lesquels nous insisterons à propos de la polarisation des électrodes.

COURANTS ÉLECTRIQUES

Courant électrique. — Si l'on réunit par un conducteur obéissant à la loi de Volta les deux pôles d'une pile, en d'autres termes, si l'on *ferme le circuit de la pile* le système ne peut rester en équilibre électrique.

En effet, l'équilibre exige, d'une part que les pôles réunis par le conducteur soient au même potentiel, et d'autre part que les pôles présentent une différence de potentiel constante, égale à la force électromotrice de la pile. Ces deux conditions étant contradictoires, l'équilibre est impossible et il y a mouvement de l'électricité. Nous dirons qu'il y a *courant électrique*.

Nous avons vu (p. 18) qu'il revenait au même d'ajouter une quantité q d'électricité positive à un corps ou de lui retirer une quantité q d'électricité négative, et *vice versà*. Si donc il y a mouvement d'électricité entre deux conducteurs A et B on peut dire que le corps A cède à B de l'électricité positive ou bien que le corps B cède à A une quantité égale d'électricité négative. Ceci étant, bien entendu, pour ne pas compliquer inutilement l'exposé des phénomènes, nous considérerons toujours le mouvement électrique comme dû à un transport d'électricité positive seulement, la quantité d'électricité négative restant invariable pour chaque corps et chaque portion de corps.

Sens du courant à l'extérieur d'une pile. — Quel est le sens du mouvement de l'électricité positive quand le circuit d'une pile est fermé ?

Au moment où l'on établit la communication entre les deux pôles de la pile le potentiel est plus élevé au pôle positif qu'au pôle négatif. Comme l'électricité positive se déplace dans le sens des potentiels décroissants, elle ira du pôle positif au pôle négatif.

Mais ce déplacement conservera-t-il le même sens à un moment quelconque après la mise en communication des deux pôles ? L'expérience seule peut répondre à cette question ; or si on réunit aux deux paires de quadrants d'un électromètre deux points quelconques d'un conducteur homogène qui relie les pôles, on constate que le point situé du côté du pôle positif est toujours à un potentiel plus élevé que l'autre. Le déplacement de l'électricité positive doit donc toujours avoir lieu du pôle positif au pôle négatif dans le conducteur qui joint les pôles.

On appelle *sens du courant* le sens du mouvement de l'électricité positive : *à l'extérieur de la pile le courant va du pôle positif au pôle négatif* [1].

Sens du courant à l'intérieur de la pile. — L'électri-

[1] L'expérience précédente peut être faite avec l'électroscope condensateur. Supposons que le plateau inférieur communique avec un point du conducteur et le plateau supérieur avec un autre point plus rapproché du pôle positif. Supprimons les communications, enlevons le plateau supérieur ; les feuilles divergent. Approchons alors du plateau inférieur un bâton de résine électrisé, nous voyons les feuilles diverger davantage. Le plateau inférieur est donc chargé négativement ; par conséquent il était à un potentiel moins élevé que le plateau supérieur. Nous arrivons donc à la même conclusion : qu'à chaque instant le potentiel va en décroissant du pôle positif au pôle négatif, et que l'électricité positive va du premier de ces pôles au second.

cité positive, apportée par le conducteur, ne peut s'accumuler sur le pôle négatif car s'il en était ainsi la différence entre le potentiel de ce pôle et celui d'un autre point du circuit augmenterait indéfiniment. Or l'électromètre permet de constater que la différence de potentiel entre deux points quelconques du circuit prend très rapidement une valeur constante dès qu'on a réuni les deux pôles.

Si cette accumulation est impossible, il faut nécessairement que le mouvement de l'électricité positive ait lieu à travers les conducteurs qui forment la pile. Par suite deux points d'un des conducteurs homogènes qui se trouvent dans la pile doivent être à des potentiels différents. C'est ce dont il est facile de s'assurer en prenant un élément de pile dont le liquide électrolytique est contenu dans une cuve rectangulaire très allongée aux deux extrémités de laquelle sont placées les électrodes. On trouve que deux points du liquide électrolytique sont à des potentiels différents lorsque la pile est en circuit fermé, et que le point dont le potentiel est le plus élevé est celui qui est le plus proche de l'électrode négative.

Par conséquent *à l'intérieur d'une pile le courant va du pôle négatif au pôle positif.*

Intensité d'un courant. — Nous appellerons intensité du courant en un point du circuit *la quantité d'électricité qui traverse, pendant l'unité de temps, la section du circuit en ce point.*

Nous verrons que la quantité d'électricité qui traverse une section du circuit en un temps donné, n'est pas inaccessible à l'expérience, comme on pourrait le craindre tout d'abord, et que l'intensité du courant, ainsi définie, est une grandeur susceptible d'être mesurée en valeur relative, et même en valeur absolue. Or un très grand nombre de phénomènes ont une intensité en rapport avec l'intensité des courants qui les produisent; de là l'importance de cette notion.

Montrons d'abord *qu'en tout point d'un circuit parcouru par un courant l'intensité est la même.* Cette propriété sur laquelle nous nous appuierons constamment se déduit d'expériences que nous avons déjà indiquées. Prenons une portion de circuit limité par les sections MN, M'N' (*fig.* 108) et supposons l'intensité du courant plus grande en MN qu'en M'N'. D'après la définition même de l'intensité, la quantité d'électricité positive qui, dans l'unité de temps, entre dans la portion MN-M'N' par la section MN, serait plus grande que la quantité qui en sort par la section M'N'. La quantité d'électricité que possède ce tronçon irait donc en croissant ; par suite, la quantité que possède un autre tronçon PQ P'Q' du circuit irait en décroissant. Il en résulte que la différence de potentiel entre un point du tronçon MN M'N' et un point du tronçon PQ P'Q' devrait continuellement augmenter. Cette conséquence est en contradiction avec l'expérience, qui montre que la différence de potentiel entre deux points quelconques est constante. On arriverait à une conclusion analogue et également contraire aux faits expérimentaux, si l'on supposait l'intensité du courant plus petite en MN qu'en M'N'; il faut nécessairement que l'intensité du courant ait la même valeur en MN et en M'N', c'est-à-dire ait la même valeur en deux points quelconques du circuit.

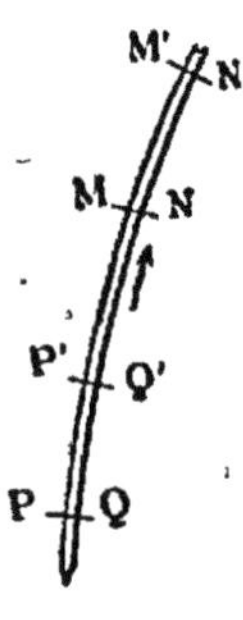

Fig. 108.

Lois d'Ohm. — Ayant reconnu qu'entre deux points d'un même circuit traversé par un même courant la différence de potentiel est constante, indiquons maintenant suivant quelles lois varie cette différence quand on change la distance des deux points, la section et la nature du conducteur, ou l'intensité du courant. Ces lois trouvées presque simultanément par Ohm, qui les a déduites de considérations théoriques, et par Pouillet qui les a établies par l'expérience, peuvent s'énoncer de la manière suivante :

1re Loi. — *Quand un conducteur homogène cylindrique est traversé par un courant, la différence de potentiel entre deux points est proportionnelle à la distance qui sépare ces points.*

Cette loi se vérifie au moyen de l'électromètre : en faisant varier dans un certain rapport la distance des points d'attache des fils qui aboutissent aux quadrants, on constate que les déviations de l'aiguille sont dans le même rapport.

2e Loi. — *Si deux conducteurs homogènes de même nature, de même longueur et de sections différentes, sont traversés par un même courant, la différence de potentiel aux extrémités est en raison inverse de la section.*

On vérifie cette loi en prenant successivement les différences de potentiel entre les points A et B et entre les points B et

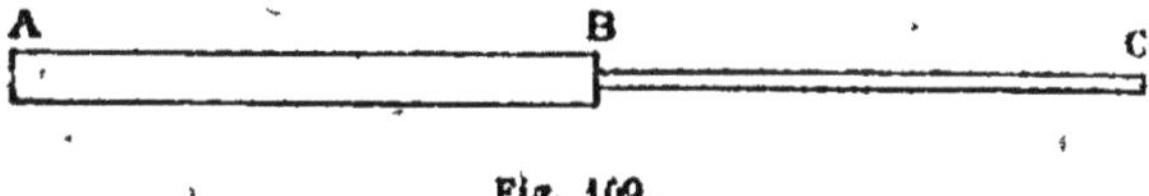

Fig. 109.

C du conducteur ABC (*fig.* 109) formé de deux cylindres de même longueur et de sections différentes.

3e Loi. — *Les différences de potentiel aux extrémités de deux conducteurs cylindriques identiques sont proportionnelles aux intensités des courants qui les traversent.*

Ne sachant pas jusqu'ici mesurer l'intensité d'un courant

nous aurons recours, pour modifier l'intensité d'un courant dans un rapport connu, à l'artifice employé par Faraday dans ses travaux sur l'électrolyse.

Si nous voulons avoir deux courants dont les intensités soient dans le rapport de 1 à 2, nous ferons passer le courant

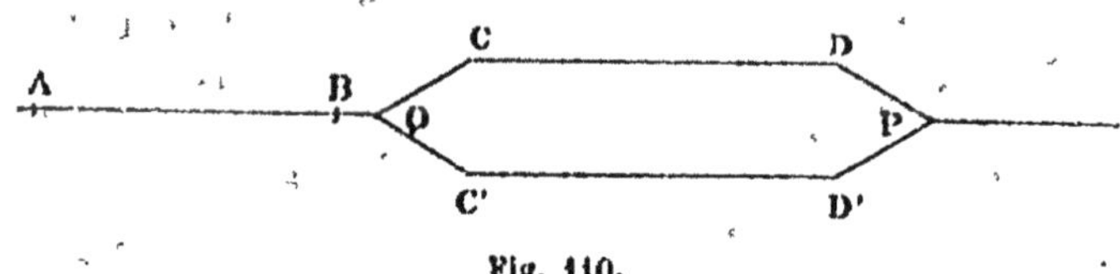

Fig. 110.

qui circule dans le conducteur AB (*fig.* 110) à travers deux circuits identiques OCDP, OC'D'P (*circuits dérivés*).

La quantité d'électricité qui passe pendant l'unité de temps à travers une section A du conducteur AB est égale à la somme des quantités d'électricités qui, pendant le même temps, traversent les sections C et C' des deux circuits dérivés ; autrement il y aurait accumulation d'électricité dans certaines régions des circuits, ce qui est contraire à l'expérience, comme nous l'avons déjà dit. Mais les circuits dérivés étant identiques il est évident que la quantité d'électricité qui traverse la section C est égale à celle qui traverse la section C' ; par conséquent chacune de ces quantités est la moitié de celle qui traverse la section A. L'intensité du courant dans l'un des circuits dérivés est donc la moitié de l'intensité dans le circuit principal AB. En mesurant les différences de potentiel entre les extrémités de deux conducteurs identiques AB et CD, situés le premier sur le courant principal, le second sur l'un des circuits dérivés on constate que la première différence est double de la seconde.

Si au lieu de prendre deux circuits dérivés on en prenait trois, identiques entre eux, on démontrerait comme précédemment que l'intensité dans l'un d'eux est le tiers de l'intensité du courant principal, et on vérifierait la loi comme dans le premier cas. On peut de même démontrer expérimentalement la loi dans le cas où les intensités sont dans le rapport de 1 à 4, de 1 à 5 et d'une façon générale de 1 à n, n étant un nombre entier quelconque.

Étendons la démonstration au cas où le rapport des intensités est une fraction quelconque. Pour cela, supposons qu'après avoir fait passer le courant dans p_1 bifurcations identiques, on le fasse ensuite passer dans p_2 nouvelles bifurcations identiques entre elles, et prenons trois conducteurs identiques, AB, C_1D_1, C_2D_2, respectivement placés dans le circuit principal, dans l'un des p_1 premiers circuits dérivés et dans l'un des p_2 autres circuits dérivés. Si V, v_1 et v_2 sont les différences de potentiel aux extrémités de ces conducteurs, d'après ce qui vient d'être démontré, on a :

$$\frac{V}{I}=\frac{v_1}{i_1}$$

et

$$\frac{V}{I}=\frac{v_2}{i_2}$$

I, i_1 et i_2 étant les intensités dans AB, C_1D_1, C_2D_2. En égalant les seconds membres de ces deux égalités, il vient

$$\frac{v_1}{i_1}=\frac{v_2}{i_2},$$

c'est-à-dire que les différences de potentiel aux extrémités des deux conducteurs C_1D_1 et C_2D_2 sont proportionnelles aux intensités des courants qui les traversent. Or, puisque $I = p_1 i_1$ et $I = p_2 i_2$ le rapport des intensités i_1 et i_2 est un nombre fractionnaire $\frac{p_2}{p_1}$.

La troisième loi d'Ohm étant démontrée dans le cas où le rapport des intensités est un nombre fractionnaire quelconque, est par conséquent exacte encore quand ce rapport est un nombre incommensurable.

Résistance d'un conducteur. — Considérons un conducteur homogène, mais de forme quelconque, traversé par un courant : *la forme des surfaces équipotentielles est indépendante de l'intensité du courant; la différence des potentiels de deux points appartenant à des surfaces équipotentielles différentes est proportionnelle à l'intensité.*

La première propriété peut être déduite rigoureusement des lois d'Ohm (Voir note D) ; mais elle peut aussi être établie facilement par l'expérience directe dans le cas où le conducteur est liquide. A cet effet, on plonge dans le liquide les extrémités de deux fils conducteurs isolés sur tout leur pourtour par une couche de gutta-percha par exemple, et en relation avec les quadrants d'un électromètre ; on laisse l'un des fils immobile et on déplace l'autre de telle manière que l'aiguille de l'électromètre reste immobile ; le lieu des points occupés par l'extrémité mobile est une surface équipotentielle. On constate quelle conserve la même forme quelle que soit l'intensité du courant. Dans le cas d'un conducteur solide, on peut vérifier de même que les *lignes équipotentielles* à la surface du conducteur ont une forme indépendante de l'intensité du courant. On s'assure du reste que l'intensité des courants que l'on fait passer successivement dans ces conducteurs n'est pas la même en prenant la différence de potentiel aux extrémités d'un conducteur cylindrique AB (*fig.* 111) traversé par le même courant que le conducteur de forme quelconque.

Si on prend le rapport $\frac{v}{V}$ de la différence de potentiel v de deux points quelconques P et P' des surfaces ou des lignes

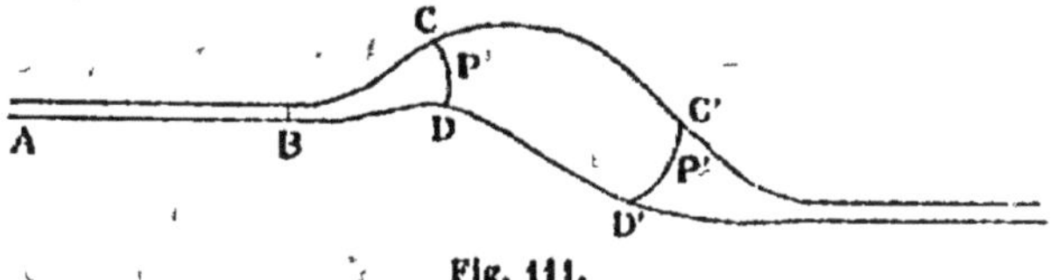

Fig. 111.

équipotentielles CD et C' D' et de la différence de potentiel V des extrémités du conducteur cylindrique AB, on constate que ce rapport est indépendant de l'intensité. Comme d'après la troisième loi d'Ohm, V est proportionnel à i, il faut donc que v soit également proportionnel à i. Le rapport $\frac{v}{i}$ s'appelle la *résistance* de la portion du conducteur comprise entre les surfaces équipotentielles CD et C'D'.

Cas de plusieurs conducteurs. — Prenons un conducteur homogène AB, traversé par un courant d'intensité i, et décomposons-le en une série de conducteurs partiels séparés

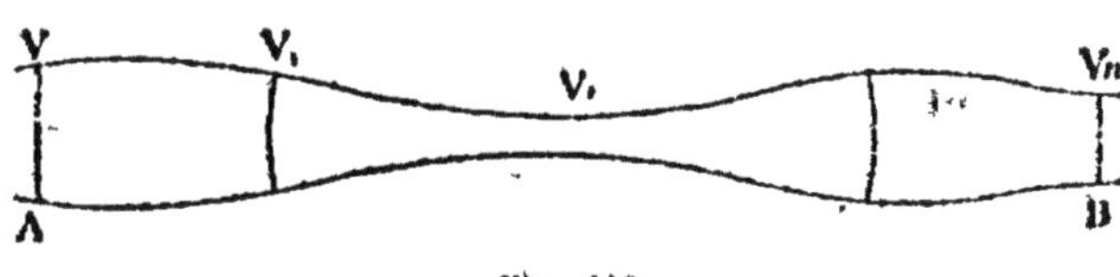

Fig. 112.

par des surfaces équipotentielles (*fig.* 112) dont les potentiels sont V, V_1, V_2, ... V_n. Si r_1, r_2 ... r_n sont les résistances des conducteurs partiels, on a, d'après la définition de la résistance

$$V - V_1 = ir_1,$$
$$V_1 - V_2 = ir_2,$$
$$\cdot \quad \cdot \quad \cdot \quad \cdot \quad \cdot \quad \cdot \quad \cdot$$
$$V_{n-1} - V_n = ir_n;$$

d'où en additionnant

$$V - V_n = i(r_1 + r_2 \dots + r_n).$$

Or le quotient $\frac{V - V_n}{i}$ est, par définition, la résistance r du conducteur AB; nous avons donc :

$$r = r_1 + r_2 + \dots + r_n,$$

Ainsi la résistance d'un conducteur homogène est la somme des résistances de ses divers tronçons.

Dans le cas d'un conducteur hétérogène formé par une suite de conducteurs homogènes de natures différentes, par définition, nous appellerons encore *résistance* de ce conducteur la somme des résistances des conducteurs homogènes qui le composent. Nous verrons plus loin que la résistance d'un conducteur hétérogène ainsi définie n'est pas toujours égale au quotient de la différence de potentiel à ses extrémités par l'intensité du courant qui passe, à cause des forces électromotrices dont le conducteur peut être le siège.

Expression de la résistance d'un conducteur cylindrique en fonction de ses dimensions. — Résistance spécifique. — Soit ρ la résistance d'un conducteur cylindrique homogène, limité par deux sections droites dont la surface est égale à l'unité d'aire, et dont la distance est égale à l'unité de longueur. Si ce conducteur est traversé par un courant d'intensité i, la différence de potentiel entre ses extrémités est :

$$v = i\rho.$$

D'après les deux premières lois d'Ohm, la différence de potentiel entre les extrémités d'un conducteur cylindrique de même nature mais de longueur l et de section s sera

$$V = \frac{i\rho l}{s}.$$

De cette relation on tire pour la résistance de ce conducteur

$$r = \frac{V}{i} = \frac{\rho l}{s};$$

La résistance d'un conducteur homogène et cylindrique est donc *proportionnelle à sa longueur et en raison inverse de sa section.*

Si nous prenons deux conducteurs de même longueur, de même section et de nature différente, traversés par un courant d'intensité i, les différences de potentiel de leurs extrémités seront

$$V_1 = \frac{i\rho_1 l}{s} \quad \text{et} \quad V_2 = \frac{i\rho_2 l}{s}.$$

Or, l'électromètre permet de constater que ces différences de potentiel ont, en général, des valeurs différentes; par conséquent ρ_1 et ρ_2 n'ont pas la même valeur. Ces quantités, qui ne dépendent que de la nature du conducteur sont appelées *résistances spécifiques.*

Ainsi *la résistance spécifique d'une substance est la résistance d'un conducteur cylindrique de longueur* 1 *et de section* 1 *formé avec cette substance.*

Application des lois d'Ohm à la pile. — Les lois

d'Ohm permettent de trouver une relation très simple entre l'intensité du courant fourni par une pile, la force électromotrice de cette pile et la résistance totale des conducteurs traversés par le courant en s'appuyant, en outre, sur le fait expérimental suivant :

Si on réunit aux quadrants d'un électromètre deux points *a* et *b* (*fig.* 113) de deux conducteurs A et B traversés par un courant, on constate généralement l'existence d'une diffé-

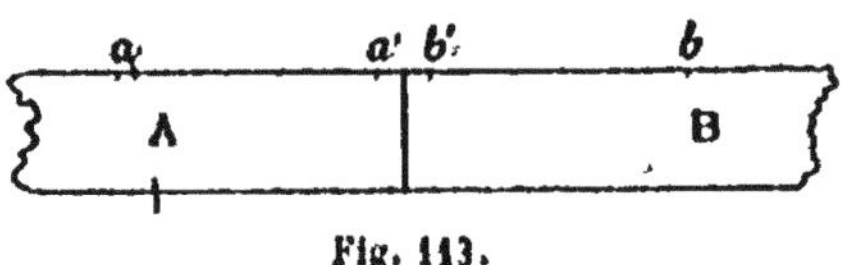

Fig. 113.

rence de potentiel entre ces points. Lorsque les points *a* et *b* se rapprochent en même temps de la surface de contact des conducteurs, cette différence de potentiel commence par varier, puis devient constante quand les points sont à une très petite distance de la surface de contact, en *a'* et *b'*. La déviation de l'aiguille est alors indépendante de la valeur de l'intensité du courant, et reste encore la même quand l'intensité devient nulle. Ainsi le *saut de potentiel* quand on traverse la surface de contact conserve la même valeur que le courant passe ou ne passe pas.

Prenons maintenant une pile formée par une chaîne de

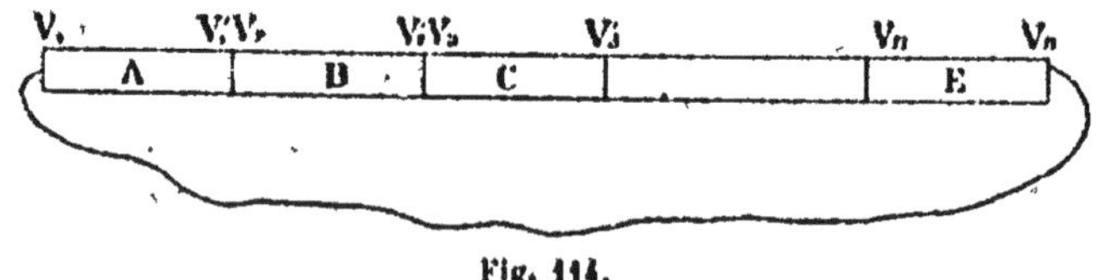

Fig. 114.

conducteurs A, B, C,... (*fig.* 114) dont les extrêmes A et E, de même nature, forment les pôles, et supposons qu'un courant passe dans cette chaîne de conducteurs, par une cause quelconque. Appelons $V_1, V_2, V_3 \dots V_n$ les potentiels des extrémités gauches des divers conducteurs, $V'_1, V'_2, V'_3 \dots V'_n$ les potentiels des extrémités droites, et $r_1, r_2 \dots r_n$ les résistances; nous avons

$$V_1 - V'_1 = ir_1,$$
$$V_2 - V'_2 = ir_2,$$
$$\cdots\cdots$$
$$V_n - V'_n = ir_n,$$

En additionnant membre à membre, nous obtenons

$$V_1 + [(-V'_1 + V_2) + (-V'_2 + V_3) + \dots + (-V'_{n-1} + V_n)] - V'_n = i\sum r = iR$$

R étant la résistance totale du circuit

La différence $V_2 - V'_1$ représente le saut brusque de potentiel quand on traverse la surface de séparation des conducteurs A et B ; d'après ce qui précède, elle est indépendante de l'intensité du courant. Chacun des groupes de deux termes qui se trouvent entre crochets dans l'égalité précédente, ayant une signification analogue, la valeur de la quantité entre crochets est indépendante de l'intensité; désignons par E cette valeur. Nous avons alors

$$V_1 - V'_n + E = iR$$

ou en représentant pour abréger l'écriture par v la différence de potentiel $V_1 - V'_n$ des extrémités de la chaîne.

$$v + E = iR. \quad (1)$$

Pour avoir la signification de la constante E faisons $i = o$, il vient

$$E = -v.$$

Or, le courant ne passant pas, il y a équilibre électrique, et la différence de potentiel $-v$ des pôles de la pile est, par définition, sa force électromotrice : ainsi, la constante E est la force électromotrice de la pile considérée. On voit que dans la formule (1), E doit être pris comme une quantité positive si le courant va dans la pile du pôle négatif au pôle positif, comme une quantité négative dans le cas contraire.

Si la chaîne de conducteurs a une force électromotrice nulle ($E = 0$), l'égalité (1) devient

$$v = iR \tag{2}$$

c'est-à-dire qu'on a la même relation que dans le cas d'un conducteur homogène. Tel est le cas, par exemple, d'une chaîne composée de métaux, ou d'autres conducteurs obéissant à la loi de Volta, et terminée par deux mêmes métaux.

Supposons maintenant que nous réunissions directement les deux pôles de la pile A et E, nous aurons $V'_n = V_1$ ou $v = 0$, la relation générale (1) devient dans ce cas

$$E = iR$$

d'où

$$i = \frac{E}{R} \tag{3}$$

l'intensité du courant est égale au quotient de la force électromotrice de la pile par la résistance totale du circuit.

Faisons remarquer que quels que soient les conducteurs qui forment le circuit fermé comprenant la pile, on peut toujours couper en deux un des conducteurs et prendre pour pôles A et E de la pile les deux tronçons de ce conducteur, ce qui rend la démonstration ci-dessus tout à fait générale.

Pour les applications, il est commode de distinguer dans la résistance totale du circuit R qui figure dans la formule (3), la résistance de la pile proprement dite R_1, et la résistance du conducteur qui réunit ses pôles R_2; puisqu'on a $R = R_1 + R_2$, la formule (3) devient

$$i = \frac{E}{R_1 + R_2}, \tag{4}$$

Courants dérivés. — Lois de Kirchhoff. — Quand un conducteur PA (*fig.* 115) se bifurque en deux ou plusieurs branches ACB, ADB, AEF qui se réunissent plus loin, on donne le nom de *circuit dérivé* à l'une quelconque de ces branches ADB, et, par opposition, le nom de *circuit principal* au conducteur FPA. On désigne de même sous le nom de *courant dérivé* et de *courant principal* le courant qui passe dans l'un des circuits dérivés et dans le circuit principal.

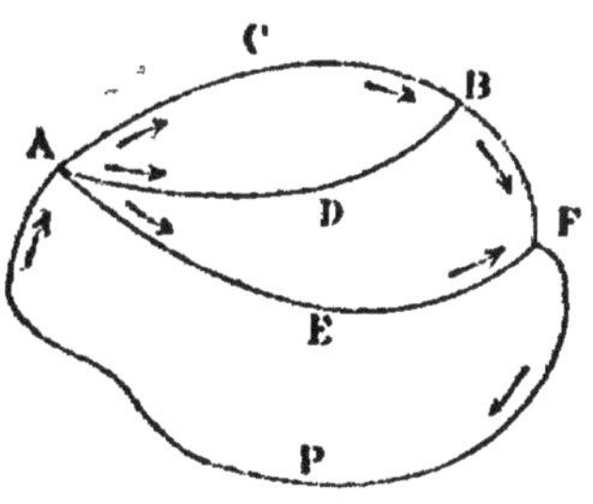

Fig. 115.

On doit à Kirchhoff d'avoir donné les lois des courants dérivés.

Considérons plusieurs conducteurs aboutissant à un point de bifurcation O (*fig.* 116) : *la somme des intensités des courants qui se dirigent vers le point de bifurcation* (AO, BO) *est égale à la somme des intensités des courants qui s'en éloignent* (OA', OB'). C'est-à-dire

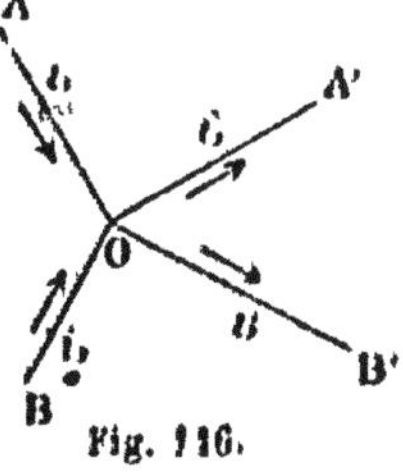

Fig. 116.

qu'on a :

$$(5) \qquad i_1 + i_2 + \ldots = i'_1 + i'_2 + \ldots$$

Si, en effet, il n'en était pas ainsi, il y aurait accumulation ou diminution d'électricité positive au point de bifurcation, et la différence du potentiel, entre ce point et un autre point du circuit, ne demeurerait pas constante comme le montre l'expérience. Telle est la première loi de Kirchhoff.

Considérons maintenant un circuit fermé ABCDEA (*fig.* 117), faisant partie d'un réseau de circuits dérivés, et communiquant avec les autres parties du réseau par les points de jonction A, B, C... E. Supposons d'abord que tous ces points de jonction soient formés par un même métal. Chacun des circuits AB, BC, etc..., a une résistance r et une force électromotrice e bien déterminée ; rappelons que celle-ci est la différence de potentiel qui existe entre A et B dans l'état d'équilibre quand aucun courant ne traverse ce circuit. Désignons par i_1, i_2, i_3,... i_n les intensités des courants, par R_1, R_2, R_3,... R_n les résistances, par e_1, e_2, e_3,... e_n les forces électromotrices pour chaque circuit AB, BC, CD... EA, enfin par V_1, V_2, V_3,... V_n les potentiels des points de jonction A, B, C,... E. Convenons de regarder chacune des grandeurs i_1, i_2,... i_n, comme une quantité positive

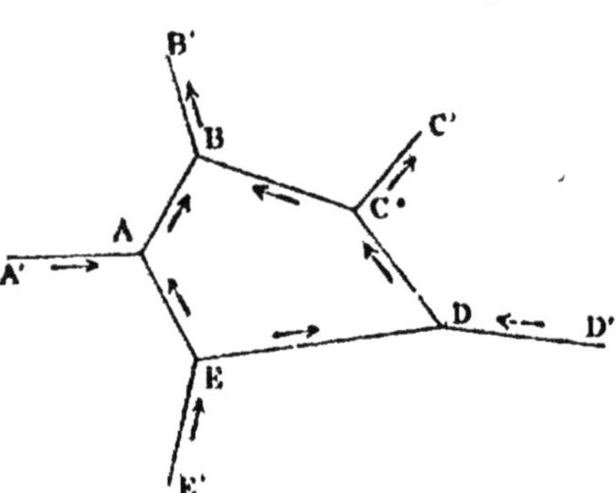

Fig. 117.

si le courant correspondant tourne dans le sens des aiguilles d'une montre, et comme une quantité négative s'il tourne en sens inverse; convenons, en outre, de regarder chacune des grandeurs e_1, e_2,... e_n comme une quantité positive, si la force électromotrice correspondante, existant seule dans le circuit fermé, fait tourner le courant dans le sens des aiguilles d'une montre (*courant positif*) et comme une quantité négative dans le cas inverse; alors en appliquant la formule d'Ohm (1) à chacun de ces circuits on a en toute généralité :

$$\begin{aligned} V_1 - V_2 + e_1 &= i_1 R_1 \\ V_2 - V_3 + e_2 &= i_2 R_2 \\ V_3 - V_4 + e_3 &= i_3 R_3 \\ \cdot\ \cdot\ \cdot\ \cdot\ \cdot & \cdot\ \cdot\ \cdot\ \cdot \\ V_n - V_1 + e_n &= i_n R_n . \end{aligned}$$

En ajoutant membre à membre ces égalités, les différences de potentiel V_1, V_2, V_3,... V_n disparaissent et il reste :

$$e_1 + e_2 + e_3 + \ldots + e_n = i_1 R_1 + i_2 R_2 + i_3 R_3 + \ldots + i_n R_n$$

ou bien, pour abréger l'écriture :

$$\sum e = \sum iR$$

Or la quantité $\sum e$ est la force électromotrice totale E qui se trouve dans le circuit fermé, c'est-à-dire la différence de potentiel qui existerait entre les deux extrémités de ce circuit si on venait à le couper en un point, et si aucune de ses parties n'était traversée par un courant; d'où :

$$E = \sum iR \tag{6}$$

Supposons maintenant que les points de jonction soient constitués par des conducteurs de nature quelconque. Substituons au conducteur primitif un conducteur formé d'un même métal, pour chacun des points de jonction, s'étendant à une distance infiniment petite du point de jonction dans toutes les directions (AA', AB, AE) et, par conséquent, infiniment peu résistant. La force électromotrice totale du circuit ouvert en équilibre électrique ne sera pas changée, car les différences de potentiel qu'on trouve aux deux circuits entre le métal introduit et le conducteur primitif se détruisent. D'autre part, en circuit fermé, l'intensité du courant pour chaque branche restera la même qu'avant, puisque nous n'avons fait varier que d'une quantité infiniment petite les résistances et que les sauts de potentiels au contact introduits se détruisent deux à deux. Comme nous sommes ramenés ainsi au premier cas considéré, ces intensités satisfont à la relation (6); celle-ci subsiste donc quelle que soit la nature des points de jonction. Cette relation (6) exprime la seconde loi de Kirchhoff :

La somme des produits de l'intensité par la résistance pour chaque portion d'un circuit fermé égale la force électromotrice totale dont ce circuit est le siège.

Les deux lois de Kirchhoff suffisent à trouver l'intensité du courant dans un réseau de circuits dérivés, quand les forces électromotrices et les résistances de chaque circuit sont connues.

Cas de plusieurs conducteurs dérivés réunis par leurs extrémités. — Considérons le cas de plusieurs conducteurs ACB, ADB, AEB,... etc., réunis par leurs extrémités (*fig.* 118), ne contenant pas de force électromotrice et traversés simultanément par un même courant. Désignons par $r_1, r_2, r_3,\ldots$ les résistances de ces conducteurs, par $i_1, i_2, i_3\ldots$ les intensités des courants qui les traversent ; la

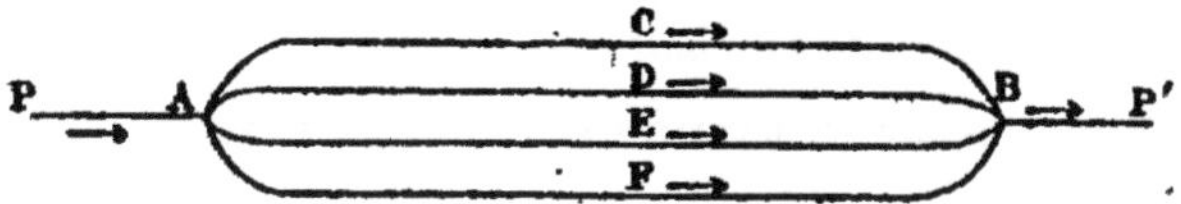

Fig. 118.

différence de potentiel V — V' des extrémités A et B est donnée par :

$$V - V' = i_1 r_1 = i_2 r_2 = i_3 r_3 = \ldots.$$

ou

$$V - V' = \frac{i_1}{\left(\frac{1}{r_1}\right)} = \frac{i_2}{\left(\frac{1}{r_2}\right)} = \frac{i_3}{\left(\frac{1}{r_3}\right)} = \cdots$$

On tire de là

$$(7) \qquad V - V' = \frac{i_1 + i_2 + i_3 + \cdots}{\frac{1}{r_1} + \frac{1}{r_2} + \frac{1}{r_3} + \cdots} = \frac{I}{\frac{1}{R}} = IR$$

I étant le courant passant dans le circuit principal PA ou BP', d'après la première loi de Kirchhoff, et $\frac{1}{R}$ étant donné par la relation

$$(8) \qquad \frac{1}{R} = \frac{1}{r_1} + \frac{1}{r_2} + \frac{1}{r_3} + \cdots$$

On voit par la relation (7) que l'ensemble des conducteurs ACD, ADB, AEB, etc... se comporte comme un conducteur unique dont la résistance R est donnée par la relation (8).

Comme l'inverse d'une résistance $\frac{1}{r}$ s'appelle la *conductibi-*

lité du conducteur, la propriété que nous venons de trouver peut être énoncée ainsi :

La conductibilité d'un ensemble de conducteurs dérivés réunis à leurs extrémités est égale à la somme des conductibilités de chacun de ces conducteurs.

Influence de la grandeur et de la nature d'une pile sur la valeur de l'intensité. — La relation $i = \frac{E}{R_1 + R_2}$ (établie p. 301), montre que pour une même force électromotrice l'intensité du courant est d'autant plus grande que la résistance extérieure R_2 et la résistance R_1 de la pile sont plus petites. Il y a donc intérêt à prendre une pile de faible résistance quand on veut un courant de grande intensité.

La résistance d'une pile est la somme des résistances des conducteurs qui la composent. Mais dans le cas des piles hydro-électriques, les conducteurs métalliques ont toujours une résistance négligeable vis-à-vis des conducteurs électrolytiques, car la résistance spécifique d'un électrolyte est environ cent mille ou un million de fois plus grande que celle d'un métal.

Si nous supposons la pile formée d'un liquide électrolytique contenu dans une auge rectangulaire aux extrémités de laquelle se trouvent des électrodes ayant une surface égale à la section de l'auge, la résistance de ce liquide est :

$$R = \frac{\rho l}{s},$$

ρ étant la résistance spécifique, s la section de l'auge et l la distance des électrodes. Il faut donc, pour avoir une grande intensité, prendre une auge de grande section et placer les électrodes à une distance très petite.

Les électrodes ont souvent la forme de cylindres concentriques; dans ce cas, l'intensité du courant est d'autant plus grande que leur hauteur et leurs rayons de base sont plus grands, et qu'elles sont plus rapprochées.

La nature du liquide électrolytique a une influence considérable sur la valeur de l'intensité, puisque la résistance de la pile dépend de la résistance spécifique ρ. Ainsi, dans un circuit extérieur peu résistant, un élément Bunsen donne un courant beaucoup plus intense que deux éléments Daniell de même dimension réunis en tension, quoique la pile formée par les deux éléments Daniell ait une force électromotrice un peu plus grande que l'élément Bunsen.

Association des éléments de pile en quantité. — Avec n éléments de pile identiques, on peut avoir l'équivalent d'un seul élément n fois moins résistant, en réunissant ensemble les pôles négatifs A, B, C (*fig.* 119) et en réunissant de même les pôles positifs A', B', C' (*association en quantité*). Supposons, en effet, que l'ensemble soit traversé par un courant entrant par le conducteur NM et sortant par LK; ce courant va se partager entre les n éléments. Désignons par V_1 et V_2 les potentiels des points M et L, par j

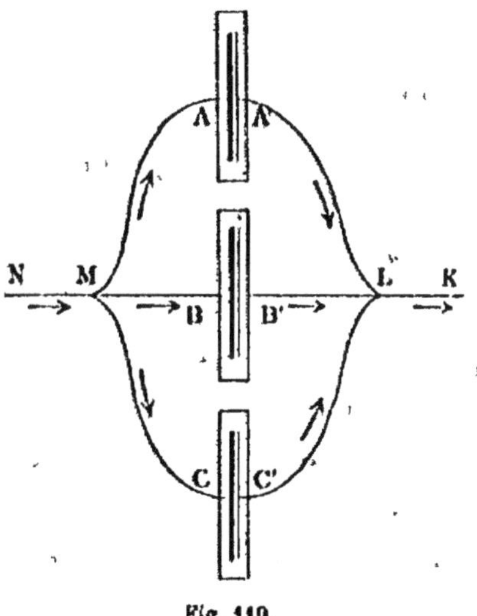

Fig. 119.

l'intensité du courant qui passe dans un des éléments, par E sa force électromotrice, par r sa résistance ; la formule d'Ohm (1) donne la relation :

$$V_1 - V_2 + E = jr.$$

Si les éléments sont identiques, E et r étant les mêmes pour chacun, la relation ci-dessus montre que l'intensité j du courant qui les traverse est aussi la même. D'ailleurs, d'après la première loi de Kirchhoff, l'intensité i du courant qui passe dans les conducteurs NM et LK est donnée par $i = nj$; en remplaçant dans la relation ci-dessus j par $\frac{i}{n}$, elle devient :

$$V_1 - V_2 + E = i \cdot \frac{r}{n},$$

ce qui est précisément la relation que donnerait un seul élément de pile P de même force électromotrice E que chacun des éléments considérés, mais dont la résistance R serait égal à $\frac{r}{n}$. L'ensemble des n éléments associés ainsi en quantité est donc, quel que soit le circuit dans lequel on le place, équivalent à l'élément P.

Divers modes d'association des éléments de pile suivant la valeur de la résistance extérieure. — Supposons une pile placée dans un circuit. Si la résistance extérieure R_2 est très grande, on peut négliger la résistance de la pile vis-à-vis de R_2 et la formule (4) donne pour l'intensité

$$i = \frac{E}{R_2}.$$

Lorsque la pile est formée par n éléments réunis en tension, la force électromotrice E est égale à n fois la force électromotrice e d'un élément ; par conséquent, dans ce cas, l'intensité

$$i = \frac{ne}{R_2}$$

croît proportionnellement au nombre des éléments de la pile.

Si, au contraire, la résistance extérieure est très faible, on peut négliger R_2 vis-à-vis de R_1, et lorsque la pile est formée d'éléments identiques de même résistance r réunis en tension, on a :

$$i = \frac{E}{R_1} = \frac{ne}{nr} = \frac{e}{r}.$$

L'intensité du courant est alors indépendante du nombre d'éléments ; par suite, il n'y a aucun avantage à prendre une pile formée d'un grand nombre d'éléments en tension ; mais il y a intérêt à donner à la pile une résistance très faible.

Si l'on associe les n éléments en quantité, nous avons vu que l'on a ainsi l'équivalent d'un seul élément de force électromotrice e et de résistance $\frac{r}{n}$; dans le cas d'une résistance extérieure négligeable, l'intensité du courant est donc donnée alors par

$$i = \frac{e}{\frac{r}{n}} = \frac{ne}{r},$$

l'intensité est proportionnelle au nombre des éléments associés en quantité.

Prenons maintenant le cas intermédiaire où les résistances R_1 et R_2 sont du même ordre de grandeur et cherchons quel est le mode d'accouplement donnant avec un même nombre d'éléments la plus grande intensité.

Supposons le nombre n des éléments égal au produit pq de deux nombres entiers p et q. Si nous associons p de ces éléments en quantité, nous obtenons une pile de force électromotrice e et de résistance $\frac{r}{p}$. Nous pouvons former q piles semblables, et si nous les accouplons en tension, l'intensité du courant obtenu en fermant la pile sur la résistance R_2 est

$$i = \frac{qe}{q\frac{r}{p} + R_2} = \frac{pqe}{qr + pR_2} = \frac{ne}{qr + pR_2}.$$

Le numérateur de cette expression étant constant, pour un nombre total d'éléments déterminé n, l'intensité est maximum quand le dénominateur $qr + pR_2$ est minimum. Or le produit $qr \times pR_2 = nrR_2$ est constant ; par conséquent, le minimum du dénominateur a lieu pour

$$qr = pR_2.$$

On devra donc prendre pour p et q les deux nombres entiers les plus voisins des valeurs qui satisfont à l'égalité précédente et à l'égalité $pq = n$.

Remarquons que la condition $qr = pR_2$ donne pour la résistance extérieure

$$R_2 = q\frac{r}{p}.$$

Or, le second membre de cette relation est précisément la

résistance de la pile ; par conséquent, pour que l'intensité du courant soit *maximum*, il faut que la résistance extérieure soit égale à la résistance intérieure de la pile.

Différence de potentiel des pôles d'une pile en circuit fermé. — Lorsque les pôles d'une pile sont réunis par un conducteur qui n'est le siège d'aucune force électromotrice et dont la résistance est R_2, la différence de potentiel entre ces pôles est, d'après la formule (2)

$$v = iR_2.$$

Mais l'intensité du courant est donnée par la formule (4) :

$$i = \frac{E}{R_1 + R_2};$$

par conséquent, on a pour la différence de potentiel v,

$$v = \frac{ER_2}{R_1 + R_2}.$$

Si la résistance R_2 du conducteur extérieur est très petite, v est très petit. Par conséquent, dans ces conditions, la différence de potentiel des pôles en circuit fermé est très inférieure à la différence de potentiel E qu'ils présentent en circuit ouvert.

Si, au contraire, la résistance R_2 est très grande, la différence de potentiel des pôles en circuit fermé est très sensiblement égale à la force électromotrice de la pile E. C'est ce qui se présentera quand les pôles de la pile sont réunis par une substance isolante comme le verre, la résine, la soie : les substances dites isolantes possédant une résistance considérable quand on les considère comme conducteurs.

Quand la résistance de la pile R_1 est faible, il n'y a même pas besoin d'avoir recours à des substances aussi isolantes pour supporter les pôles ou les conducteurs qui les prolongent ; les corps médiocres conducteurs comme le bois, l'ivoire, etc., produisent en général un isolement suffisant, parce que la résistance R_2 des conducteurs qu'ils constituent entre les pôles est tellement grande vis-à-vis de la résistance R_1 de la pile que la différence de potentiel des pôles v diffère à peine de la force électromotrice de la pile E. Mais, plus la pile est résistante, plus il faut prendre de précautions pour l'isolement des pôles ; ainsi pour des piles formées d'un grand nombre de petits éléments accouplés en tension, il faut isoler les pôles avec le même soin que les pôles d'une machine électrostatique.

Mesure relative des intensités de courant. — La relation d'Ohm $v = iR$ permet de mesurer le rapport des intensités de deux courants au moyen d'un électromètre.

En effet, les différences de potentiel des extrémités de deux conducteurs de même résistance R, traversés par des courants d'intensité i et i', sont

$$v = iR \quad \text{et} \quad v' = i'R,$$

et de ces égalités on tire

$$\frac{i'}{i} = \frac{v'}{v}.$$

Cette méthode de mesure est très souvent employée aujourd'hui.

Mesure relative des résistances. — Une seconde application de la relation d'Ohm est la mesure relative des résistances. On fait passer un même courant dans les deux résistances à comparer, et on mesure les différences de potentiel aux extrémités de chacune d'elles ; le rapport des différences de potentiel donne le rapport des résistances.

Les deux mesures de différences de potentiel nécessaires pour cette méthode ne peuvent, en général, se faire simultanément ; or si le courant varie d'intensité dans l'intervalle des mesures celles-ci seront faussées. Il existe plusieurs autres méthodes pour mesurer le rapport de deux résistances qui ne présentent pas cet inconvénient ; nous nous bornerons à décrire la méthode dite du *pont de Wheatstone* qui est la plus employée aujourd'hui.

Supposons que le circuit principal contenant la pile P (*fig.* 120) se bifurque en deux circuits dérivés QUS et QTS ne contenant aucune force électromotrice.

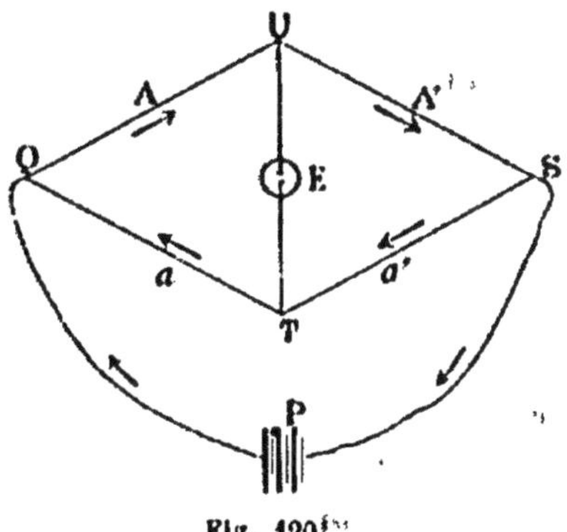

Fig. 120.

Cherchons les conditions pour que deux points U et T des circuits dérivés soient au même potentiel ; désignons par A, A' *a*, *a'* les résistances des quatre *branches du pont* QU, US, QT et TS. Appelons I et *i* les intensités des courants qui passent dans les circuits dérivés QUS et QTS, et appliquons la deuxième loi de Kirchhoff au circuit fermé QUSTQ ; comme il n'y a aucune force électromotrice dans ce circuit, on a la relation

$$(A + A')\,I - (a + a')\,i = o,$$

ou

$$(\alpha) \qquad (A + A')\,I = (a + a')\,i.$$

Désignons par V le potentiel du point Q, le potentiel V' de U et celui V'' de T sont donnés par

$$V' = V - AI,$$
$$V'' = V - ai,$$

d'où :

$$V' - V'' = ai - AI.$$

Si nous voulons avoir $V' = V''$, il faut donc avoir

$$(\beta) \qquad AI = ai.$$

En divisant membre à membre les égalités (α) et (β) il vient

$$\frac{A + A'}{A} = \frac{a + a'}{a},$$

ou en simplifiant :

$$(7) \qquad \frac{A'}{A} = \frac{a'}{a}.$$

Telle est la condition nécessaire, et du reste suffisante, pour que les points U et T aient le même potentiel.

Si donc, on met dans deux branches du pont des résistances inconnues A et A', qu'on mette dans les deux autres branches des résistances a et a' variables à volonté, dont le rapport soit constamment connu, et qu'on fasse varier celles-ci de façon à amener l'égalité entre les potentiels des points U et T, le rapport connu $\frac{a'}{a}$ sera alors égal au rapport $\frac{A'}{A}$ des résistances inconnues.

Pour apprécier l'égalité de potentiel entre les points U et T, on peut se servir d'un électromètre quelconque pourvu qu'il soit suffisamment sensible. *L'électromètre capillaire* de M. Lippmann qui est sensible à $\frac{1}{3\,000\,000}$ d'unité électrostatique est très convenable pour cet usage [1].

Mais on peut constater l'égalité de potentiel entre les points U et T en joignant ces points par le fil d'un galvanomètre E et en constatant, avec cet instrument, qu'aucun courant ne passe dans le *pont* UET. C'est ce qu'on fait le plus habituellement. Le galvanomètre est même plus sensible que l'électromètre capillaire dans le cas où les résistances A, A', *a*, *a'* ne sont pas très grandes.

Pour avoir des résistances *a* et *a'* variables, mais dont le rapport soit connu, on peut constituer le circuit QTS par un

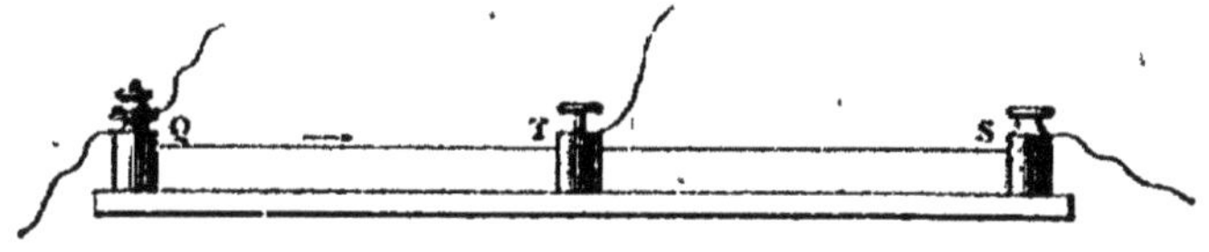

Fig. 121.

fil métallique bien cylindrique (*fig.* 121) ; un curseur métallique T en contact permanent avec le fil, ou ne touchant celui-ci qu'au moment où l'on veut constater l'égalité de potentiel, est relié à l'une des bornes du galvanomètre ou de l'électromètre. Une règle graduée parallèle au fil QS donne les longueurs QT et TS et fait connaître ainsi le rapport des deux résistances *a* et *a'* égal au rapport de ces longueurs. Cet appareil est connu sous le nom de *rhéostat de Pouillet*.

(1) Voir la note de la page 324.

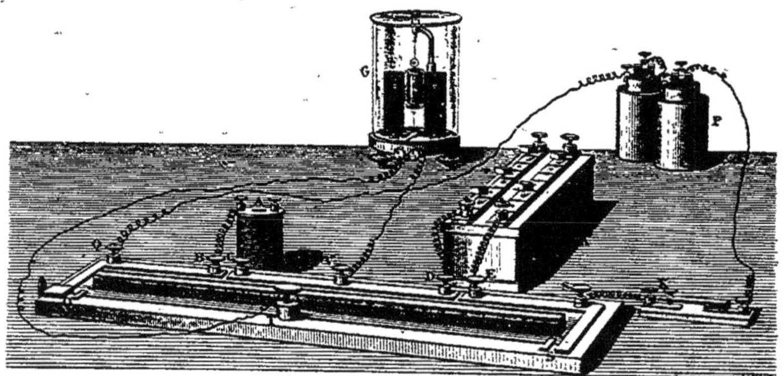

Fig. 122.

La figure 122 représente la disposition pratique employée dans ce cas et qui est connue sous le nom de *pont à corde*. On intercale les résistances à comparer A et A' entre les bornes B,C et D,E. Les conducteurs intermédiaires sont formés par des barres de cuivre dont la résistance est absolument négligeable. En appuyant sur la tête du curseur T, on établit son contact avec le fil et l'on ferme en même temps le pont qui renferme le galvanomètre G, de façon à voir si l'aiguille dévie.

Mais le plus souvent, on se sert pour constituer les branches QT et TS du pont, de résistances fixes dans un rapport connu $\frac{a}{a'}$; on constitue la branche US avec une *boîte de résistance* (1), qui permet d'obtenir toutes les résistances re-

(1) Les boîtes de résistances contiennent une série de bobines B (*fig.* 123), sur lesquelles est enroulé un fil métallique isolé et replié sur lui-même (pour éviter les effets de self-induction). Les extrémités des fils de chaque bobine sont reliées à des pièces métalliques M (*plots*), fixées à une plaque d'ébonite qui forme le couvercle de la boîte et séparées les unes des autres. Des clefs C formées d'une tige métallique légèrement conique et munies d'une tête en ébonite peuvent être introduites entre les plots pour les mettre en communication. Deux bornes telles que V servent à introduire la boîte de résistances dans un circuit.

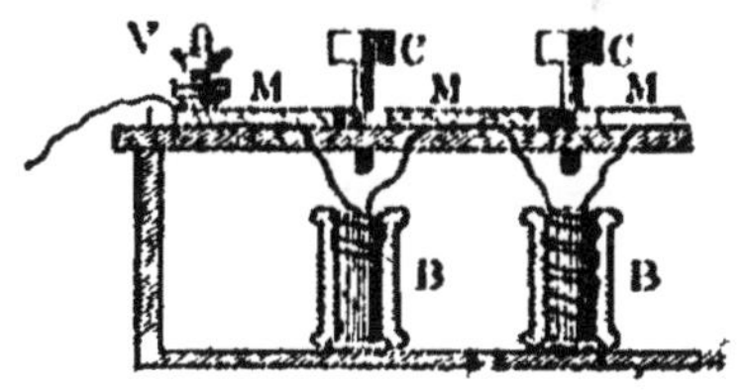

Fig. 123.

Lorsque toutes les clefs sont en place, le courant circule à travers les plots M dont la résistance est négligeable ; mais si on enlève une des clefs le courant est obligé de traverser la bobine correspondante. En prenant des fils de longueur et de grosseur convenables on donne aux bobines des résistances présentant entre elles les mêmes rapports que les masses d'une boîte de poids (1, 2, 2, 5, 10, etc.), et, par suite, permettant d'obtenir par leurs combinaisons des résistances multiples de la plus petite prise comme unité. La figure 122 donne en A' une vue d'ensemble d'une de ces boîtes de résistance.

La figure 124 représente une boîte de résistance beaucoup plus commode. Elle comprend quatre groupes de neuf bobines ; les bobines de chaque

présentées par des nombres entiers compris entre 1 et 10 000, et c'est dans la branche QU qu'on intercale la résistance A à

groupe ont la même résistance et les résistances des bobines des différents groupes sont entre elles comme 1, 10, 100 et 1000. Quatre clefs permettent d'introduire un certain nombre de ces bobines dans le circuit, et les communications sont disposées de telle sorte que ce nombre est indiqué par le chiffre correspondant à la position de la clef. Ainsi les clefs étant placées comme l'indique la figure, la résistance introduite est de 5432 unités.

Cette boîte porte en outre les deux branches du pont QT et TS contenant chacune quatre bobines valant 10, 100, 1000 et 10000 unités qu'on peut introduire ou supprimer au moyen de clefs. La boîte forme ainsi trois des

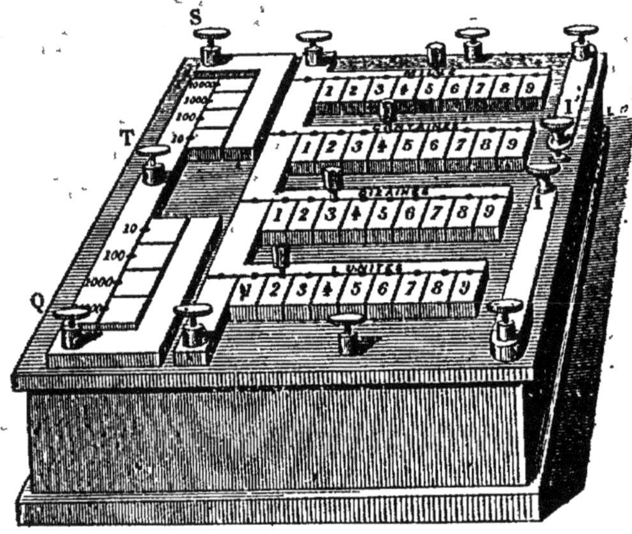

Fig. 124.

branches du pont, la quatrième étant formée par les résistances à mesurer.

Comme les conducteurs s'échauffent par le passage du courant, et que la résistance varie avec la température, on ne doit fermer le circuit principal de la pile qu'au moment de faire l'observation, puis fermer immédiatement après le circuit UET du galvanomètre (pour éviter la déviation momentanée de l'aiguille par les extra-courants d'induction, il faut que le circuit du galvanomètre soit encore ouvert au moment où l'on ferme le circuit de la pile).

mesurer ; quand U et T ont été amenés aux mêmes potentiels, on a

$$A = A' \frac{a}{a'},$$

Mesure de la résistance d'une pile. — Les méthodes que nous venons d'indiquer ne sont applicables que si la résistance à mesurer ne renferme pas de forces électromotrices.

Parmi les nombreuses méthodes qui ont été indiquées pour mesurer la résistance d'une pile, nous nous bornerons à exposer la méthode de Mance qui présente une grande analogie avec la méthode du pont de Wheatstone. Cette méthode offre, sur la plupart des autres méthodes, l'avantage de n'exiger la constance de la force électromotrice de la pile étudiée que pendant un temps très court.

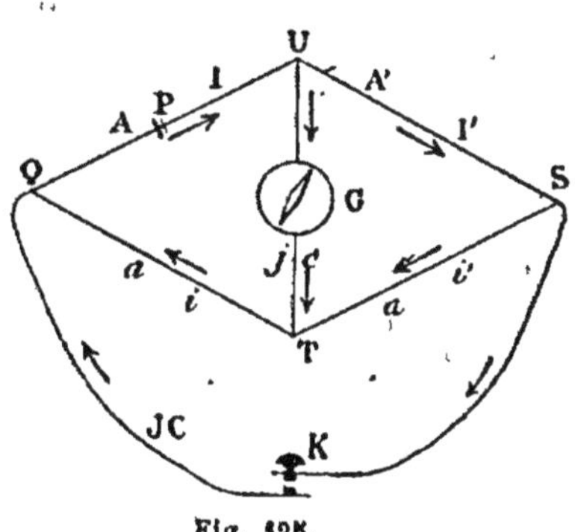

Fig. 125.

La pile P est placée dans une des branches QU (*fig.* 125) d'un pont de Wheatstone, dont le circuit principal SKQ ne renferme pas de pile, mais un interrupteur K. Le galvanomètre G intercalé dans le pont éprouve une déviation quand le circuit principal SKQ est ouvert en K. Si en fermant ce

On ouvre les deux circuits dès qu'on a observé la déviation de l'aiguille ; on modifie les résistances de la boîte, et on fait une nouvelle observation en fermant les circuits dans le même ordre.

Dans la disposition représentée par la figure 122 ces fermetures et ruptures de courants s'effectuent au moyen des interrupteurs K et T ; dans la boîte de résistance à pont de la figure 124, elles sont produites par les interrupteurs I et I'.

circuit la déviation de l'aiguille ne varie pas, on a encore entre les résistances A, A'. a, a' des quatre branches la relation de Wheatstone :

$$\frac{A'}{A} = \frac{a'}{a}.$$

Supposons, en effet, le circuit principal fermé en K ; désignons par I, I', i, i', J et j les intensités dans les branches de résistance A, A', a, a', dans le circuit principal de résistance C et dans le pont de résistance c ; appliquons la première loi de Kirchhoff aux points de bifurcation U, Q et T et la deuxième loi aux circuits fermés

QUSKQ, QTSKQ et USTU,

nous obtenons les six relations

$$I = I' + j, \qquad I = J + i, \qquad i = i' + j,$$
$$AI + A'I' + CJ = E, \qquad CJ - ai - a'i' = 0$$
$$A'I' + a'i' - cj = 0.$$

Ces six équations permettent de trouver les six intensités des courants I, I', i, i', J et j, en fonction de E et des résistances. En particulier on en déduit la relation :

$$j = \frac{(a + a')A'E + (a'A - aA')CJ}{(A + A)(a + a')c + AA'(a + a') + (A + A')aa'}.$$

On voit par là que si l'on a :

$$a'A - aA' = 0 \qquad \text{ou} \qquad \frac{A'}{A} = \frac{a'}{a},$$

l'intensité j du courant qui passe dans le galvanomètre devient indépendante de C et de J ; elle restera donc la même quand on laissera ouvert ou fermé le circuit principal SKQ. Réciproquement si le courant j ne varie pas d'intensité quand on ouvre ou l'on ferme ce circuit, puisque JC varie avec C comme il est facile de s'en assurer d'après les équations de Kirchhoff, il faut avoir $a'A - aA' = o$

On se servira de cette relation pour la mesure de la résistance d'une pile, en constituant la branche QU du pont par la pile à étudier, les branches QT et TS par des résistances connues, US par une boîte de résistance et en faisant varier la résistance A' de cette branche de façon qu'en abaissant la clef K, qui permet de fermer le circuit SKQ, l'aiguille du galvanomètre conserve la même déviation.

Comme il suffit de fermer le circuit SKQ pendant un temps très court pour voir si la déviation de l'aiguille change, la force électromotrice E de la pile n'a pas le temps de varier d'une façon appréciable par le phénomène de polarisation [1].

Moyen d'obtenir des différences de potentiel variables dans un rapport connu. — Compensateur. — La formule d'Ohm permet d'obtenir des différences de potentiel variables à volonté et dans un rapport connu en faisant passer un même courant dans une série de résistances dont les rapports sont déterminés.

Le procédé le plus simple pour obtenir des résistances variant d'une manière continue est de se servir du rhéostat de

(1) Au moment où l'on ferme le circuit SKQ, le courant qui traverse la pile augmente d'intensité ; or cette augmentation amène au bout de peu de temps un affaiblissement plus ou moins notable de la force électromotrice de la pile ; ce phénomène dû aux modifications chimiques des contacts existant dans la pile a reçu le nom de *polarisation*, comme nous l'avons dit plus haut.

Pouillet décrit plus haut (*fig.* 121). On fait passer le courant d'une pile de force électromotrice constante (formée d'éléments Daniell par exemple) dans le fil QS du rhéostat; la différence de potentiel entre la borne Q et le curseur T (supposé d'un même métal) est proportionnelle à la résistance du fil compris entre Q et T, c'est-à-dire proportionnelle à la longueur de cette portion QT du fil donnée immédiatement par la lecture sur la règle graduée.

Une autre manière encore plus commode d'obtenir des différences de potentiel variables et connues consiste à prendre deux boîtes de résistances identiques, comme le montre la figure 126. Le courant fourni par une pile constante pénètre dans la première boîte de résistances S par A et en sort par B, puis passe dans la seconde boîte S'. Supposons que toutes les chevilles de S soient enlevées et que toutes celles de S' soient en place. Dans ce cas la résistance entre les bornes C et D est nulle et la différence de potentiel entre les extrémités E et F des conducteurs de même métal attachés à ces bornes est également nulle. Si on retire une des chevilles de S' et qu'on la place dans le trou correspondant de S, l'intensité du courant ne change pas, car la résistance du circuit de la pile reste la même, puisque par cette opération on supprime une résistance égale à celle qu'on a introduite; mais la résistance entre les bornes C et D n'est plus nulle et les conducteurs E et F sont

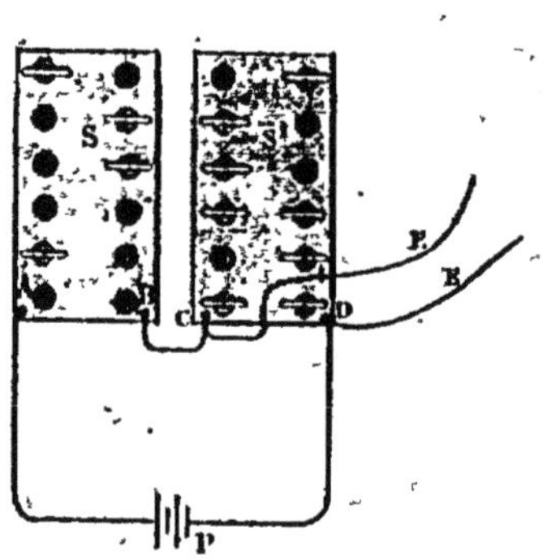

Fig. 126.

à des potentiels différents. On peut ainsi déplacer de la même manière un nombre quelconque de chevilles, sans modifier l'intensité du courant et les différences de potentiel des conducteurs E et F sont proportionnelles aux résistances introduites dans la portion CD du circuit. Ces résistances étant données par la somme des nombres inscrits sur la boîte S' en regard des trous débouchés, on obtient très rapidement des différences de potentiel présentant un rapport déterminé. Ce procédé, constamment employé aujourd'hui, a été indiqué par M. Bouty.

Pour abréger, nous donnerons le nom de *compensateur* à l'un des dispositifs que nous venons de décrire, donnant entre deux bornes de même métal (*pôles du compensateur*) une différence de potentiel (*force électromotrice* du compensateur) variable à volonté dans des rapports connus. Un compensateur joue exactement le même rôle qu'une pile pour tous les phénomènes d'équilibre électrique.

Nous avons déjà vu une application du compensateur à propos de la mesure des capacités, nous allons en voir une seconde à propos de la mesure des forces électromotrices des piles.

Mesure relative de la force électromotrice des piles. — Le procédé à la fois le plus correct et le plus précis pour la mesure relative de la force électromotrice d'une pile, consiste à opposer celle-ci à un compensateur, en faisant communiquer, pour fixer les idées, le pôle négatif N de la pile avec le pôle négatif *n* du compensateur, et à mettre en relation les pôles positifs P et *p* respectivement avec les deux bornes d'un électromètre. On fait varier la force électromotrice du compensateur, jusqu'à ce que l'électromètre n'accuse aucune différence de potentiel entre les deux pôles positifs : la force électromotrice de la pile est alors égale à celle du compensateur. En répétant la même opération avec une autre pile, le rapport connu des forces électromotrices du compensateur donne le rapport des forces électromotrices des deux piles.

L'électromètre que l'on doit employer par excellence dans ce cas est l'électromètre capillaire de M. Lippmann à cause de son extrême sensibilité [1].

On s'est longtemps servi, et on se sert encore, pour constater

[1] L'étude de l'électromètre capillaire se rattache aux phénomènes de polarisation des électrodes. Aussi nous nous bornerons ici à donner la description de cet instrument et à indiquer brièvement la manière dont il fonctionne.

L'électromètre capillaire se compose essentiellement d'un tube vertical AB terminé à sa partie inférieure par un canal capillaire. Ce tube, dont la hauteur peut aller jusqu'à 1 mètre, est rempli de mercure qui s'y maintient grâce à la pression capillaire. La pointe du tube plonge dans de l'eau acidulée par l'acide sulfurique contenue dans une cuvette au fond de laquelle se trouve du mercure. Si on réunit le mercure C de la cuvette au mercure du tube par un conducteur métallique, ces deux mercures se mettent, d'après la loi de Volta, au même potentiel. Le ménisque du mercure dans le canal capillaire prend alors une certaine position. Lorsqu'on porte le mercure du tube à un potentiel différent de celui du mercure de la cuvette, le ménisque monte ou descend suivant le signe de la différence de potentiel. En observant ces déplacements au moyen d'un microscope M, on peut évaluer une différence de potentiel égale à la dix-millième partie de la différence de potentiel d'un élément de Volta. L'appareil est donc d'une sensibilité extrême ; il est cent fois plus sensible que l'électromètre à quadrants. Pour l'employer dans la mesure des forces électromotrices des piles, il suffit de réunir l'un des pôles positifs P au mercure du tube, et l'autre p au mercure de la cuvette. On fait varier la force électromotrice du compensateur jusqu'à amener le ménisque du tube capillaire à la même position que quand les deux mercures sont réunis métalliquement.

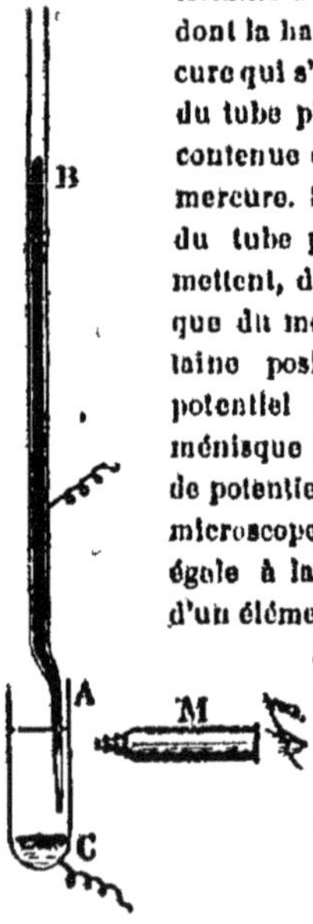

B
A
M
C

Fig. 127.

l'égalité de force électromotrice de la pile et du compensateur qui lui est opposé d'un galvanomètre (méthode de Du Bois-Reymond ; de Poggendorff et modifications). Les méthodes dans lesquelles on emploie un galvanomètre présentent l'inconvénient de faire passer dans la pile étudiée un courant pendant le tâtonnement qui sert à obtenir l'égalité des deux forces électromotrices opposées. Or la plupart des piles varient de force électromotrice, par polarisation, quand elles sont traversées par un courant : la méthode altère donc la grandeur à mesurer. Cet inconvénient n'existe pas quand on se sert d'un électromètre, les courants de charge de l'électromètre étant de trop courte durée pour altérer la force électromotrice des piles [1].

Il y a pourtant un cas où les galvanomètres sont préférables aux électromètres : c'est celui où l'on compare entre elles les forces électromotrices thermo-électriques. L'emploi des galvanomètres n'offre alors aucun inconvénient, puisqu'il n'y a pas à craindre la polarisation des sources, et il présente l'avantage de donner immédiatement le rapport des forces électromotrices. En effet, si E et E' sont les forces électromotrices à comparer, R et R' les résistances des sources qui les fournissent, R_1 la résistance du circuit qui joint leurs pôles, on a pour les intensités des courants

$$i = \frac{E}{R + R_1}, \qquad i' = \frac{E'}{R' + R_1}.$$

Les résistances des sources thermo-électriques étant exces-

[1] La méthode fort employée aujourd'hui que nous venons de décrire, dans laquelle on fait usage d'un électromètre capillaire et d'un compensateur pour obtenir la force électromotrice d'une pile a été employée pour la première fois par M. Pellat, en 1879.

sivement faibles, on a sensiblement $R + R_1 = R' + R_1$ et, par conséquent, les intensités i et i' sont sensiblement proportionnelles aux forces électromotrices. Or les déviations de l'aiguille du galvanomètre, quand elles sont petites, sont proportionnelles aux intensités. Par suite, le rapport des déviations donne le rapport des forces électromotrices.

Il est bon de faire remarquer que cette méthode simple ne convient plus dans la comparaison de la force électromotrice d'une pile thermo-électrique à celle d'une pile hydro-électrique, puisque cette dernière pourrait se polariser ; il faut employer alors la méthode électrométrique.

Si l'on veut obtenir la force électromotrice d'une pile polarisée par le passage d'un courant, on peut, après avoir fait passer le courant pendant le temps voulu, rompre le circuit et mesurer très rapidement la force électromotrice par la méthode de l'électromètre et du compensateur. Comme, pendant le temps nécessaire à la mesure, la pile se dépolarise toujours plus ou moins, il est préférable de mesurer : 1° l'intensité i du courant fourni par cette pile ; 2° la résistance R_1 et la résistance R_2 du circuit extérieur et d'en déduire par la formule d'Ohm $i = \frac{E}{R_1 + R_2}$ sa force électromotrice E.

Mesure en valeur absolue de la force électromotrice d'une pile. — La mesure de la force électromotrice d'une pile en unités électrostatiques peut s'obtenir, comme nous l'avons vu, avec l'électromètre absolu de Sir W. Thomson. Seulement, l'instrument n'est pas assez sensible pour que la mesure puisse se faire avec un seul élément de pile. Pour obtenir une bonne mesure, on se sert d'une pile de 100 à 200 éléments identiques associés en tension ; il suffit alors de diviser par le nombre des éléments de la pile la différence de potentiel entre ses pôles, que donne l'électromètre, pour avoir la force électromotrice d'un seul élément.

Lorsqu'on a ainsi déterminé la valeur absolue de la force électromotrice d'un élément, cet élément peut par des mesures relatives servir à déterminer la valeur absolue de la force électromotrice d'un élément quelconque. Le tableau ci-dessous donne la valeur de la force électromotrice de quelques éléments de piles usuels en unité électrostatique et en *volt* qui est une unité dérivant du système électromagnétique et que nous verrons plus tard.

Nom de l'élément	VALEUR En unité électrostatique	En volt
Latimer Clark	0,00483	1,46
Gouy	0,00460	1,39
Daniell de	0,0035	1,06 (1)
Daniell à	0,0038	1,14 (1)
Grove	0,00649	1,96
Bunsen	0,00639	1,93
Poggendorff (pile au bichromate)	0,00662	2,00
Leclanché	0,00503	1,52
Volta	0,0033	1,00

Nota. — Les forces électromotrices indiquées correspondent au cas où l'élément n'est pas polarisé.

Il faut toutefois que l'élément, pris comme terme de comparaison, reste toujours identique à lui-même. L'élément

(1) La force électromotrice d'une pile de même nom varie dans des limites parfois assez étendues suivant la pureté des produits chimiques employés, le degré de concentration des liquides et surtout l'état physique ou chimique de la surface des électrodes. Selon que le métal est plus ou moins écroui, par exemple, on obtient des valeurs différentes pour la force électromotrice.

Daniell monté au sulfate de cuivre et au sulfate de zinc remplit assez bien cette condition pour pouvoir être employé dans beaucoup de mesures. L'élément Latimer-Clark et l'élément Gouy ([1]) sont sous le rapport de la constance de la force électromotrice beaucoup supérieurs à l'élément Daniell.

Mesure en valeur absolue de l'intensité d'un courant et d'une résistance. — Comme nous l'avons déjà dit, Pouillet a démontré que la déviation permanente de l'aiguille d'un galvanomètre, quand elle reste faible, est proportionnelle à la quantité d'électricité qui passe pendant l'unité de temps à travers le galvanomètre, soit que l'électricité passe d'une façon continue, soit qu'elle passe d'une façon discontinue.

Ce fait étant rappelé, chargeons un condensateur de capacité C connue en valeur absolue, avec une pile dont la force électromotrice E est aussi connue en valeur absolue ; la charge du condensateur est égale à CE.

Déchargeons ce condensateur à travers un galvanomètre et répétons ces décharges *n* fois dans l'unité de temps (la seconde pour le système C. G. S.), par exemple en employant un diapason comme nous l'avons indiqué à propos de la mesure des capacités (p. 218), le nombre *n* étant connu et assez grand pour que l'aiguille prenne une déviation permanente. Nous connaîtrons ainsi la déviation α de l'aiguille correspondante à la quantité *n*CE d'électricité passant pendant l'unité de temps. Lançons ensuite dans le même galvanomètre un cou-

([1]) L'élément Latimer-Clark est composé d'une électrode en zinc amalgamé plongeant dans une dissolution de sulfate de zinc et d'une électrode en mercure placée au fond du vase et recouverte de sulfate mercureux mélangé à la dissolution de sulfate de zinc. C'est le sulfate mercureux qui joue le rôle de dépolarisant. L'élément Gouy ne diffère du Latimer-Clark qu'en ce que le sulfate mercureux est remplacé par l'oxyde de mercure.

rant quelconque, assez faible cependant pour que la déviation β qu'il produit reste petite; l'intensité i de ce courant sera donnée en valeur absolue par la relation

$$\frac{i}{nCE} = \frac{\beta}{\alpha}.$$

En faisant passer un courant d'intensité connue en valeur absolue dans une résistance, la détermination de la valeur absolue de la différence de potentiel v aux deux bouts de cette résistance fera connaître la valeur absolue R de celle-ci d'après la formule d'Ohm $v = iR$.

Rappelons que les mesures absolues des forces électromotrices, des intensités et des résistances que nous venons d'indiquer, sont faites en *unités électrostatiques*.

ÉLECTRICITÉ
ATMOSPHÉRIQUE

I. — Méthodes expérimentales

Champ électrique de l'atmosphère. — Quand, en plein air et dans un endroit élevé, on place un électroscope à feuilles d'or dont la boule est remplacée par une tige métallique verticale de quelques décimètres de hauteur, on voit les feuilles d'or diverger, indiquant que l'appareil est électrisé : il existe donc en tout temps, même par le ciel le plus pur, un champ électrique dont notre atmosphère est le siège.

Nous allons commencer par faire l'étude de ce champ électrique, qui existe dans les conditions atmosphériques normales, et cette étude pourra nous fournir l'explication des manifestations électriques grandioses qui se produisent en temps d'orage.

De toutes les grandeurs qui permettent d'arriver à une connaissance complète d'un champ électrique, c'est le potentiel électrostatique qui se prête le mieux à une mesure directe : nous allons étudier d'abord les moyens de déterminer le potentiel en un point de l'atmosphère.

Détermination du potentiel en un point de l'atmosphère. — Considérons un conducteur A, assez petit pour que l'on puisse admettre que les points de l'atmosphère, contenus dans un volume égal au volume de ce conducteur, sont au même potentiel, et pour qu'en outre la charge électrique qu'il peut prendre ne modifie pas sensiblement le champ dans le voisinage. Supposons que le potentiel de ce conducteur soit plus grand que le potentiel qui existerait à l'endroit où il se trouve s'il était ôté, c'est-à-dire plus élevé que le potentiel des couches d'air voisines. Le potentiel va alors en décroissant quand on se meut sur l'une des lignes de force en partant du conducteur ; par conséquent le champ élecrique $\left(-\frac{dV}{dn}\right)$ n'est pas nul près de la surface de celui-ci et, puisque les lignes de forces partent de la surface, le conducteur est chargé d'électricité positive (p. 59 et 60). Si nous supposions au contraire le conducteur A à un potentiel plus petit que le potentiel de l'air environnant, les lignes de force arriveraient à la surface conductrice, qui serait chargée d'une couche d'électricité négative. Nous en concluons que, si le conducteur A reste à l'état neutre quand il est placé dans l'atmosphère, c'est que son potentiel est égal à celui des points de l'atmosphère dont il occupe la place. Comme on sait prendre le potentiel d'un corps conducteur à l'aide d'un électromètre, on a ainsi un moyen de mesurer la différence de potentiel qui existe entre un point de l'atmosphère et le sol : tel est le principe de la plupart des méthodes employées dans ce but. Nous allons en indiquer quelques-unes.

Considérons une longue tige métallique verticale AB (*fig.* 128) primitivement à l'état neutre, et qu'on dresse verticalement dans l'atmosphère en la maintenant isolée ; désignons par V_1 le potentiel des points de l'air voisins de l'extrémité supérieure A et par V_2 celui des points voisins de l'extrémité inférieure B ; supposons en outre que l'on ait $V_1 > V_2$, le potentiel variant d'une manière continue de A en B. Le potentiel V de la tige métallique ne peut être supérieur à V_1 ; car s'il en était ainsi, il résulterait de ce qui a été dit précédemment que tous les points du conducteur seraient chargés d'électricité positive, ce qui est incompatible avec l'hypothèse du conducteur primitivement à l'état neutre. Si le potentiel V était inférieur au potentiel V_2, le conducteur serait entièrement couvert d'électricité négative, ce qui ne peut être. Par conséquent la tige est à un potentiel V intermédiaire entre V_1 et V_2, et qui est égal au potentiel des couches d'air avoisinant un certain point O situé entre A et B ; la partie OA de la tige, qui est à un potentiel plus bas que celui de l'air environnant, sera couverte d'électricité négative, la partie OB d'électricité positive. Si maintenant nous supposons que l'extrémité A de la tige puisse laisser écouler l'électricité, le potentiel de la tige augmentera, puisque dans le cas où nous nous sommes placés, c'est l'électricité négative qui s'écoulera. Si l'écoulement ne s'arrête que quand l'extrémité A est à l'état neutre, le potentiel de la tige aura la même valeur que le potentiel V_1 de la région de l'atmosphère où est placée l'extrémité A de la tige. Bien entendu, si l'on avait au contraire $V_1 < V_2$, c'est l'extrémité supérieure A qui serait chargée positivement et l'extrémité B qui serait chargée négativement ; mais la conclusion resterait la même. Nous pouvons donc, en mesurant le potentiel V d'un

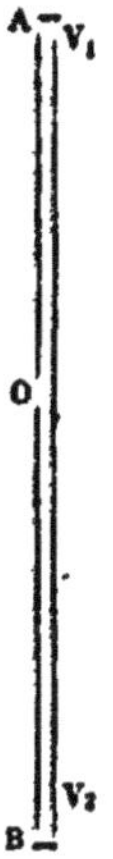

F. 128.

conducteur laissant par un de ses points écouler l'électricité qui le charge, trouver le potentiel des points de l'atmosphère qui environnent le point d'écoulement.

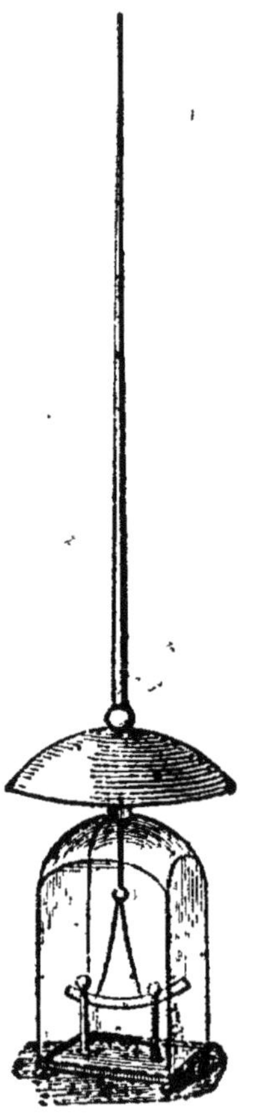

Fig. 129.

Il nous reste à examiner par quels moyens pratiques nous povons réaliser ces conditions. Le plus simple consiste à prendre une tige métallique terminée par une pointe très effilée; si la pointe était parfaite, le conducteur arriverait au potentiel des points de l'air qui entourent celle-ci. Mais les pointes ne sont jamais assez aiguës pour qu'il en soit ainsi, et l'écoulement de l'électricité s'arrête quand la densité électrique à la pointe atteint une certaine valeur, petite mais jamais nulle. Néanmoins, on conçoit pourquoi les anciens expérimentateurs surmontaient d'une longue tige aiguë l'électroscope qui leur servait à étudier l'électricité atmosphérique (*fig.* 129) : le potentiel de la tige était plus différent de celui du sol dans le cas d'une tige effilée en pointe à son extrémité supérieure que dans celui d'une tige arrondie et, par suite, la divergence des feuilles d'or était plus grande.

Un autre moyen consiste à laisser la matière conductrice s'échapper. Sir W. Thomson emploie un flacon de Mariotte isolé contenant de l'eau ordinaire: chaque goutte d'eau en s'échappant emporte une certaine quantité d'électricité, si elle n'est pas au potentiel de l'air ambiant ; le potentiel de l'eau du flacon varie ainsi jusqu'à ce qu'il atteigne la valeur du potentiel des points de l'air, où la veine liquide se rompt.

L'eau ne se mettant pas immédiatement au même potentiel que les points de l'air dont on veut mesurer le potentiel, il est nécessaire de maintenir l'écoulement pendant un certain temps. Pour apprécier la durée d'écoulement nécessaire, M. Pellat a fait diverses expériences à l'intérieur d'une pièce où se trouvait une grande feuille d'étain isolée, collée sur un carton, qui pouvait être mise soit au potentiel des conduites de gaz, pris pour potentiel zéro, soit au potentiel de 100 volts. On obtenait ainsi, à un moment voulu, une variation de potentiel de l'air ambiant. Les observations se faisaient au moyen d'un électromètre à quadrants dont les quadrants étaient au potentiel + 50 volts et — 50 volts et dont l'aiguille communiquait avec l'eau du flacon à écoulement. Il a été reconnu ainsi qu'avec un débit de 1 litre par heure, il fallait cinq minutes pour que l'aiguille fût portée à peu près au potentiel de l'air. Il faut donc un écoulement rapide, ce qui exige un flacon de grandes dimensions. On peut d'ailleurs remédier en partie à cet inconvénient en prenant un ajutage à plusieurs trous de petites dimensions ; les gouttes de liquide sont alors petites, mais comme leur volume est proportionnel au cube de leur rayon tandis que leur capacité électrique est à peu près proportionnelle à la première puissance de ce même rayon, la quantité d'électricité entraînée est plus grande pour un même volume écoulé.

Un autre procédé, imaginé par Volta, consiste à activer la déperdition de l'électricité, en faisant brûler un corps sur le conducteur ; les gaz chauds résultant de la combustion, étant bons conducteurs, entraînent l'électricité avec eux. Sir W. Thomson a repris ce procédé, qu'il a appliqué de la manière suivante. Il surmonte son *électromètre portatif* (appareil semblable à l'électromètre absolu mais de très petites dimensions) d'une tige effilée à l'extrémité de laquelle il place un petit rouleau de papier imprégné d'azotate de plomb ; ce rouleau se consume sans flamme. M. Pellat a montré que ce procédé est moins rapide que le procédé à écoulement d'eau ; en outre, le potentiel final, indiqué par l'électromètre, peut présenter une différence de 10 à 12 volts avec le potentiel de l'air, et cette différence de potentiel est très variable pendant la durée d'une même expérience ; dans certaines circonstances, le potentiel de l'électromètre peut même être supérieur de plus de 100 volts à celui de l'air où se fait la combustion.

Le même auteur a reconnu qu'un bec métallique à l'extrémité duquel brûle en veilleuse de l'hydrogène ou du gaz d'éclairage, se met presque immédiatement au potentiel de l'air, ou du moins se met à un potentiel qui ne diffère de celui de l'air que d'une quantité moindre qu'un volt et qui est constante avec la nature du gaz employé. Malheureusement, il est difficile de se servir de ce procédé dans les expériences en plein air, parce que le vent éteint la flamme.

La méthode suivante employée par Dellmann, permet de prendre le potentiel de l'air. Elle consiste à placer à l'endroit voulu une sphère conductrice, communiquant avec le sol par un fil métallique de capacité électrique négligeable ; cette sphère se couvre d'une couche d'électricité m qui dépend de la différence de potentiel entre le sol et la région de l'atmosphère où elle est placée. Désignons, en effet, par V le potentiel que donneraient au point occupé par le centre de la sphère toutes les masses électriques autres que la charge m développée par influence sur cette sphère, c'est-à-dire le potentiel de la région étudiée avant l'introduction de la sphère ; comme la charge m donne au centre de la sphère un potentiel $\frac{m}{R}$, en appelant R le rayon de celle-ci, le potentiel V_0 du centre est donné par

$$V_0 = V + \frac{m}{R} \qquad \text{d'où :} \qquad V - V_0 = -\frac{m}{R}.$$

Or, V_0 est le potentiel du sol puisque la sphère communique par un fil métallique avec lui. On voit donc que la connaissance de m et de R fera connaître l'excès $(V - V_0)$ du potentiel de la région étudiée sur le potentiel du sol.

Aujourd'hui la manière la plus exacte de connaître m consiste, après avoir isolé la sphère en détachant le fil métallique, à la placer à l'intérieur d'un cylindre de Faraday communiquant avec un électromètre.

En prenant pour sphère un petit ballon de caoutchouc gonflé d'hydrogène, à surface métallisée et retenu par un fil de soie, on pourrait ainsi étudier le potentiel de l'air à d'assez grandes hauteurs. Sous cette dernière forme, ce procédé n'a pas encore été employé.

II. — Résultats des expériences

Variation du potentiel avec l'altitude. — Les expériences entreprises pour l'étude de l'électricité atmosphérique ont montré que, par un ciel serein, le potentiel de l'air augmente avec l'altitude. C'est ce qui résulte des anciennes expériences de Lemonnier, qui prouva que l'extrémité inférieure d'une tige métallique verticale effilée par le haut était chargée d'électricité positive. Gay-Lussac et Biot, dans une ascension en ballon, laissèrent pendre hors de la nacelle un fil de métal, de 50 mètres, tendu par une boule de métal et isolé ; ils constatèrent que l'extrémité supérieure du fil chargeait négativement les feuilles d'un électroscope.

Lorsque le temps est couvert, on constate que le potentiel va tantôt croissant avec l'altitude, et tantôt en décroissant ; mais la variation de potentiel est en général bien plus faible que par le beau temps. Quand il pleut, le potentiel diminue presque toujours quand l'altitude augmente, au moins à une faible distance du sol.

Quant à la rapidité de la variation du potentiel avec l'altitude, elle dépend d'une foule de causes, en particulier des reliefs du sol. Nous pouvons en effet admettre qu'à une haute altitude une surface équipotentielle S est sensiblement un plan horizontal ; le sol et la surface des objets qu'il porte forment une autre surface équipotentielle. Si nous nous plaçons sur un plateau étendu, ces deux surfaces équipotentielles sont sensiblement parallèles, et il en est de même des surfaces équipotentielles intermédiaires ; par suite, quel que soit le point du plateau où nous ferons l'observation, nous aurons une même variation du potentiel pour une même variation de l'altitude. Au contraire, supposons un terrain accidenté; au sommet d'une éminence la surface équipotentielle formée par le sol, est plus rapprochée de la surface équipotentielle plane S que dans un bas-fond; par conséquent, les surfaces équipotentielles intermédiaires sont plus rapprochées les unes des autres au-dessus d'une éminence qu'au-dessus d'un endroit bas; pour une même variation de l'altitude, nous aurons une plus forte variation du potentiel dans le premier cas que dans le second. Comme l'intensité du champ électrique est donnée par la formule $\varphi = -\frac{dV}{dn}$, l'intensité du champ électrique est plus grande sur un endroit élevé que dans un bas-fond. Ainsi, le champ électrique est moins intense dans une cour entourée de bâtiments que sur les toits d'un de ces bâtiments; c'est un fait qui a été observé dès qu'on a étudié l'électricité atmosphérique.

Il en résulte que, pour étudier convenablement le champ électrique de l'atmosphère, il faudra se placer sur un plateau étendu ou sur une île dénudée et sans accidents de terrain. Dans des expériences faites à Aberdeen, sur une plage au bord de la mer, sir W. Thomson et Joule ont reconnu que pour une élévation d'un pied anglais en altitude on obtenait une variation de potentiel de 30 à 40 fois la force électromotrice d'un élément Daniell, ce qui fait une variation d'environ 100 volts par mètre. Dans des expériences plus récentes, faites aussi au bord de la mer, MM. Mascart et Joubert ont trouvé des variations souvent bien plus grandes que celles indiquées par les observateurs anglais. On peut admettre en moyenne une variation d'environ 300 volts, c'est-à-dire d'une unité électrostatique par mètre.

Variation des différences de potentiel. — S'il est peu commode en général de trouver l'excès du potentiel d'un point de l'atmosphère sur le sol, il est relativement plus facile de déterminer les variations du potentiel d'un même point de l'air avec le temps.

L'appareil installé dans ce but par M. Mascart au Collège de France et au parc Saint-Maur (*fig.* 130), se compose d'un

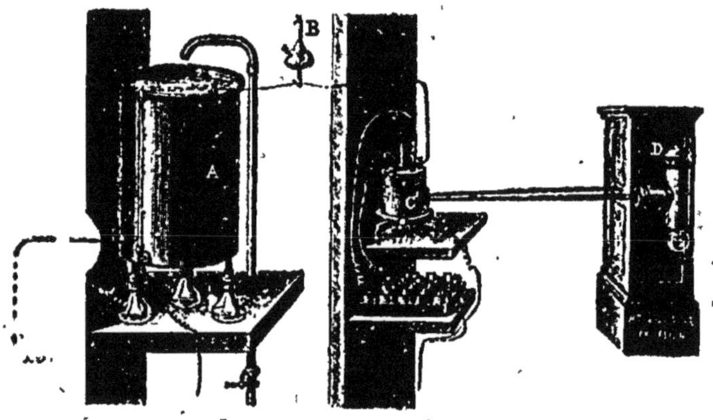

Fig. 130.

grand vase A contenant de l'eau, placé dans une salle ; un long tube, passant par une fenêtre et se terminant par un ajutage situé à quelques mètres du mur, permet à l'eau de s'écouler goutte à goutte au dehors ; le vase ainsi que le tube, sont soigneusement isolés par des supports à acide sulfurique B. L'eau du vase est mise en communication avec l'aiguille d'un électromètre à quadrants C et les déviations de l'aiguille sont

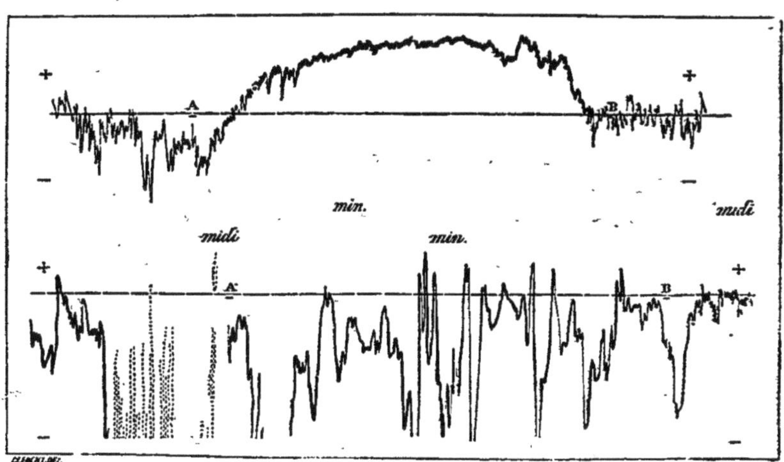

Fig. 131.

enregistrées sur un papier photographique animé d'un mouvement de translation et enfermé dans la boîte D.

Les courbes ainsi obtenues sont extrêmement irrégulières. La figure 131 montre deux de ces courbes. Les parties de la courbe situées au-dessus de la ligne horizontale, correspondent à des potentiels de l'air supérieurs à celui du sol; les parties au-dessous de la ligne horizontale à des potentiels inférieurs. La première courbe a été obtenue un jour où les variations électriques étaient faibles; elle accuse nettement un maximum pendant la nuit. La seconde a été obtenue un jour de grande agitation électrique.

En prenant les moyennes des indications aux mêmes heures de la journée, on a constaté que le potentiel présentait un maximum pendant la nuit et un minimum pendant le jour; ce minimum a lieu vers 1 heure de l'après-midi en hiver, et vers 3 heures en été.

III. — Conséquences

La Terre est électrisée négativement à sa surface. — Quand le potentiel augmente en s'éloignant du sol, celui-ci est recouvert d'une couche d'électricité négative, d'après ce que nous avons vu plus haut pour un conducteur quelconque $\left(\frac{\partial V}{\partial n} = -4\pi\mu\right)$; quand, au contraire, le potentiel diminue en s'éloignant du sol, celui-ci est recouvert d'une couche d'électricité positive. Ce dernier cas étant moins fréquent que le premier et, quand il se présente, le $\frac{\partial V}{\partial n}$ négatif ayant une valeur absolue moindre que le $\frac{\partial V}{\partial n}$ positif que l'on observe par le beau temps, il en résulte que la somme algébrique des quantités d'électricité libre qui se trouve à un même instant sur toute la surface de la Terre est négative : *le globe terrestre possède à sa surface un excès d'électricité négative.* Cette conséquence, déduite par sir W. Thomson de la variation de potentiel avec l'altitude, avait été admise, à titre d'hypothèse, par Peltier pour expliquer les phénomènes d'électricité atmosphérique.

La couche négative qui se trouve à la surface du sol passe inaperçue, parce que la densité électrique est trop faible pour que la tension soit sensible. Le calcul suivant nous donnera une idée de l'ordre de grandeur de cette tension. Des expériences de Thomson et Joule, il résulte qu'en unités C. G. S. on a $\frac{\partial V}{\partial n} = 0{,}0045$; de cette valeur on peut déduire la densité superficielle μ d'après la formule $\frac{\partial V}{\partial n} = -4\pi\mu$, et connaissant μ en déduire la tension τ d'après la formule $\tau = 2\pi\mu^2$. On trouve ainsi $\tau = 0{,}000\,000\,82$, c'est-à-dire que la force électrique qui tend à soulever un objet d'un centimètre carré de surface appliqué sur le sol est inférieure à la millionième partie d'une dyne, à la millionième partie du poids d'un milligramme. En admettant même que, dans certains cas exceptionnels, la valeur de $\frac{\partial V}{\partial n}$ puisse être 100 fois plus grande que celle trouvée par Thomson et Joule, on aurait encore pour la force électrique une valeur trop faible pour soulever les corps les plus légers.

Malgré la faiblesse de la densité de la couche électrique qui existe à la surface du sol, à cause de son immense étendue, cette couche produit des phénomènes d'influence considérables sur les nuages, comme nous le verrons plus loin.

Électrisation de l'air. — Existe-t-il de l'électricité libre dans l'atmosphère ? Les anciens électriciens voyant les feuilles d'or d'un électroscope diverger quand celles-ci communiquaient avec une longue barre métallique dressée verticalement à l'air libre, en avaient conclu que l'air était électrisé. Nous avons vu que cette expérience ne prouve qu'une chose, c'est que le potentiel de l'air varie avec l'altitude. Or l'excès de potentiel d'un point de l'air sur le sol, ne peut pas du tout nous faire savoir si la masse d'air dont ce point fait partie est électrisée ou non.

Pour résoudre cette question, il faudrait déterminer simultanément le potentiel en plusieurs points différents d'une masse d'air, et la détermination du potentiel en trois points au moins est nécessaire, comme nous allons le montrer.

Rapportons la position des points de l'air à trois axes de coordonnés rectangulaires ox, oy et oz, en prenant pour oz une verticale. Si l'on désigne par ρ la densité électrique cubique de l'air (quantité d'électricité contenue dans l'unité de volume), la relation de Poisson s'écrit :

$$\frac{\partial^2 V}{\partial x^2} + \frac{\partial^2 V}{\partial y^2} + \frac{\partial^2 V}{\partial z^2} = -4\pi\rho.$$

Supposons que la masse d'air considérée soit située au-dessus d'un plateau horizontal, de façon que les surfaces équipotentielles soient des plans horizontaux ; dans ce cas on a

$$\frac{\partial V}{\partial x} = \frac{\partial V}{\partial y} = 0 \qquad \text{et} \qquad \frac{\partial^2 V}{\partial x^2} = \frac{\partial^2 V}{\partial y^2} = 0\,;$$

l'équation de Poisson se réduit alors à

$$\frac{\partial^2 V}{\partial z^2} = -4\pi\rho, \tag{1}$$

Si l'air n'est pas électrisé, ρ est nul et l'intégration de cette équation donne

$$V = az + b,$$

Le potentiel doit varier suivant une fonction linéaire de l'altitude.

En particulier si l'on détermine simultanément les potentiels V_1, V_2, V_3 de trois points de l'air situés sur la même verticale et équidistants (ce qui est possible par la méthode des petits ballons gonflés d'hydrogène indiquée plus haut), on doit avoir $V_2 = \frac{V_1 + V_3}{2}$. S'il n'en est pas ainsi, il y a de l'électricité libre entre les points considérés.

On peut alors, à titre de première approximation, supposer la densité électrique ρ constante dans l'intervalle des trois points, la relation (1) donne alors

$$V = -2\pi\rho z^2 + az + b,$$

d'où

$$\rho = \frac{2V_2 - (V_1 + V_3)}{4\pi D^2},$$

en désignant par D la distance de deux points consécutifs dans la série des trois points équidistants aux potentiels V_1, V_2, V_3.

Aucune expérience n'a encore été tentée dans cette voie ; mais à défaut de résultats expérimentaux, les considérations suivantes ne laissent guère de doute sur un état d'électrisation de notre atmosphère.

Bien des causes tendent à transporter l'électricité négative du sol dans l'atmosphère. En particulier, quand un nuage se forme à la surface du sol, la couche d'électricité qui recouvrait cette surface passe à la partie supérieure du nuage. Si le nuage se dissipe, l'électricité négative dont il est chargé se trouve ainsi transportée dans l'atmosphère. Des phénomènes analogues se produisant fréquemment, l'air qui nous environne doit avoir une certaine charge négative.

Ces causes de transport de l'électricité du sol dans l'atmosphère finiraient même par décharger complètement la surface terrestre, s'il n'y avait d'autres causes, la pluie par exemple, qui ramènent constamment au sol l'électricité qu'il a perdue. Lorsqu'en effet un nuage vient à se former dans l'atmosphère, l'électricité négative, contenue dans la masse d'air où il prend naissance, charge négativement le nuage. Le nuage descendant constamment, cette masse d'électricité négative qui se rapproche ainsi du sol diminue par influence la charge négative de la partie qui se trouve au dessous ; c'est pour cela qu'on constate par les temps couverts une variation moins grande du potentiel avec l'altitude. Quand le nuage est assez près du sol, il y a même un renversement dans le signe habituel de la variation : le sol au-dessous du nuage est alors chargé positivement. Si la condensation de la vapeur augmente à la partie inférieure du nuage, la pluie survient, et les gouttelettes d'eau entraînant avec elles l'électricité négative dont elles sont chargées ramènent ainsi au sol cette électricité.

On doit alors pendant la pluie constater une diminution du potentiel en s'éloignant du sol, sans quoi les gouttes ne pourraient être négativement électrisées ; or c'est précisément ce que démontre l'observation, et c'est là la meilleure preuve de l'exactitude des considérations que nous venons de présenter, et de la présence de l'électricité négative dans l'air.

Nous ferons remarquer, pour compléter ce sujet, qu'il peut exister en temps d'orage, ou simplement par temps de grand vent, comme nous le verrons tout à l'heure, des nuages positivement électrisés. Si ceux-ci viennent à s'évaporer, leur électricité positive chargera la masse d'air où ils se trouvaient; on peut avoir ainsi, mais un peu exceptionnellement, des masses d'air positivement électrisées : l'extrême rareté des pluies positives montre bien que la somme algébrique des charges électriques de notre atmosphère doit être négative, au moins dans la région, assez voisine du sol, où se forment les nimbus.

On conçoit facilement maintenant les irrégularités que doivent présenter les courbes fournies par les appareils enregistreurs de l'électricité atmosphérique : le champ électrique $\left(-\frac{\partial V}{\partial n}\right)$, que mesurent ces appareils, doit varier constamment par suite du passage de masses d'air plus ou moins chargées d'électricité négative, quelquefois même chargées positivement.

Électrisation des nuages. — Nous venons déjà de voir une des causes de l'électrisation des nuages : le nuage se charge de l'électricité contenue dans la masse d'air où il se forme. Mais un nuage est soumis en outre à des phénomènes d'influence dus à l'électricité du sol, de l'atmosphère ou d'autres nuages, qui peuvent créer des charges électriques parfois considérables, comme nous allons le montrer.

Pour plus de simplicité, considérons d'abord le cas où il n'y aurait pas de charges électriques dans l'air atmosphérique, la seule charge influençante étant la couche électrique négative du sol. Dans ce cas, comme nous l'avons vu plus haut, la densité ρ étant nulle, le potentiel subirait des accroissements proportionnels à l'altitude, et le champ électrique $\left(-\frac{\partial V}{\partial n}\right)$ deviendrait constant, dès que l'altitude serait suffisante pour que les surfaces équipotentielles soient des plans horizontaux.

Si un nuage vient à se former dans un ciel primitivement serein, il sera électrisé par influence comme tout conducteur placé dans l'atmosphère; le potentiel augmentant avec l'altitude, la partie inférieure du nuage sera chargée positivement, la partie supérieure négativement, le potentiel du nuage, corps semi-conducteur, étant à peu près le même dans toute son étendue, s'il est continu. Pour fixer les idées, admettons que le nuage formé ait 1 500 à 2 000 mètres de hauteur. Si des vents contraires viennent à séparer la partie inférieure de la partie supérieure, il se formera deux nuages: l'un électrisé positivement, l'autre négativement. Supposons que, poussé par les vents le nuage positif qui était en bas s'élève, et que le nuage négatif s'abaisse. Les dimensions de ces nuages étant excessivement faibles vis-à-vis du rayon terrestre, leur présence et leur position ne modifient que peu la distribution électrique de la portion considérable de la surface de la terre qui peut agir sur eux ; il en résulte que le potentiel du nuage qui s'élève s'accroîtra, à peu près comme s'accroît le potentiel des divers points de l'air par un ciel serein soit d'une unité électrostatique par mètre, en admettant cet accroissement simple qui est plutôt au-dessous qu'au-dessus de la moyenne. De même le potentiel du nuage négatif s'il s'abaisse, diminuera d'une unité électrostatique par mètre. Il en résulte que, si les deux parties du nuage primitif, maintenant séparées, se sont rapprochées en distance verticale d'un millier de mètres, leurs potentiels, primitivement égaux, diffèrent maintenant de 1 000 unités électrostatiques. Or, une différence de potentiel de mille unités est bien supérieure à celles que nous pouvons obtenir avec les plus puissantes machines électrostatiques. Comme il résulte des expériences faites par M. Mascart que la longueur des étincelles croît très rapidement avec la différence de potentiel, et paraît même tendre vers l'infini pour une différence finie de potentiel, une différence de mille unités électrostatiques doit déjà donner des étincelles d'une longueur considérable.

Cherchons, maintenant, l'ordre de grandeur de l'énergie électrique dépensée dans une décharge qui aurait lieu entre ces deux nuages. Puisque nous ne voulons avoir que l'ordre de grandeur, nous pouvons supposer le cas idéal où le nuage primitif serait constitué par deux sphères A_1 et A_2 de 500 m. de rayon chacune disposées verticalement l'une au-dessus de l'autre et tangentes, de façon que leur centre O_1 et O_2 soient distants de 1 000 m. Désignons par M la valeur absolue de la charge positive du nuage inférieur ou de la charge négative du nuage supérieur; désignons par V_1 et V_2 le potentiel qui existerait aux points de l'atmosphère occupés par les centres O_1 et O_2, si le nuage n'existait pas, par $+ v$ la valeur du potentiel partiel donnée par la charge de la sphère inférieure A_1 au centre O_2 de la sphère supérieure et par $- v'$ le potentiel partiel donné par la charge négative de la sphère supérieure A_2 au centre O_1 de la sphère inférieure; en remarquant que $\frac{M}{R}$ (R rayon de chaque sphère) est le potentiel partiel donné au centre d'une sphère par la charge M répandue à la surface de cette sphère, on a pour le potentiel total en O_1 :

$$V_1 + \frac{M}{R} - v',$$

et pour le potentiel total en O_2

$$V_2 - \frac{M}{R} + v.$$

Ces deux valeurs du potentiel sont égales, puisque nous admettons que le nuage formé par les deux sphères au contact est assez bon conducteur; on a donc l'égalité

$$V_1 + \frac{M}{R} - v' = V_2 - \frac{M}{R} + v$$

d'où :

$$\frac{2M}{R} = V_2 - V_1 + v + v'.$$

Or v est plus grand que si toute la masse électrique répandue sur la sphère A_1 était à l'extrémité de cette sphère la plus éloignée de O_2 c'est-à-dire plus grand que $\frac{M}{3R}$; on a de même $v' > \frac{M}{3R}$ par conséquent

$$\frac{2M}{R} > V_2 - V_1 + \frac{2M}{3R}$$

d'où :

$$M > \frac{3R}{4}(V_2 - V_1).$$

Or, on a dans notre hypothèse, en employant les unités

du système C. G. S.

$$R = 50\,000 \qquad V_2 - V_1 = 1\,000$$

d'où

$$M > 37\,500\,000$$

Si les deux sphères nuageuses sont séparées par le vent et qu'ensuite leurs centres subissent un déplacement vertical relatif de 1 000 mètres, elles présenteront une différence de potentiel V de 1 000 unités. Si la décharge s'effectue dans ces conditions elle produira une diminution d'énergie électrique égale à $\frac{1}{2}$ MV c'est-à-dire plus grande que

$$\frac{1}{2}\,37\,500\,000 \times 1\,000 = 1{,}775 \times 10^{10}$$

Or c'est l'énergie électrique d'une cascade formée de 10 carreaux de Leyde, chacun de ces carreaux étant constitué par une lame de verre de un millimètre d'épaisseur, couverte par des armatures de 743 MÈTRES CARRÉS de surface et chargé au point d'amener la rupture de la lame isolante.

On voit que cette énergie est colossale, par rapport à l'énergie électrique des plus fortes batteries que nous possédons.

Dans l'hypothèse où nous nous sommes placés, celle où il n'y aurait pas d'électricité libre dans l'air, l'influence électrique à laquelle le nuage est soumis, et dont nous venons d'étudier les effets, serait produite uniquement par la couche d'électricité située sur le sol : c'est cette couche qui donnerait seule naissance autour de la surface terrestre au champ électrique qui en décèle l'existence. Si cette couche électrique a une densité très faible, elle a en revanche une étendue considérable ; la masse électrique pouvant agir par influence sur un nuage est énorme ; il y a en nombre rond 85 millions d'unités électrostatiques par kilomètre carré, et combien de kilomètres carrés de la surface du sol peuvent agir sur un nuage ?

Si maintenant nous nous plaçons dans le cas réel, celui où l'air est électrisé, les conclusions des considérations précédentes subsisteront *a fortiori*. Nous avons vu en effet que, dans la région où se forment les nuages, la charge électrique de l'air est en moyenne négative. Or il résulte de l'égalité de Poisson $\left(\frac{\partial^2 V}{\partial z^2} = -4\pi\rho\right)$ que, si ρ est négatif, $\frac{\partial V}{\partial z}$ va en croissant avec l'altitude z et par conséquent que la valeur absolue du champ électrique $\left(-\varphi = \frac{\partial V}{\partial z}\right)$ doit aller en augmentant. Ainsi, grâce à l'électrisation négative de l'air, qui ajoute son effet à l'électrisation négative du sol, l'influence qui s'exerce sur un nuage est plus considérable, la variation de potentiel que subit le nuage en s'élevant ou en s'abaissant est plus grande que dans le cas simple, considéré tout d'abord, où le sol seul serait électrisé.

Nous venons de voir que des déplacements en sens inverse de nuages dans la verticale suffisent à établir entre ces nuages une différence de potentiel qui peut donner naissance à des étincelles fort longues. Nous allons voir maintenant que de semblables déplacements en altitude doivent nécessairement se produire dans cet état gyratoire de l'atmosphère qui constitue ce qu'on appelle un *orage*.

Pour que les masses d'air qui tournent d'un mouvement

commun puissent rester en équilibre relatif, il faut qu'elles soient soumises du côté périphérique à un excès de pression par unité de surface. La force élastique de l'air dans un tourbillon doit donc aller en croissant du centre à la périphérie ; c'est précisément ce qu'indique le baromètre. Cet excès de pression périphérique doit être d'autant plus grand que la vitesse de rotation est plus considérable. Or, les frottements que le sol exerce sur les couches d'air de la base du tourbillon diminuent la vitesse de ces couches ; il en résulte que l'excès de pression périphérique est trop grand pour l'équilibre relatif des couches inférieures : un courant d'air se produira donc à la base de l'extérieur vers l'intérieur. L'air qui arrive ainsi à la partie inférieure va s'élever rapidement dans l'axe du tourbillon, où règnent des pressions relativement basses, comme dans une vaste cheminée d'appel ; cet air dans les régions supérieures gagnera ensuite la périphérie et redescendra lentement en tournoyant vers la base pour alimenter le courant d'air centripète.

Ces mouvements de l'air, ascendant dans l'axe, descendant à la périphérie, ont été bien mis en évidence par les ingénieuses expériences de M. Veyher.

Supposons maintenant qu'un nuage soit saisi par un tourbillon aérien. Il sera déchiré par les vents contraires qui règnent en haut et en bas ; la partie inférieure (positive) s'élèvera rapidement dans l'axe du tourbillon, tandis que la partie supérieure (négative) descendra par la périphérie. Ainsi se trouvent réalisées les variations d'altitude supposées plus haut, et qui donnent lieu à de grandes différences de potentiel entre les nuages.

Pourtant ce n'est probablement pas la seule ni la plus puissante cause qui produit l'électrisation des nuages en temps d'orage. Des accumulations considérables d'électricité peuvent être produites par l'influence des nuages déjà électrisés sur d'autres nuages animés de vitesses différentes (la vitesse angulaire diminuant par suite du frottement en allant de l'axe à la périphérie et étant nulle à une certaine distance du tourbillon). Rappelons que nos plus puissantes machines électrostatiques sont des machines à influence, dans lesquelles un ou plusieurs plateaux isolants, tournant avec rapidité devant des inducteurs fixes ou mobiles, augmentent de plus en plus les charges de corps conducteurs ou semi-conducteurs, jusqu'à ce que les étincelles éclatent. Telles sont les machines de Holtz, de Tœpler, de Vos, de Wimshurst, etc.

Or, qu'y a-t-il de plus analogue à une de ces machines à influence, qu'un tourbillon d'air, corps mauvais conducteur, entraînant des nuages électrisés devant d'autres nuages relativement fixes.

Si un nuage se forme dans un tourbillon, il sera nécessairement électrisé par l'influence des nuages voisins, et la partie positive sera très souvent séparée de la partie négative. Or les attractions ou les répulsions électriques sont à peu près insignifiantes vis-à-vis de la force du vent ou de l'action de la force centrifuge qui agit sur le nuage ; aussi un petit nuage électrisé positivement par exemple, a-t-il autant de chance pour aller rejoindre une masse nuageuse électrisée de même ou en sens contraire. Dans ce second cas, il y aura décharge, sans grand bruit. Dans le premier cas, la charge de la masse nuageuse augmentera ainsi que son potentiel; les mêmes effets produisant les mêmes causes, en peu de temps un nuage peut acquérir, par ces apports, une charge et un potentiel très élevés ; de là des décharges foudroyantes.

Aurore boréale. — Pour terminer ce qui concerne l'électricité atmosphérique, disons quelques mots de l'*aurore boréale* dont l'origine électrique n'est plus douteuse aujourd'hui grâce aux belles expériences de M. Lemström.

Pendant l'expédition polaire suédoise de 1868, on constata une forme particulière de l'aurore boréale, consistant en flammes faibles ou lueurs phosphorescentes qu'on apercevait dans les régions polaires autour des objets élevés.

Ces observations, et le fait bien connu des perturbations magnétiques causées par les aurores boréales, ont fait penser que ce phénomène était dû à un écoulement d'électricité à travers l'atmosphère. Cette hypothèse avait été émise déjà depuis longtemps ; mais M. Lemström en a vérifié l'exactitude par des expériences commencées en 1871, dans lesquelles, à l'aide de pointes métalliques placées sur le sommet d'une montagne des régions polaires, il provoquait la forme particulière d'aurore boréale signalée par l'expédition suédoise.

L'appareil qui fut installé sur le sommet de l'Oratunturi, par 67°21′ de latitude nord, à 548 mètres au-dessus du niveau de la mer, se composait de fils de cuivre, formant des spires en carreau, portant à chaque demi-mètre des pointes de laiton tournées vers le ciel. Ces spires étaient soutenues et isolées par des poteaux de 2^{m},50 de hauteur. L'ensemble de ces spires couvrait une superficie de 900 mètres carrés. Un fil métallique isolé joignait cet appareil à l'une des bornes d'un galvanomètre situé au bas de la montagne, dont l'autre borne communiquait avec une plaque de zinc enfouie dans le sol. Depuis le 5 décembre 1882, où l'appareil fut achevé, on aperçut généralement le soir et la nuit une lumière jaune blanchâtre qui entourait le sommet où était disposé l'appareil, tandis qu'aucune lueur n'entourait les sommets voisins. Examinée au spectroscope, cette lueur donna la raie jaune verdâtre ($\lambda = 0^{\mu}, 5569$) caractéristique de l'aurore boréale. En outre, l'aiguille du galvanomètre déviait, indiquant l'existence d'un courant électrique, le sens de la marche de l'électricité positive étant de l'appareil vers le sol.

Des expériences analogues, faites ensuite sur le Piétarintunturi par 78°32',5 de latitude nord, donnèrent des résultats analogues, mais plus marqués, à cause de la latitude plus élevée.

Il n'est guère douteux, d'après ces expériences, que l'aurore boréale ne soit due à un écoulement d'électricité se faisant probablement entre les fines aiguilles de glace qui existent dans l'atmosphère des régions polaires.

On conçoit du reste facilement la raison de cet écoulement d'électricité : les hautes régions de l'atmosphère sont, comme nous l'avons vu, à un potentiel beaucoup plus élevé que la surface de la terre; si, par des aiguilles de glace, il existe un conducteur entre ces régions élevées et le sol, les potentiels tendant à s'égaliser, un écoulement d'électricité aura lieu, l'électricité positive allant de l'atmosphère au sol, comme le constatent précisément les expériences de M. Lemström.

Résumé. — Tous les phénomènes électriques dont notre atmosphère est le siège s'expliquent facilement en partant de ce fait que la Terre est un globe possédant un excès d'électricité négative, en partie répandue à la surface du sol et en partie répandue dans l'atmosphère.

La Terre étant isolée dans l'espace ne peut perdre cet excès d'électricité négative, et nous n'avons pas plus à nous en demander l'origine que nous ne nous demandons l'origine de l'azote et de l'oxygène qui entourent notre Globe.

S'il existe des causes qui tendent à faire passer la couche électrique négative du sol dans l'atmosphère (brouillards, aurores polaires), il en existe d'autres (la pluie) qui ramènent constamment l'électricité négative de l'atmosphère au sol.

La connaissance que nous avons de l'ordre de grandeur de cette couche électrique du sol permet d'expliquer, par l'application des lois de l'influence, les charges électriques considérables que peuvent prendre les nuages, quand ils éprouvent des déplacements rapides dans les tourbillons qui constituent les orages.

NOTE A

Conditions pour qu'une fonction représente le potentiel

Nous avons vu que si V est la fonction des coordonnées x, y, z, d'un point qui représente le potentiel dans un milieu non électrisé, la laplacienne ΔV de cette fonction est nulle.

$$\Delta V = \frac{\partial^2 V}{\partial x^2} + \frac{\partial^2 V}{\partial y^2} + \frac{\partial^2 V}{\partial z^2} = 0.$$

Réciproquement *si une fonction V des coordonnées a sa laplacienne ΔV nulle pour tous les points d'un milieu non électrisé et si cette fonction V prend sur les surfaces qui limitent ce milieu la valeur du potentiel, elle est dans tout le milieu identique à la fonction qui représente le potentiel.*

Pour établir ce théorème nous démontrerons d'abord, comme lemme, le théorème suivant :

Si la laplacienne ΔW d'une fonction W est nulle pour tous les points d'une portion de l'espace et si la fonction W s'annule sur les surfaces qui limitent celle-ci on a $W = 0$ pour tous les points de cette portion de l'espace.

Il est d'abord facile de vérifier que la laplacienne ΔW d'une fonction ne change pas de valeur quand on change le système d'axes de coordonnées trirectangles. Par conséquent si la laplacienne est nulle pour un système d'axes, elle est nulle pour tout autre système d'axes trirectangles.

Ceci posé, supposons que la fonction W puisse dans l'espace considéré prendre une valeur supérieure à 0. Il y aura alors un ou plusieurs points ou une infinité de points formant une ligne, une surface ou un volume pour lesquels la fonction W aura une valeur plus grande qu'en tout autre point.

Or, nous allons voir que c'est impossible.

En effet, supposons l'existence d'une surface ou d'un volume S (*fig.* 132) tel qu'en tous ses points la valeur de la fonction W soit la même et plus élevée qu'en tout autre point n'appartenant pas à S.

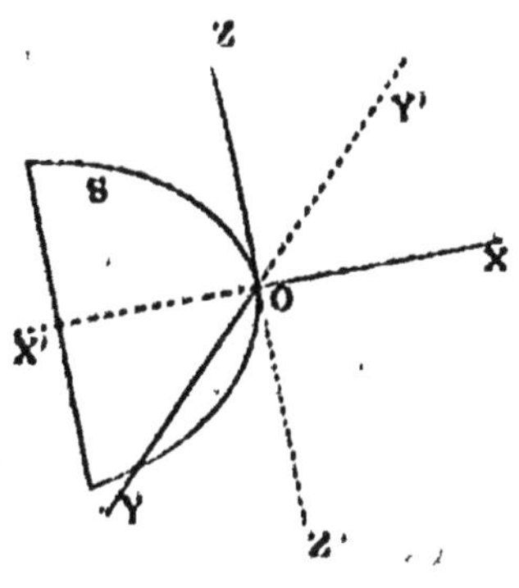

Fig. 132.

Nous pourrons toujours, quelle que soit la forme de S, mener un plan tangent qui ne touche pas S suivant une surface. Prenons ce plan pour plan des ZOY, et menons dans ce plan deux axes de coordonnées OY et OZ, ayant pour origine O un des points de contact et non tangent à la ligne de contact, si elle existe ; menons enfin un troisième axe OX normal au plan ZOY.

Pour les divers points de la ligne YOY', le point O donnerait un maximum pour la valeur de W ; par conséquent on aurait en ce point $\frac{\partial^2 W}{\partial y^2} < 0$. On aurait de même, pour le point O,

$\frac{\partial^2 W}{\partial z^2} < 0$. Quant à la valeur de la fonction W pour tous les points de X'OX, elle serait aussi maximum en O, si nous supposons que les points qui rendent W maximum forment une surface : on aurait alors $\frac{\partial^2 W}{\partial x^2} < 0$; mais la valeur de W resterait constante suivant X'O pour les points voisins de O et jusqu'en O si l'on supposait que les points du maximum de W forment un volume ; dans ce cas on aurait pour le point O, $\frac{\partial^2 W}{\partial x^2} = 0$. De toute façon la laplacienne au point O de la fonction W

$$\left(\frac{\partial^2 W}{\partial x^2} + \frac{\partial^2 W}{\partial y^2} + \frac{\partial^2 W}{\partial z^2}\right)$$

serait négative, ce qui est contraire à l'hypothèse : les points donnant un maximum pour W ne peuvent donc former ni un volume, ni une surface, ni par conséquent une ligne ou un point isolé, puisqu'on peut considérer une ligne ou un point comme la limite d'un volume et que le raisonnement ci-dessus s'appliquerait.

Il en résulte que W ne peut, dans l'espace considéré être supérieur à zéro ; on démontrerait de même que W ne peut être inférieur à zéro ; par conséquent on a $W = 0$ pour tous les points de l'espace considéré.

Pour démontrer maintenant le théorème énoncé en tête de cette note, désignons par U la valeur du potentiel en un point du milieu considéré, par V la valeur en ce point de la fonction jouissant des propriétés indiquées dans le théorème. Considérons la fonction :

$$W = V - U$$

On aura pour cette fonction en tous les points du milieu non électrisé :

$$\Delta W = \Delta V - \Delta U = 0,$$

puisque

$$\Delta V = \Delta U = 0.$$

D'autre part, puisque $V = U$ pour tout point d'une surface limitant le milieu considéré, on a en ces points $W = 0$. En vertu du lemme il en résulte que dans tout le milieu $W = 0$; par conséquent on a :

$$V - U = 0 \quad \text{ou} \quad V = U,$$

ce qui est la démonstration du théorème.

Remarquons que le théorème s'étend au cas où le milieu considéré serait illimité si à l'infini V devient nul, car à l'infini le potentiel U est nul et l'on a par conséquent $W = 0$ pour les points de l'infini, comme sur une surface infinie qui limiterait la région considérée.

On conçoit toute l'importance de ce théorème dans l'étude de la distribution électrique. Si, en effet, on soupçonne la forme de la fonction qui représente le potentiel dans un milieu isolant non électrisé, il suffira de constater que cette fonction a sa laplacienne nulle pour tous les points de ce milieu et prend sur les surfaces conductrices la valeur du potentiel, pour qu'on soit assuré qu'elle représente le potentiel dans tout ce milieu.

Nous allons en donner un exemple. Cherchons la valeur du potentiel entre les deux armatures planes d'un condensateur portées aux potentiels V_1 et V_2, quand ces plans ne sont pas parallèles et forment un angle α ; nous supposerons la région considérée assez loin des bords des armatures pour que le potentiel soit le même que si ces armatures étaient indéfinies. Par raison de symétrie il est probable, *a priori*, que les surfaces équipotentielles sont des plans passant par la ligne d'intersection des plans sur lesquels sont situées les armatures. Prenons le plan de l'armature au potentiel V_1 pour plan des XOY et la ligne d'intersection des deux plans pour axe OY. Un plan passant par OY a pour équation :

$$(1) \qquad z - x \operatorname{tang} \beta = 0 \qquad \text{ou} \qquad \beta = \operatorname{arc\,tang} \frac{z}{x}$$

en appelant β l'angle dièdre que forme ce plan avec le plan XOY. Si sur un plan représenté par l'équation (1) le potentiel est constant, ce potentiel sera de la forme

$$(2) \qquad V = F\left(\operatorname{arc\,tang} \frac{z}{x}\right).$$

Formons la laplacienne de V, nous aurons en posant

$$u = \operatorname{arc\,tang} \frac{z}{x},$$

$$\frac{\partial^2 V}{\partial x^2} = + \frac{\partial^2 F}{\partial u^2} \cdot \frac{z^2}{(x^2+z^2)^2} + \frac{\partial F}{\partial u} \cdot \frac{2xz}{(x^2+z^2)^2},$$

$$\frac{\partial^2 V}{\partial z^2} = + \frac{\partial^2 F}{\partial u^2} \cdot \frac{x^2}{(x^2+z^2)^2} - \frac{\partial F}{\partial u} \cdot \frac{2xz}{(x^2+z^2)^2},$$

$$\frac{\partial^2 V}{\partial y^2} = 0;$$

d'où :

$$\Delta V = \frac{\partial^2 F}{\partial u^2} \frac{1}{x^2+z^2}$$

Si nous voulons que la fonction représente le potentiel il est nécessaire que ΔV soit nul quels que soient x, y et z, et par conséquent qu'on ait :

$$\frac{\partial^2 F}{\partial u^2} = 0 \qquad \text{d'où : } F = Au + B.$$

On doit donc avoir,

$$V = A \text{ arc tang} \frac{z}{x} + B.$$

Déterminons ces deux constantes A et B de façon que pour

$$\frac{z}{x} = 0 \text{ et } \frac{z}{x} = \text{tang}\,\alpha, \qquad \text{on ait } V = V_1 \text{ et } V = V_2$$

il vient :

$$(3) \qquad V = V_1 + \frac{V_2 - V_1}{\alpha} \text{ arc tang} \frac{z}{x}$$

La fonction V représentée par (3), ayant sa laplacienne nulle pour tous les points compris entre les armatures et prenant la valeur du potentiel sur les armatures, représente le potentiel en tous les points compris entre celles-ci. Connaissant le potentiel en tous les points, le champ électrique est complètement connu. Si, par exemple, nous voulons avoir le champ près de l'armature située dans le plan XOY, il suffit d'appliquer la relation

$$\varphi = -\frac{\partial V}{\partial n} = -\frac{\partial V}{\partial z};$$

ce qui donne

$$\varphi = -\frac{V_2 - V_1}{\alpha} \frac{x}{x^2 + z^2}$$

dans laquelle il faut faire $x = 0$, et l'on obtient :

$$\varphi = -\frac{V_2 - V_1}{\alpha} \cdot \frac{1}{x}.$$

La densité au point correspondant de l'armature est donnée par la formule de Coulomb $\varphi = 4\pi\mu$, d'où l'on tire :

$$\mu = \frac{\varphi}{4\pi} = -\frac{V_2 - V_1}{4\pi\alpha} \cdot \frac{1}{x}.$$

La charge d'une armature sur une surface rectangulaire ayant un côté de longueur a parallèle à l'arête du dièdre, situé à une distance c de cette arête et un autre perpendiculaire à cette arête de longueur b est donnée par :

$$m = -\int_c^{c+b} \frac{V_2 - V_1}{4\pi\alpha} \cdot \frac{1}{x} \cdot a\,dx = -\frac{(V_2 - V_1)a}{4\pi\alpha} \int_c^{c+b} \frac{dx}{x}$$

$$= \frac{(V_2 - V_1)a}{4\pi\alpha} \mathrm{L} \frac{c}{c+b}.$$

On voit par ces exemples l'utilité du théorème.

NOTE B

Méthode analytique de M. Lippmann pour exprimer la loi de la conservation de l'électricité. — Applications

M. Lippmann a indiqué une méthode analytique pour exprimer la loi de la conservation de l'électricité, et, en s'appuyant en outre sur le principe de la conservation de l'énergie, il a su en déduire un certain nombre de conséquences, en particulier prévoir des phénomènes nouveaux, qui depuis ont reçu la consécration de l'expérience. Nous allons indiquer la méthode de M. Lippmann et, à titre d'exemple, exposer deux de ses plus intéressantes applications.

Expression analytique du principe de la conservation de l'électricité. — Considérons un système isolé formé de deux conducteurs A et B (*fig.* 133) et d'une source électrique M, conservant une charge constante, dont les deux pôles sont respectivement mis en communication avec les corps A et B. La charge m du corps A dépend,

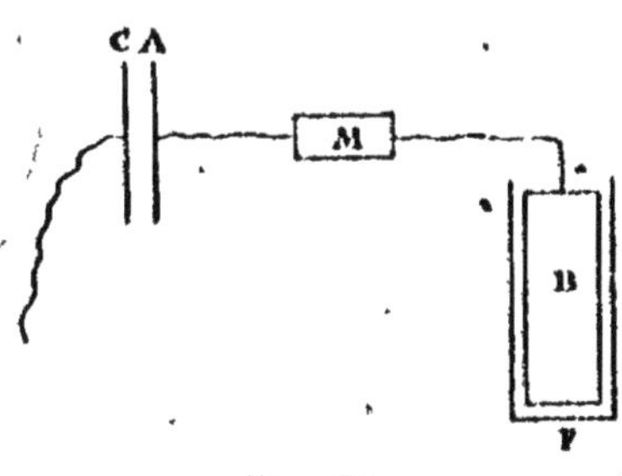

Fig. 133.

en général, de plusieurs variables. Par exemple, si pour fixer les idées nous supposons que A constitue une des armatures d'un condensateur dont l'autre armature est C, la charge de A variera avec la différence de potentiel, avec la distance des armatures, avec la nature, la température et la pression du diélectrique qui les sépare. Mais, dans le but de simplifier, admettons que deux de ces quantités, que nous appellerons x et y, varient seulement, et cherchons l'expression de la quantité d'électricité que B fournit à A pendant une transformation élémentaire du système.

Si m et m' sont les charges respectives de B et de A au même instant on a, d'après la loi de la conservation de l'électricité

$$m + m' = \text{constante},$$

et par suite,

$$dm + dm' = 0,$$

ou

$$dm = - dm',$$

c'est-à-dire que la variation de charge de A est égale et de signe contraire à la variation de charge de B ; en d'autres termes : la quantité d'électricité que prend A pendant une transformation élémentaire du système est tout entière fournie par B. Or, m' ne dépendant par hypothèse que de x et de y, on peut écrire :

$$dm' = (-X)\,dx + (-Y)\,dy$$

X et Y étant deux fonctions de x et de y liées par la relation

$$\frac{\partial X}{\partial y} = \frac{\partial Y}{\partial x} \tag{1}$$

puisque dm' est une différentielle exacte. Par conséquent, en vertu de la loi de la conservation de l'électricité, on a pour la la quantité dm d'électricité fournie à A par B

$$dm = Xdx + Ydy \tag{2}$$

Si l'état électrique d'un corps A *est défini par deux variables indépendantes* x *et* y, *la quantité d'électricité* dm *qui est fournie à* A *par les autres corps du système* (aussi bien que celle qui est reçue par A) (¹) *pendant une transformation élémentaire est donnée par l'expression* (2) *dans laquelle* X *et* Y *sont liés par la relation* (1).

Il est bien évident que, dans le cas où l'état électrique de A dépendrait d'un plus grand nombre de variables indépendantes $x, y, z, \ldots$ la quantité d'électricité fournie à A par les autres corps du système serait

$$dm = Xdx + Ydy + Zdz + \ldots$$

avec les conditions

$$\frac{\partial X}{\partial y} = \frac{\partial Y}{\partial x}, \qquad \frac{\partial X}{\partial z} = \frac{\partial Z}{dx}, \qquad \text{etc.}$$

(¹) Pour faire comprendre pourquoi nous distinguons ici la quantité d'électricité *fournie* de celle qui est *reçue*, faisons remarquer que la quantité de chaleur dm *fournie* à un corps A par les autres corps du système considéré, n'est pas égale en général à la quantité de chaleur dm' *reçue* par ce corps; elle sera plus grande ou plus faible suivant le travail effectué par A, suivant la variation de force vive ou des formes de l'énergie autres que l'énergie calorifique: *il n'y a pas conservation de la chaleur;* la chaleur *fournie* à un système étant représentée par la relation (2), on ne peut pas écrire la relation (1). Quant à la quantité de chaleur *reçue* dm', il n'y a pas lieu d'écrire pour elle des relations analogues à (1) et (2) puisqu'elle ne dépend que de la variation de la température du corps, d'après la définition même de la chaleur.

REMARQUE. Il est possible de trouver expérimentalement les fonctions X et Y. En effet, relions le corps A à un corps B placé dans un cylindre de Faraday (*fig.* 133); à une variation $-dm$ de la charge de A correspond une variation $+dm$ de la charge de B et une variation $+dm$ de la charge de la surface externe de F, charge qu'il est possible d'évaluer au moyen d'un électromètre, comme nous l'avons vu.

Par suite, en faisant varier l'une seulement des variables dont dépend l'état électrique de A, x par exemple, on a

$$dm = X dx,$$

d'où l'on tire la valeur de X pour une valeur connue de y. En répétant la même expérience pour diverses valeurs de y, on obtient X en fonction de y. — On aurait d'une manière analogue Y en fonction de x.

REMARQUE II. — Il n'est pas inutile d'ajouter que si la loi de la conservation de l'électricité était inexacte la quantité d'électricité dm' que reçoit A pendant une transformation élémentaire serait encore une différentielle exacte des variables qui caractérisent l'état de A. Mais dans la relation

$$-dm' = X dx + Y dy$$

on ne pourrait plus, en général, déterminer expérimentalement les fonctions X et Y; ainsi l'expérience indiquée plus haut ferait bien connaître la quantité d'électricité dm qui est prise au corps B mais on ne pourrait pas en déduire la quantité dm' reçue par le corps A puisque la relation $dm + dm' = 0$ serait inexacte.

Faisons également observer qu'en écrivant pour la quantité

d'électricité fournie

$$dm = Xdx + Ydy \tag{2'}$$

dm ne serait pas une différentielle exacte des variables x et y qui caractérisent l'état du corps A, et l'on n'aurait pas le droit d'écrire

$$\frac{\partial X}{\partial y} = \frac{\partial Y}{\partial x} \tag{1'}$$

En résumé, quand on écrit les relations (1)' et (2)' on fait toujours application de la loi de la conservation de l'électricité, directement si dm représente l'électricité fournie au corps A, indirectement si dm représente l'électricité reçue par le corps A, parce qu'alors pour déterminer les fonctions X et Y on s'est appuyé implicitement sur la loi de la conservation de l'électricité.

Relation fournie par le principe de la conservation de l'énergie. — Si nous appelons dE la variation de l'énergie totale d'un système pour une transformation infiniment petite de ce système, dW le travail fourni par le milieu extérieur, et dQ la quantité de chaleur fournie au système, le principe de l'équivalence (qui comprend comme cas particulier le principe de la conservation de l'énergie) donne la relation

$$dE = JdQ + dW.$$

Cette relation se réduit à

$$dE = dW$$

si, comme nous le supposerons ici, les transformations subies par le système sont adiabatiques ($dQ = 0$)

Le travail dW des forces extérieures comprend : d'une part le travail *mécanique* dT fourni par le milieu extérieur ; d'autre part, le travail nécessaire pour faire varier la position des masses électriques du système. Si $V_1, V_2, V_3, \ldots$ sont les excès des potentiels des divers corps électrisés du système sur le potentiel de l'enceinte qui les renferme et si dm_1, dm_2, $dm_3 \ldots$ sont les variations des charges de ces corps, ce travail a pour expression

$$V_1 dm_1 + V_2 dm_2 + V_3 dm_3 + \ldots = \sum V dm,$$

car on peut considérer les charges dm comme empruntées à l'enceinte. Nous avons donc

$$dE = dW = dT + \sum V dm.$$

Si l'état du système dépend de deux variables indépendantes x et y nous pouvons exprimer dW en fonction de ces variables. Nous avons alors

$$dE = M dx + N dy,$$

et, comme d'après le principe de l'équivalence dE est une différentielle exacte, M et N sont liées par la relation

$$\frac{\partial M}{\partial y} = \frac{\partial N}{\partial x} \tag{3}$$

C'est ainsi que nous appliquerons le principe de la conservation de l'énergie dans les exemples qui suivent.

Contraction électrique des gaz. — Dans ses recherches sur la valeur du pouvoir inducteur spécifique des gaz, M. Boltzmann a reconnu que la capacité C d'un condensateur enfermé dans une cloche contenant un gaz de force élastique p, est donnée par la formule

$$c = c_0 (1 + \gamma p),$$

où c_0 désigne la capacité du condensateur dans le vide. Par suite, la charge m d'un des plateaux du condensateur est, en appelant V la différence de potentiel des armatures :

$$m = c_0 (1 + \gamma p) V. \tag{1}$$

Appliquons le principe de la conservation de l'électricité à l'un des plateaux du condensateur et le principe de la conservation de l'énergie au système formé par les deux plateaux et l'air enfermé dans la cloche.

Nous pouvons écrire pour le plateau considéré

$$dm = c dV + h dp, \tag{2}$$

où

$$\left\{ \begin{aligned} c &= \frac{\partial m}{\partial V} = c_0 (1 + \gamma p) \\ h &= \frac{\partial m}{\partial p} = c_0 \gamma V. \end{aligned} \right. \tag{3}$$

L'application de la loi de la conservation de l'électricité nous donne la relation

$$\frac{\partial c}{\partial p} = \frac{\partial h}{\partial V} \text{ (}^1\text{)}. \tag{4}$$

(1) Cette relation pourrait aussi se déduire immédiatement des relations (3) déduites de la relations (1). Mais, pour établir la relation (1) M. Boltzmann s'est appuyé implicitement sur la loi de la conservation de l'électricité. En écrivant la relation (4) on fait donc bien application de la loi, conformément à la remarque générale faite plus haut.

Pour exprimer le principe de la conservation de l'énergie supposons que la variation de force élastique dp est produite par le jeu d'un piston se mouvant dans un corps de pompe relié à la cloche. Le travail mécanique $d\mathrm{T}$ fourni par le milieu extérieur est alors $-pdv$, dv étant l'augmentation du volume du gaz de la cloche. Nous avons donc

$$d\mathrm{E} = -pdv + \mathrm{V}dm.$$

En exprimant la variation de volume dv en fonction des variables indépendantes V et p, et remplaçant dm par le second membre de (2), il vient :

$$d\mathrm{E} = -p\left(\frac{\partial v}{\partial \mathrm{V}}d\mathrm{V} + \frac{\partial v}{\partial p}dp\right) + \mathrm{V}(cd\mathrm{V} + hdp)$$

ou

$$d\mathrm{E} = \left(-p\frac{\partial v}{\partial \mathrm{V}} + \mathrm{V}c\right)d\mathrm{V} + \left(-p\frac{\partial v}{\partial p} + h\mathrm{V}\right)dp.$$

Comme cette quantité est une différentielle exacte, on doit avoir

$$\frac{\partial\left(-p\frac{\partial v}{\partial \mathrm{V}} + c\mathrm{V}\right)}{\partial p} = \frac{\partial\left(-p\frac{\partial v}{\partial p} + h\mathrm{V}\right)}{\partial \mathrm{V}};$$

d'où l'on tire

$$h + \frac{\partial v}{\partial \mathrm{V}} = \mathrm{V}\left(\frac{\partial c}{\partial p} - \frac{\partial h}{\partial \mathrm{V}}\right),$$

ou, en tenant compte de la relation (4),

$$\frac{\partial v}{\partial \mathrm{V}} = -h. \tag{5}$$

Ainsi on arrive à ce résultat imprévu et remarquable que

$\frac{\partial v}{\partial V}$ n'est pas nul; c'est-à-dire qu'en maintenant la force élastique constante, la variation de la différence de potentiel des plateaux doit amener une variation du volume du gaz qui les sépare.

Cette variation de volume dv du gaz pour une variation infiniment petite dV de la différence de potentiel à pression constante, est :

$$dv = -h dV = -c_0 \gamma V dV.$$

En intégrant, on obtient pour la variation de volume δV résultant de la charge des plateaux avec une différence de potentiel V :

$$\delta v = -c_0 \gamma \frac{V^2}{2}. \tag{6}$$

Le coefficient γ étant positif d'après les expériences de M. Boltzmann, la variation de volume est négative ; en d'autres termes, il y a contraction du gaz quand on charge le condensateur.

On peut calculer cette contraction. Remarquons d'abord qu'elle ne peut avoir lieu que pour la portion du gaz qui se trouve entre les plateaux du condensateur. Si donc S est la surface de ces plateaux et e leur distance, le volume du gaz soumis à la contraction est

$$v = Se. \tag{7}$$

D'ailleurs la capacité dans le vide du condensateur est très sensiblement

$$c_0 = \frac{S}{4\pi e}, \tag{8}$$

et la formule (6) devient

$$\delta v = -\frac{S\gamma V^2}{8\pi e}.$$

En divisant cette valeur de la variation de volume par l'expression (7) du volume soumis à la contraction, on obtient la contraction par unité de volume

$$-\frac{\delta v}{v} = \frac{\gamma}{8\pi}\frac{V^2}{e^2}.$$

Comme elle est proportionnelle au carré de la différence de potentiel et en raison inverse du carré de l'épaisseur, il faut, pour en augmenter la valeur, prendre un condensateur à armatures très rapprochées et présentant une grande différence de potentiel. Mais on se trouve limité par l'étincelle qui peut jaillir entre les plateaux. La différence de potentiel maximum que l'on peut donner à un condensateur plan sans faire éclater l'étincelle étant, d'après Sir W. Thomson

$$V = 133\ e,$$

le maximum de la contraction est

$$-\frac{\delta v}{v} = -\frac{\gamma}{8\pi}133^2.$$

Or Boltzmann ayant donné la valeur de γp pour les divers gaz qu'il a étudiés : air, acide carbonique, bicarbure d'hydrogène, on peut tirer de ces nombres la valeur de γ. On trouve pour l'air

$$\gamma = 4 \times 10^{-10}$$

et pour la contraction maximum de l'unité de volume d'air

$$-\frac{\delta v}{v} = 3 \times 10^{-7}.$$

La contraction est donc très faible. Néanmoins elle a pu être mise en évidence sur l'acide carbonique par M. Quincke.

Application à la piézo-électricité. — Si dans un cristal de tourmaline on taille une lame à faces parallèles perpendiculairement à l'axe du cristal et qu'on argente ses faces, on obtient un condensateur dont on peut faire varier la charge des armatures de deux manières : soit en modifiant la différence V de leurs potentiels, soit en comprimant la lame cristalline, puisque nous savons (page 263) que la compression d'une tourmaline développe des charges électriques de noms contraires aux deux extrémités de l'axe. La charge de chaque armature du condensateur est donc une fonction de deux variables : l'excès V de son potentiel sur le potentiel de l'autre armature et la pression p, et nous pouvons écrire pour la charge dm qu'il faut fournir à cette armature dans une transformation infiniment petite :

$$dm = c dV + h dp \tag{9}$$

Supposons que cette expression se rapporte à la face qui se charge d'électricité positive par compression et cherchons le signe de h.

Si la transformation élémentaire se fait à potentiel constant on a :

$$dm = h dp$$

Or, puisque la face considérée est supposée se charger positivement par compression, il faut pour maintenir V constant, lui retirer de l'électricité positive, c'est-à-dire lui fournir de l'électricité négative quand on comprime le cristal. Par conséquent dm et dp sont de signes contraires ; h est donc négatif.

La loi de la conservation de l'électricité nous donne

$$\frac{\partial c}{\partial p} = \frac{\partial h}{\partial V} \tag{10}$$

d'autre part, la variation d'énergie de ce condensateur donne

$$dE = -p\,dl + V\,dm \tag{11}$$

dl étant l'accroissement de l'épaisseur ; ou, en exprimant dl et dm au moyen des variables indépendantes p et V,

$$dE = \left(-p\frac{\partial l}{\partial V} + Vc\right)dV + \left(-p\frac{\partial l}{\partial p} + hV\right)dp.$$

En écrivant que cette dernière quantité est une différentielle exacte et en tenant compte de la relation (1) on obtient

$$\frac{\partial l}{\partial V} = -h. \tag{12}$$

La dérivée partielle $\frac{\partial l}{\partial V}$ n'est donc pas nulle. Ainsi, on arrive à ce résultat remarquable, qu'à pression constante l'épaisseur de la lame isolante de tourmaline varie avec la différence de potentiel des armatures.

Cette variation d'épaisseur de la lame de tourmaline, à pression constante et pour une augmentation infiniment petite dV de la différence de potentiel, est donnée par

$$dl = -h\,dV.$$

Comme h est négatif on voit qu'une augmentation de V, ou, ce qui revient au même, une augmentation de la charge positive de l'armature considérée (celle qui se charge positivement par compression), ou une diminution de sa charge négative, produit un allongement de la lame dans le sens de son axe. Inversement, une diminution de la charge positive de cette armature ou une augmentation de la charge négative donne lieu à un raccourcissement.

Ces conséquences de la théorie ont été vérifiées par MM. J. et P. Curie sur la tourmaline et sur le quartz.

Dans le quartz, les trois axes binaires contenus dans une section perpendiculaire à l'axe optique sont des axes électriques. Considérons un parallélipipède ayant deux faces AB et A'B' (*fig.* 134) perpendiculaires à un axe électrique, et les arêtes représentées en projection par les points A, A', B et B' parallèles à l'axe optique. Si l'on comprime les faces de ce parallélipipède qui sont normales à l'axe optique on n'obtient aucun dégagement d'électricité. Mais si l'on comprime suivant l'axe électrique, c'est-à-dire si on presse les faces AB et A' B' on observe un dégagement d'électricité de noms contraires sur ces faces, positive, par exemple sur AB et négative sur A'B'; les quantités d'électricité ainsi mises en liberté par unité de surface sont indépendantes des dimensions du cristal et proportionnelles à la pression exercée. Une compression sur les faces AA' et BB' développe une charge positive sur A'B' et une charge négative sur AB; ces charges sont donc de

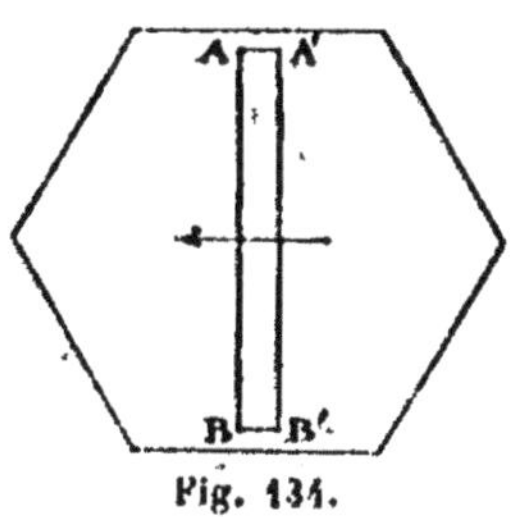

Fig. 134.

signes contraires aux charges résultant d'une compression suivant l'axe électrique. De plus elles sont en raison inverse de l'épaisseur AA′ et proportionnelles à la longueur AB.

Réciproquement, en chargeant positivement la face AB et négativement la face A′B′, on observe un accroissement de l'épaisseur AA′ et, en même temps, un raccourcissement de la longueur AB, raccourcissement qui, pour une même différence de potentiel des faces chargées, est proportionnel à la longueur AB et en raison inverse de l'épaisseur AA′. En prenant des lames n'ayant qu'une fraction de millimètres d'épaisseur suivant l'axe électrique et une longueur de 10 centimètres environ suivant la direction AB perpendiculaire à l'axe électrique et à l'axe optique, MM. J. et P. Curie ont obtenu des variations appréciables de la longueur. Ces expérimentateurs les ont rendues facilement observables par le dispositif suivant. Deux lames taillées comme nous venons de l'indiquer sont argentées sur les faces perpendiculaires à l'axe électrique, puis collées l'une contre l'autre, de telle sorte que leurs axes électriques AA′ et CC′ (*fig.* 135) soient dirigés dans le même sens. Les faces AB et C′D′ réunies métalliquement sont portées au même potentiel; les faces A′B′ et CD en contact à un autre potentiel. Dans ces conditions, si l'une des lames s'allonge par suite des charges électriques, l'autre lame se raccourcit; comme ces lames sont collées leur système se courbe. En maintenant fixe une extrémité du bilame et en amplifiant le mouvement de l'autre extrémité au moyen d'une longue aiguille légère formée d'une charpente en fils de verre

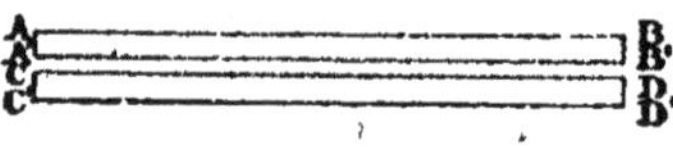

Fig. 135.

MM. Curie ont obtenu un électromètre destiné à la mesure des grandes différences de potentiel. Les figures 136 et 137 montrent une coupe verticale et une coupe horizontale de

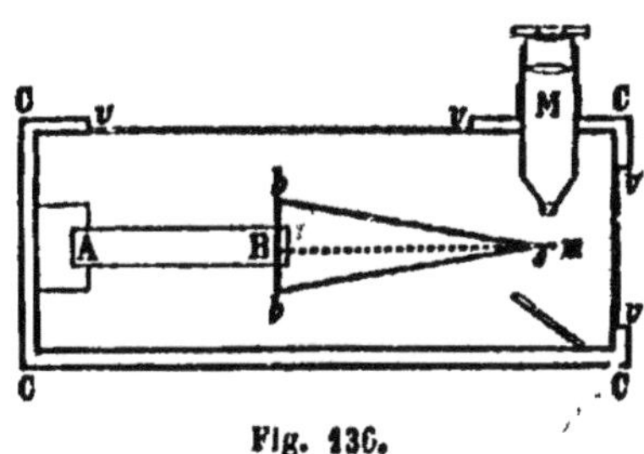

Fig. 136.

l'instrument. Le bilame est représenté en AB et l'aiguille en *bbs*, *b'b's'*; l'extrémité de cette aiguille porte un micromètre *m* au 1/30 de millimètre ; un microscope M visant ce micro-

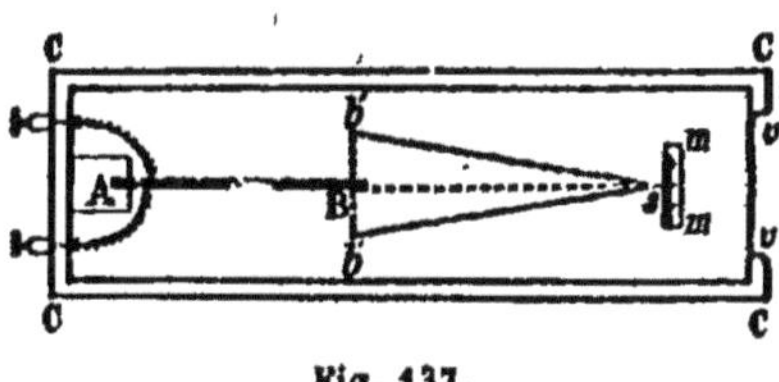

Fig. 137.

mètre sert à mesurer les déviations de l'aiguille. Tout l'appareil est renfermé dans une boîte C fermée par deux lames de verre *v*.

NOTE C

CAS PARTICULIERS D'INFLUENCE ÉLECTRIQUE. — MÉTHODE DE MURPHY IMAGES ÉLECTRIQUES

La recherche de la distribution de l'électricité sur un conducteur, isolé ou non, soumis à l'influence d'un champ électrique présente dans le cas général des difficultés de calcul insurmontables. On peut toutefois, dans quelques cas particuliers, arriver à une solution complète du problème en appliquant la méthode imaginée par Murphy. Sir W. Thomson a même, par la considération des *images électriques*, rendu la solution élégante et rapide lorsqu'il s'agit d'une sphère soumise à l'influence d'un ou de plusieurs points électrisés, ou encore d'une seconde sphère isolée et chargée d'électricité.

Dans tout ce qui suit, pour abréger le langage, nous prendrons pour potentiel zéro le potentiel de l'enceinte conductrice qui renferme les conducteurs considérés.

Méthode de Murphy. — Considérons deux conducteurs A et B isolés et placés dans une enceinte dont, pour plus de simplicité, nous supposerons toutes les parties à une distance assez grande des conducteurs pour que les charges de l'enceinte soient sans influence sur ceux-ci. Supposons qu'on connaisse pour chacun des conducteurs : 1° son potentiel V_a ou V_b ; 2° sa capacité et la distribution sur sa surface lorsqu'il est seul dans l'enceinte ; 3° la distribution de la charge induite, lorsque, le conducteur étant mis en communication avec l'enceinte, il est soumis à l'influence d'un point électrisé quelconque. Il est alors possible de trouver la distribution de l'électricité sur chacun des conducteurs en présence l'un de l'autre, dans l'état d'équilibre.

Appelons m la charge du conducteur A lorsqu'il est seul dans l'enceinte au potentiel V_a ; nous connaissons la distribution de cette charge (hypothèse 2). Soit dans ces conditions μ la densité superficielle en un point P de ce conducteur. Supposons que cette charge soit fixée en chaque point du corps A comme elle le serait si A était devenu tout à coup parfaitement isolant. Amenons alors le conducteur B dans la position qu'il doit occuper et mettons-le en communication avec l'enceinte. Sous l'influence de la charge fixée sur A, ce conducteur prend une charge induite m' dont la distribution nous est connue, puisque d'une part nous connaissons, par hypothèse, la distribution de la charge induite sur B sous l'influence d'un point électrisé et que, d'autre part, nous avons pu précédemment déterminer la densité μ en chaque point du conducteur A. Désignons par μ' la densité en un point Q de B.

Fixons cette charge m' sur B, et mettons le conducteur A en communication avec l'enceinte ; nous obtenons sur ce dernier une charge induite m_1, dont il est possible de déterminer la distribution et, par suite, la densité μ_1 au point P.

En fixant de même cette charge m_1 sur A, et mettant B en communication avec l'enceinte, B prend une charge connue m'_1 et la densité au point Q une valeur connue μ'_1.

Si nous continuons de la même manière, nous aurons pour les charges respectives des conducteurs A et B, dans ces divers états successifs

$$m, m_1, m_2, \ldots$$
$$m', m'_1, m'_2, \ldots$$

et pour les densités aux points P et Q de ces conducteurs :

$$\mu, \mu_1, \mu_2, \ldots$$
$$\mu', \mu'_1, \mu'_2, \ldots$$

Remarquons que la valeur absolue de m' est plus petite que celle de m puisque, d'après le théorème de Faraday, la charge m de B plus la charge répandue sur le reste de l'enceinte est égale à la charge m de A. Pour la même raison, on a, en valeur absolue $m_1 < m'$, $m'_1 < m_1$, et ainsi de suite. On voit donc que les charges successives de A, m, m_1, m_2 etc., forment les termes d'une série, telle que le rapport d'un terme au précédent est constamment plus petit que l'unité ; par conséquent, la série est convergente. De même les charges successives m', m'_1, m'_2, etc., de B forment les termes d'une série convergente.

Ceci posé, superposons les charges successives de A sur ce conducteur, et superposons aussi sur le conducteur B ses charges successives. Nous aurons ainsi une charge finie sur chacun de nos conducteurs, et ces charges seront en équilibre. En effet, la charge m de A, prise isolément, donne en tout point intérieur à ce conducteur, un champ électrique nul et un potentiel V_a par hypothèse. D'autre part, dans le deuxième état, l'ensemble des charges m' sur B et m_1 sur A donne aussi par hypothèse à l'intérieur de A, un champ nul et un potentiel nul; il en est de même de l'ensemble des deux charges m'_1 et m_2, des deux charges m'_2 et m_3, etc.; la superposition de toutes ces charges en nombre infini, mais de valeurs indéfiniment décroissantes, doit donc donner à l'intérieur de A, un champ nul et un potentiel égal à V_a. Une démonstration analogue nous montrerait que, à l'intérieur de B, le champ électrique est nul, et que le potentiel est nul aussi. Cette distribution donnant un champ nul à l'intérieur des conducteurs A et B, il y a équilibre.

Du reste, toutes les fois que A présentera un potentiel V_a et B un potentiel nul, ces conducteurs possèderont précisément les charges et la distribution que nous venons de trouver, puisqu'il n' y a dans ces conditions qu'un seul état d'équilibre possible (état α).

La même méthode nous permet de trouver la distribution sur les conducteurs A et B, quand A communique avec l'enceinte et quand B est porté à un potentiel V_b quelconque (état β).

En superposant les deux états d'équilibre (α) et (β), on obtient un nouvel état d'équilibre qui est l'état d'équilibre du système dans les conditions données, c'est-à-dire quand les conducteurs A et B, possèdent respectivement des potentiels V_a et V_b.

La distribution de l'électricité est donc complètement déterminée, si l'on sait effectuer les sommes telles que $m + m_1 + m_2 +$ etc., ou $\mu + \mu_1 + \mu_2 +$ etc., qui donnent les charges et les densités dans l'état α et β. Ces sommations ne peuvent généralement être obtenues rigoureusement, mais, comme leurs termes vont en décroissant parfois très rapidement, il est souvent possible de les avoir avec une grande approximation.

La méthode de Murphy suppose la connaissance de la distribution sur l'un des conducteurs de la charge induite par un point électrisé quelconque placé dans l'enceinte. Cette condition rend la méthode applicable dans un très petit nombre de cas seulement. Nous allons voir comment cette distribution peut être déterminée quand le conducteur est une sphère, mais auparavant démontrons le théorème suivant sur lequel nous nous appuierons.

Théorème. — *Si, dans un champ électrique, on introduit une surface conductrice très mince se superposant à l'une des surfaces équipotentielles, le champ n'est pas modifié ni la valeur du potentiel.*

Chargeons les deux côtés de la surface conductrice S de quantités égales d'électricités de noms contraires, satisfaisant aux deux conditions suivantes : 1° la couche négative est située sur la face où *arrivent* les lignes de force du champ, et, par suite, la couche positive sur la face d'où *partent* ces lignes ; 2° la valeur absolue de la densité sur un élément AB, A'B' (*fig.* 138) découpé sur le conducteur, est donnée par la relation

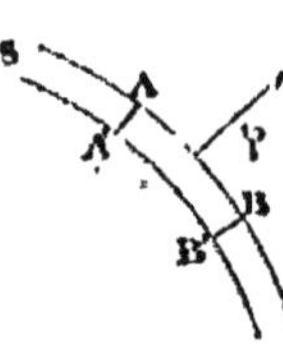

Fig. 138.

$$(1) \qquad \varphi = 4\pi\mu$$

φ étant la valeur du champ au point occupé par cet élément avant l'introduction de la surface conductrice.

Démontrons que cette charge ne modifie pas le champ en un point quelconque P pris en dehors de la surface conductrice. Pour tout point P, dont la distance à cette surface n'est pas infiniment petite, c'est-à-dire n'est pas de l'ordre de grandeur de l'épaisseur de la surface, le champ résultant de charges situées sur un élément AB, A'B' est nul, puisque ces charges sont égales et de signes contraires et, en outre, infiniment voisines. L'action de la surface entière sur ce point est donc nulle, et par suite le champ en P conserve la même valeur.

Il en est encore de même quand le point P est situé à une distance infiniment petite de la surface. En effet, dans ce cas le champ en P est :

$$\varphi_1 = 4\pi\mu,$$

μ étant la densité de la couche électrique en un point infiniment voisin de P; or, par suite de la relation (1) on a $\varphi = \varphi_1$ en valeur absolue. Quant au sens du champ φ_1 il est facile de voir que de chaque côté de la surface, il est le même que celui de φ. Le champ conserve donc bien la même valeur et la même direction en tout point pris en dehors de la surface.

Montrons maintenant que la charge de la surface conductrice est en équilibre. Pour cela, il suffit de faire voir que le champ est nul en tout point O, pris dans l'épaisseur de cette surface [1].

[1] Pourvu, toutefois, que la distance du point O à chacune des faces soit inférieure au rayon de la sphère d'activité des forces pondéro-électriques. Ce rayon étant extrêmement petit, le métal peut avoir une épaisseur supérieure au diamètre de la sphère d'activité, tout en étant assez mince pour que son épaisseur soit négligeable vis-à-vis des rayons de courbure de la surface considérée.

Le champ en O est égal à la somme du champ primitif φ en ce point et du champ φ_2 résultant des charges distribuées sur la surface conductrice. Les portions de cette surface qui sont à des distances finies de O n'ont aucune action sur ce point, car deux éléments correspondants de ces portions étant infiniment voisins et chargés de quantités égales d'électricités de noms contraires, leurs effets s'annulent. Le champ φ_2 résulte donc uniquement des éléments AB et A'B' qui sont infiniment voisins du point O. Or, nous pouvons considérer ces éléments comme des plans infiniment voisins formant les deux armatures d'un condensateur. La densité électrique sur ces armatures étant μ le champ φ_2 produit en O a pour valeur $4\pi\mu$ et est dirigé de l'armature positive à l'armature négative; il est, par suite, dirigé en sens inverse du champ primitif et, à cause de la relation (1), il a même valeur absolue. Par conséquent, la superposition du champ primitif et du champ résultant des charges disposées sur la surface conductrice donne un champ nul en tout point O pris dans l'épaisseur de la surface ; ces charges sont donc bien en équilibre.

Comme pour un système placé dans des conditions déterminées il n'y a qu'un seul état d'équilibre, nous devons en conclure que les charges que prend la surface S quand on l'introduit dans le champ sont disposées ainsi que nous l'avons supposé,

Il est clair, du reste, que les potentiels resteront partout les mêmes qu'avant l'introduction de la surface conductrice, et, en particulier, que cette surface conductrice possède le même potentiel que celui de la surface équipotentielle S.

Ces charges ne modifiant pas le champ extérieur ni la valeur des potentiels, le théorème se trouve démontré.

Remarque. — Supposons la surface S fermée, et partageons le système qui produit le champ primitif en deux parties : l'une Σ' comprenant les points électrisés situés à l'intérieur de la surface S, l'autre Σ'' comprenant les points extérieurs. D'après le théorème de Faraday la charge de la surface interne du conducteur S est égale et de signe contraire à la somme des masses électriques qui constituent le système Σ', et, d'après le théorème des écrans électriques, l'ensemble des masses de Σ' et de la charge interne de S produit à l'extérieur un champ nul. Nous pouvons donc enlever le système Σ' et la charge interne de S sans rien modifier à l'extérieur de S. Par conséquent, la distribution électrique sur la surface externe de S, que nous connaissons par la formule $\varphi = 4\pi\mu$, si nous avons pu déterminer la valeur du champ en chaque point de la surface équipotentielle dont la surface métallique a épousé la forme, est la distribution que prend un conducteur de cette forme possédant une charge égale à la somme algébrique des charges des points électrisés intérieurs Σ' et soumis à l'influence des points électrisés extérieurs Σ''.

Images électriques. — Considérons deux points électrisés A et A' (*fig.* 139), l'un A chargé d'une quantité d'électricité négative (m), l'autre A' chargé d'une quantité d'électricité positive (m'). Le potentiel V en un point quelconque P du champ produit par ces deux points électrisés, en désignant par r et r' la distance de P à ces points,

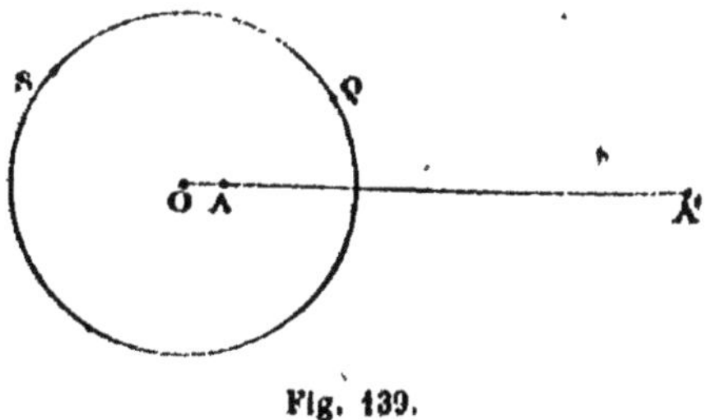

Fig. 139.

est donné par

$$(1) \qquad V = -\frac{m}{r} + \frac{m'}{r'}$$

En faisant $V = 0$ dans cette relation, on obtient l'équation de la surface équipotentielle au potentiel zéro ; celle-ci est donc

$$(2) \qquad -\frac{m}{r} + \frac{m'}{r'} = 0 \qquad \text{d'où :} \qquad \frac{r}{r'} = \frac{m}{m'}.$$

Or, dans un plan le lieu géométrique des points dont les distances r et r' à deux points fixes A et A' sont dans un rapport constant $\left(\frac{m}{m'}\right)$ est une circonférence de cercle ; dans l'espace ce lieu est la surface de la sphère engendrée par la rotation du cercle autour de AA'.

Cette sphère S contient à son intérieur le point dont la charge en valeur absolue est la plus faible ; supposons que ce soit le point A.

Une construction des plus simples permet d'obtenir la valeur φ du champ électrique en un point quelconque Q de la surface S, puisque ce champ est la résultante des deux champs $\left(\frac{m}{r^2} \text{ et } \frac{m'}{r'^2}\right)$ produits par A et A' pris isolément.

D'après ce que nous venons de voir au paragraphe précédent, une sphère conductrice, coïncidant en position avec la sphère S et chargée de la même quantité d'électricité négative m que le point A, aurait un potentiel nul, et au point Q la densité électrique μ serait donnée par $\varphi = 4\pi\mu$. Or, comme φ est connu, cette densité serait connue aussi.

Ces considérations nous fournissent le moyen de connaître

complètement la charge et la distribution électrique à la surface d'une sphère conductrice communiquant avec une enceinte de dimensions assez grandes pour être considérées comme infinies, quand cette sphère est soumise à l'influence d'un point électrisé extérieur A' contenant une quantité m' d'électricité positive.

Pour cela nous chercherons, sur la droite A'O, qui joint le centre O de la sphère S considérée au point A', le point A qui est tel que le rapport $\frac{r}{r'}$ des distances des points de la surface de la sphère aux points A et A' soit constant ; ce point A est appelé par sir W. Thomson, l'*image électrique* du point A' par rapport à la sphère S. On trouve aisément pour la valeur a de la distance OA la relation :

$$(3) \qquad \frac{R+a}{a'+R}=\frac{R-a}{a'-R} \qquad \text{d'où :} \qquad a'a=R^2$$

en désignant par R le rayon de la sphère S et par a' la distance OA' : la position du point A est ainsi déterminée. Pour que les points électrisés A et A', constituant seuls le champ électrique, donnent une surface équipotentielle au potentiel zéro coïncidant avec la surface sphérique S, il faut en outre, supposer que A est chargé d'une quantité d'électricité négative $-m$ donnée par

$$(4) \qquad \frac{m}{m'}=\frac{r}{r'}=\frac{R-a}{a'-R} \qquad \text{d'où :} \qquad m=m'\frac{R-a}{a'-R}$$

D'après ce que nous avons vu au paragraphe précédent, la sphère conductrice S communiquant avec l'enceinte doit donc, sous l'influence de la charge positive m' placée en A', prendre une charge négative de valeur absolue m donnée par la relation (4). Quant à la densité électrique μ en un point quelconque Q de la surface de la sphère, elle est donnée immédiatement par la relation $\varphi = 4\pi\mu$, dans laquelle φ représente la valeur du champ électrique que donnerait en Q l'ensemble des deux points électrisés A et A', possédant les charges $-m$ et m'.

On voit comment, au moyen de cette conception très simple des images électriques, sir W. Thomson a pu traiter complètement le problème de la distribution de l'électricité sur une sphère communiquant avec l'enceinte et soumise à l'influence d'un point électrisé.

Cas de deux sphères conductrices. — Le problème que nous venons de traiter permet, grâce à la méthode de Murphy, de résoudre sans difficultés le problème plus compliqué de deux sphères conductrices, s'influençant réciproquement.

Considérons d'abord le cas où une des sphères S communique avec l'enceinte, l'autre S' étant isolée et possédant un potentiel V'.

Pour appliquer la méthode de Murphy, il faut supposer fixée invariablement la distribution uniforme que prend S' seule, quand elle possède le potentiel V', puis mettre en place la seconde sphère S communiquant avec l'enceinte. Or la distribution uniforme de l'électricité fixée sur S' produit partout le même champ que si la charge $m' = V'R'$ de S' était concentrée en son centre A'. Nous connaissons donc, d'après ce qui a été vu au paragraphe précédent, la distribution électrique sur la sphère S produite par l'influence de la charge fixée sur la sphère S'.

Pour continuer à appliquer la méthode de Murphy, il faut supposer fixée la distribution électrique que nous venons de trouver sur la sphère S, et chercher son influence sur la sphère S′ mise en communication avec l'enceinte. Mais la charge électrique connue ($-m$) fixée sur S produit, comme nous le l'avons vu, le même champ électrique à l'extérieur que si toute cette charge était concentrée au point A, image de A′ par rapport à cette sphère S. Nous savons donc quelle est l'influence de cette charge sur la sphère conductrice S′. Nous fixerons ensuite cette nouvelle charge m'_1 sur S′, et nous chercherons l'influence de cette charge sur la sphère S communiquant avec l'enceinte ; cette influence sera la même que si toute la charge m'_1 était concentrée au point A'_1, qui est l'image électrique du point A par rapport à la sphère S′. Et ainsi de suite : en cherchant chaque fois l'image de la précédente image obtenue par rapport à l'autre sphère, et en déterminant, par la règle indiquée plus haut, la charge qu'il convient de placer sur chaque image pour avoir une influence équivalente à celle de la charge fixée sur la sphère correspondante, on obtiendra la série des distributions électriques qu'il faut superposer pour avoir la charge des deux sphères, l'une S′ étant au potentiel V′, l'autre S au potentiel zéro.

Dès que la distance des centres des sphères est supérieure à la somme des diamètres, les termes des séries qu'on a à sommer pour avoir la densité en un point, ou la charge totale, décroissant très rapidement, le calcul est très facile.

Comme nous l'avons vu dans l'exposé de la méthode de Murphy, il n'y a plus qu'à chercher, par le même procédé, la distribution sur les sphères, quand on suppose la sphère S au potentiel V et la sphère S′ au potentiel zéro, et à superposer les deux états pour avoir traité le problème dans toute sa généralité.

NOTE D

CONDUCTEUR A TROIS DIMENSIONS

Dans un milieu conducteur traversé par un courant, le flux d'électrictité est en chaque point normal à la surface équipotentielle qui passe par ce point, puis que la force électrique est normale à cette surface (1).

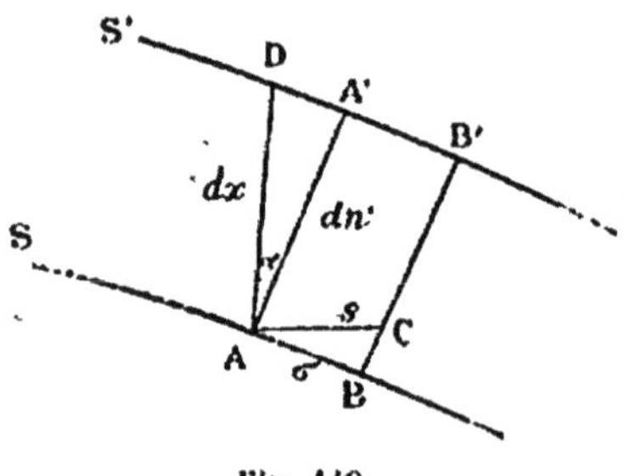

Fig. 140.

Considérons deux surfaces équipotentielles S et S', infiniment voisines, ayant des potentiels V et $V + dV$. Pre-

(1) Un mobile, en général, ne se meut pas dans la direction de la force qui agit sur lui, à cause de la vitesse acquise. Il n'en est ainsi, que dans le cas où le milieu traversé est assez résistant pour que la vitesse soit constamment détruite par le frottement; dans ce cas, le travail de la force qui agit sur le mobile, est intégralement converti en chaleur. Or, c'est bien ce qui semble avoir lieu pour l'électricité, car le travail de la force électrique est (d'après la loi de Joule sur la chaleur créée par le passage d'un courant) entièrement converti en chaleur. On est donc en droit d'assimiler le mouvement de l'électricité dans un conducteur à celui d'un mobile dans un milieu très résistant.

nons sur la surface S un élément AB, d'aire σ (*fig.* 140), et menons le tube de force AB A'B', circonscrit à cet élément qui, entre les surfaces S et S', se confond avec un cylindre. La quantité d'électricité qui passera pendant l'unité de temps à travers l'élément AB sera la même que si ce cylindre faisait partie d'un fil cylindrique; la résistance de ce cylindre, de longueur AA' $= dn$, est $\rho \frac{dn}{\sigma}$, en désignant par ρ la résistance spécifique du conducteur; par conséquent, l'intensité du courant est donnée par

$$(1) \qquad i = \frac{-dV}{\rho \frac{dn}{\sigma}} = -\frac{\sigma}{\rho} \cdot \frac{dV}{dn}.$$

Considérons maintenant une section oblique AC du tube de force, dont l'aire est s et dont la normale AD fait un angle α avec la direction des lignes de force AA'; on a :

$$\sigma = s \cos \alpha.$$

Or, la quantité d'électricité qui passe pendant l'unité de temps à travers AC, est la même que celle qui traverse AB; par conséquent, cette quantité i est donnée par la formule (1), ou, en remplaçant σ par sa valeur :

$$(2) \qquad i = -\frac{s \cos \alpha}{\rho} \frac{dV}{dn}.$$

D'autre part, la longueur AD $= dx$ comprise entre la surface S et la surface S' dans la direction normale à AC, est donnée par

$$(3) \qquad dn = dx \cos \alpha;$$

en remplaçant dn par cette valeur dans (2) il vient :

$$(4) \qquad i = -\frac{s}{\rho}\frac{dV}{dx}.$$

Mais $\frac{dV}{dx}$ est la dérivée partielle de V par rapport à la longueur x comptée suivant la direction normale à la surface s considérée ; en employant le symbole ordinaire des dérivées partielles, on a pour i

$$(4\ bis) \qquad i = -\frac{s}{\rho}\frac{\partial V}{\partial x}.$$

Quand le régime permanent est atteint pour le courant, la différence de potentiel entre deux points d'un conducteur

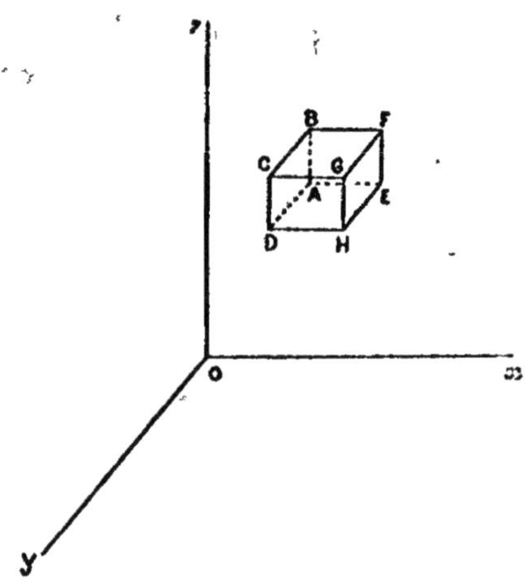

Fig. 141.

ne varie plus ; il en résulte, comme nous l'avons vu, que la charge d'une portion quelconque du conducteur reste constante. Or, considérons un parallélipipède élémentaire ABCD

EFGH (*fig.* 141) dont les côtés sont parallèles aux axes de coordonnées et ont pour longueur dx, dy, dz. La quantité d'électricité qui entre pendant l'unité de temps par la face ABCD, de surface $dy\,dz$, est donnée d'après (4 *bis*) par

$$-\frac{dydz}{\rho}\frac{\partial V}{\partial x}.$$

Celle qui sort par EFGH s'obtient en augmentant $\frac{\partial V}{\partial x}$ de sa différentielle par rapport à x; elle est donc donnée par

$$-\frac{dydz}{\rho}\left(\frac{\partial V}{\partial x}+\frac{\partial^2 V}{\partial x^2}dx\right);$$

l'excès de la quantité d'électricité qui entre par ABCD, sur celle qui sort par EFGH est donc

$$\frac{dxdydz}{\rho}\cdot\frac{\partial^2 V}{\partial x^2}.$$

On trouverait de même, pour les excès de la quantité d'électricité qui entre sur celle qui sort par les faces normales à oy et oz, les expressions

$$\frac{dxdydz}{\rho}\cdot\frac{\partial^2 V}{\partial y^2} \quad \text{et} \quad \frac{dxdydz}{\rho}\cdot\frac{\partial^2 V}{\partial z^2}.$$

Par conséquent, la quantité d'électricité dont s'accroît pendant l'unité de temps, la charge du parallélipipède est

$$\frac{dxdydz}{\rho}\left(\frac{\partial^2 V}{\partial x^2}+\frac{\partial^2 V}{\partial y^2}+\frac{\partial^2 V}{\partial z^2}\right).$$

Quand le régime permanent est atteint, cet accroissement

de charge étant nul, on a :

$$\frac{\partial^2 V}{\partial x^2} + \frac{\partial^2 V}{\partial y^2} + \frac{\partial^2 V}{\partial z^2} = 0. \tag{5}$$

Ainsi la laplacienne du potentiel est nulle.

D'après la relation de Poisson (page 43), puisque la laplacienne du potentiel est nulle, la densité électrique cubique est nulle à l'intérieur d'un conducteur homogène traversé par un courant permanent : il reste à l'état neutre, sauf à sa surface, comme dans l'état d'équilibre électrique.

On peut tirer plusieurs autres conséquences importantes, de cette relation (5). Considérons deux surfaces équipotentielles S et S′ (*fig.* 142) aux potentiels V et V′ menées dans l'intérieur du conducteur homogène considéré ou à sa limite. La laplacienne est nulle dans l'espace conducteur compris entre S et S′, comme elle serait nulle si cet espace conducteur était remplacé par le vide. Si, dans ce cas, les surfaces S et S′ étaient des surfaces métalliques portées aux mêmes potententiels V et V′, elles formeraient un condensateur, et le potentiel en chaque point de l'espace vide compris entre les armatures, aurait la même valeur qu'il possède dans le cas où cet espace est rempli par le conducteur traversé par le courant. Nous avons vu, en effet, dans la note A, que toute

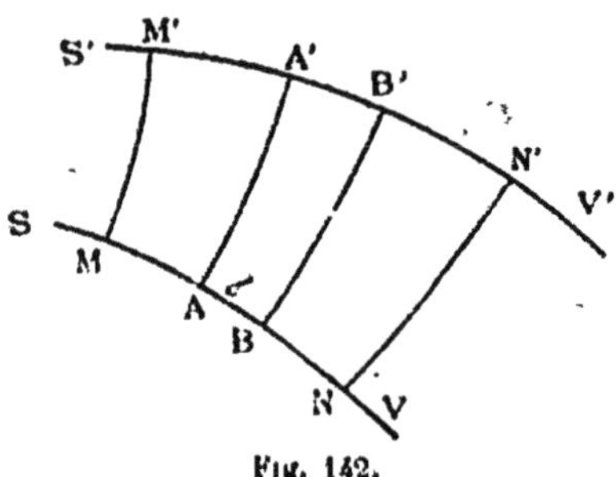

Fig. 142.

fonction qui a sa laplacienne nulle et qui prend sur les surfaces limites la valeur du potentiel réprésente dans tout le milieu le potentiel, si le milieu est à l'état neutre : la fonction qui représente le potentiel dans le cas du conducteur sera donc la même que dans le cas du vide.

Or, dans le cas du condensateur la forme des surfaces équipotentielles est indépendante, comme nous le savons, de la différence de potentiel V' — V des armatures; dans le cas du conducteur, la forme des surfaces équipotentielles est donc aussi indépendante de V' — V, c'est-à-dire indépendante de l'intensité du courant qui passe.

Pour établir une troisième conséquence de la relation (5), considérons dans le cas précédent, un élément AB de la surface équipotentielle S (*fig.* 142) d'aire σ; s'il s'agit du conducteur, cet élément est traversé pendant l'unité de temps, par une quantité d'électricité donnée par :

$$i = -\frac{\sigma}{\rho}\frac{dV}{dn}.$$

S'il s'agit du condensateur, cette surface présente une charge donnée par

$$m = \sigma\mu = -\sigma\frac{1}{4\pi}\frac{dV}{dn}.$$

Comme $\frac{dV}{dn}$ a la même valeur dans les deux cas, il résulte de ces deux égalités la relation :

$$\frac{i}{m} = \frac{4\pi}{\rho}. \tag{6}$$

Si nous menons le tube de force ABA'B', circonscrit à l'élément σ et limité par les surfaces équipotentielle S et S', la quantité i représente l'intensité du courant qui traverse ce tube de force, dans le cas du conducteur. Or, on a en appelant R la résistance de ce tube

$$(7) \qquad i = \frac{V - V'}{R}$$

d'après la définition de la résistance.

D'autre part, en appelant C la charge de l'élément de surface σ pour l'unité de différence de potentiel entre S et S' dans le cas du condensateur, c'est-à-dire la capacité électrique de cet élément, on a :

$$(8) \qquad m = C(V - V')$$

en remplaçant dans (6) i et m par ces valeurs, il vient :

$$(9) \qquad CR = \frac{\rho}{4\pi}.$$

Cette relation remarquable s'étend d'elle-même au cas d'une surface MN finie, prise sur une des armatures, C étant la capacité de cette surface, R la résistance du tube de force MN M'N' de dimension finie, formé par les lignes de force s'appuyant sur le pourtour de la surface MN considérée, et limité par S et S' ; en effet, subdivisons la surface MN en éléments d'aires σ_1, σ_2,... σ_n, on a :

$$C_1 = \frac{\rho}{4\pi}\frac{1}{R_1}$$

$$C_2 = \frac{\rho}{4\pi}\frac{1}{R_2}$$

$$\cdot \quad \cdot \quad \cdot \quad \cdot \quad \cdot$$

$$C_n = \frac{\rho}{4\pi}\frac{1}{R_n}$$

d'où

$$C = C_1 + C_2 + C_3 \ldots + C_n = \frac{\rho}{4\pi}\left(\frac{1}{R_1} + \frac{1}{R_2} + \ldots + \frac{1}{R_n}\right) = \frac{\rho}{4\pi}\frac{1}{R}.$$

Dans le cas où les deux surfaces S et S' sont fermées, S' enveloppant S, C peut représenter la capacité du condensateur fermé, ayant pour armatures S et S' et alors R représente la résistance du milieu conducteur (de résistance spécifique ρ) qui serait compris entre les deux surfaces fermées.

Si la surface extérieure S' devient infiniment grande, tous ses points s'écartant indéfiniment de ceux de S, on sait que la capacité C de la surface conductrice S tend vers une valeur finie ; d'après la relation (9), il en est de même de la résistance du conducteur intercalé entre S et S' quoiqu'il devienne infiniment épais.

NOTE E

DIMENSIONS DES GRANDEURS ÉLECTRIQUES

Dimensions d'une grandeur. — Supposons que la mesure d'une grandeur soit exprimée par le nombre N dans un certain système d'unités, que nous désignerons par système (1), et proposons-nous de trouver le nombre qui exprime la même grandeur dans un autre système d'unités, le système (2), dans lequel les unités fondamentales sont de *même nature* que dans le système (1). Ainsi, pour fixer les idées, supposons qu'on ait à chercher la valeur d'une force dans le système dont les unités fondamentales sont le centimètre, le gramme et la seconde (système 2) connaissant la valeur N de cette force dans le système dont les unités fondamentales sont : la toise, la livre et la minute (système 1). Il faudra évidemment multiplier N par le nombre [F] qui représente dans le système (2) la valeur de la force prise pour unité dans le système (1). Or une force étant le produit d'une accélération par une masse, on a $[F] = [A][M]$, en désignant par [A] et [M] les valeurs dans le système (2) de l'accélération et de la masse prises pour unités dans le système (1) ; d'autre part, l'accélération étant le quotient d'une vitesse par un temps, on a $[A] = \frac{[V]}{[T]}$, et, la vitesse étant le quotient d'une longueur par un temps, on a $[V] = \frac{[L]}{[T]}$ en désignant par [V], [L] et [T] les valeurs dans le système (2) de la vitesse, de la longueur et du temps pris pour unités, dans le système (1). En substituant il vient :

$$[F] = \frac{[L][M]}{[T]^2} = [L][M][T]^{-2}\ (^1).$$

Nous trouvons ainsi que [F] est de la forme $[L]^\lambda[M]^\mu[T]^\tau$, les exposants λ, μ et τ étant respectivement égaux à $+1$, $+1$ et -2. On verrait de même que toutes les quantités mécaniques, que toutes les quantités qui concernent la pesanteur, l'hydrostatique, l'électricité et le magnétisme peuvent, d'après le choix fait pour la définition de leur unité, être exprimées au moyen des unités de longueur, de masse et de temps, de telle façon que le facteur [G] par lequel il faut multiplier un nombre donné avec les unités du premier système pour avoir la valeur de la même grandeur avec les unités du second système est fourni par

$$[G] = [L]^\lambda[M]^\mu[T]^\tau$$

[L], [M], [T] étant la valeur avec les unités du système (2) de la longueur, de la masse et du temps qui sont pris pour unités dans le système (1), λ, μ et τ étant des exposants qui dépendent de la nature de la grandeur dont il s'agit et qui

(1) Comme la toise vaut 194,90 centimètres.
— la livre 489,51 grammes.
— la minute 60 secondes.

On a, dans l'exemple choisi :

$$[F] = 194,90 \times 489,51 \times \overline{60}^{-2} = 26,50.$$

la caractérisent. Ce sont ces exposants λ, μ et τ qu'on appelle les *dimensions* de la grandeur considérée ; le monôme $[L]^{\lambda}[M]^{\mu}[T]^{\tau}$ est appelé le *monôme des dimensions* (1).

REMARQUE I. — Si on a entre deux polynômes une égalité

$$p + q + r + \ldots = p' + q' + r' + \ldots$$

qui doit subsister quel que soit le système d'unités employé, il faut nécessairement que, lorsqu'on change de système, chacun des termes se trouve multiplié par le même facteur ; il faut donc que le monôme des dimensions de ces termes soient les mêmes.

REMARQUE II. — Si l'égalité

$$A = BC$$

doit subsister quel que soit le système d'unités employé, le monôme des dimensions de A doit être égal au produit des monômes des dimensions de B et de C, c'est-à-dire qu'on doit avoir :

$$[L]^{\lambda}[M]^{\mu}[T]^{\tau} = [L]^{\lambda'}[M]^{\mu'}[T]^{\tau'} [L]^{\lambda''}[M]^{\mu''}[T]^{\tau''}$$

De cette égalité résultent les relations suivantes entre les

(1) Les grandeurs concernant la chaleur exigent, en outre, une quatrième unité fondamentale ; habituellement on choisit la température. Le monôme des dimensions comprend alors quatre termes.

$$[L]^{\lambda}[M]^{\mu}[T]^{\tau}[\Theta]^{\theta}.$$

Il va sans dire que l'on peut choisir comme unités fondamentales d'autres unités que la longueur, la masse, le temps et la température. On peut prendre par exemple la longueur, la force, le temps et la température. Ce que nous avons dit au sujet des dimensions est évidemment général.

divers exposants

$$\lambda = \lambda' + \lambda'',$$
$$\mu = \mu' + \mu'',$$
$$\tau = \tau' + \tau''.$$

Dans le cas d'un produit de plusieurs facteurs ou d'un quotient, on trouverait de la même manière des relations analogues entre les exposants [1].

Remarque III. — On peut toujours dans le calcul des dimensions négliger les quantités sans dimensions telles que le nombre π, les coefficients numériques, etc., puisque les monômes des dimensions de ces quantités se réduisent à l'unité.

Remarque IV. — Nous avons jusqu'à présent considéré le cas où les systèmes (1) et (2) ont les mêmes unités fondamentales en nature ; mais le cas où les deux systèmes ont des unités fondamentales différentes en nature se ramène immédiatement au cas précédent. Si par exemple, pour système (1), on a un système dans lequel les unités fondamentales sont une unité de longueur, le mètre, une unité de force, le poids du kilogramme à Paris, une unité de temps, la seconde, et pour système (2) un système où les unités fondamentales sont, une unité de longueur, le centimètre, une unité de masse, le gramme, une unité de temps, la seconde, il suffit de chercher quelle est la masse prise pour unité dans le système (1) et de l'exprimer avec les unités du système (2) pour avoir [M]. Or, avec les unités du système (1), l'intensité de la pesanteur à

[1] La vérification de l'égalité des dimensions des deux membres d'une égalité se fait très rapidement ; c'est un contrôle commode de l'exactitude des calculs qui ont conduit à l'égalité.

Paris est 9,8096 ; d'autre part, la masse M d'un corps est donnée par

$$M = \frac{P}{9,8096}$$

P exprimant le poids du corps à Paris. Or il faut faire P = 9,8096 pour avoir M = 1 ; par conséquent, l'unité de masse est la masse de 9,8096 kilogrammes. Cette masse vaut 9809,6 grammes ; on a donc :

$$[M] = 9809,6.$$

Pour faire une application, supposons qu'on demande ce que vaut le *kilogrammètre* [unité de travail du système (1)] en *ergs* [unité de travail du système (2)] ; comme les dimensions d'un travail sont données par

$$[W] = [L]^2 [M] [T]^{-2}$$

on a :

$$[W] = 100^2 \times 9,8096 \times 1^{-2} = 9,8096 \times 10^7$$

le kilogrammètre vaut $9,8096 \times 10^7$ ergs.

Dimensions des grandeurs électriques. — Cherchons les monômes des dimensions des diverses quantités que nous avons définies dans ces leçons sur l'électricité d'après les définitions des unités que nous avons données, c'est-à-dire dans le *système électrostatique*.

Quantité d'électricité. — La formule de Coulomb

$$f = \frac{mm'}{d^2}$$

donne pour la valeur d'une quantité m d'électricité en fonction de la force qu'elle exerce sur une quantité égale placée à une distance d,

$$m = d\sqrt{f}$$

Les dimensions d'une force étant $[L][M][T]^{-2}$, celles d'une quantité d'électricité sont :

$$[m] = [L]^{\frac{3}{2}}[M]^{\frac{1}{2}}[T]^{-1}$$

Champ électrique. — Si une quantité d'électricité m est soumise à l'action d'un champ φ, il s'exerce sur elle une force

$$f = m\varphi.$$

Donc

$$\varphi = \frac{f}{m}$$

et les dimensions du champ sont

$$[\varphi] = \frac{[L][M][T]^{-2}}{[L]^{\frac{3}{2}}[M]^{\frac{1}{2}}[T]^{-1}} = [L]^{-\frac{1}{2}}[M]^{\frac{1}{2}}[T]^{-1}$$

Potentiel. — On peut regarder le potentiel comme le produit d'un champ par une longueur : $(V = \varphi l)$, ou bien comme la somme des quotients $\frac{m}{r}$ $\left(V = \sum \frac{m}{r}\right)$. Ces deux formules conduisent aux dimensions

$$[V] = [L]^{\frac{1}{2}}[M]^{\frac{1}{2}}[T]^{-1}$$

Densité superficielle. — On a pour la quantité d'électricité m située sur une surface s où la densité, supposée uniforme, est μ,

$$m = \mu s.$$

On en tire

$$\mu = \frac{m}{s},$$

et pour les dimensions de μ,

$$[\mu] = \frac{[L]^{\frac{3}{2}}[M]^{\frac{1}{2}}[T]^{-1}}{[L]^2} = [L]^{-\frac{1}{2}}[M]^{\frac{1}{2}}[T]^{-1}.$$

La densité électrique a donc les mêmes dimensions que le champ. Cela devait être, puisqu'on a la relation $\varphi = 4\pi\mu$ et que 4π est un facteur sans dimensions.

Tension électrique. — La force f qui s'exerce sur une surface s où la tension τ est uniforme est donnée par

$$f = \tau s$$

De cette relation on déduit pour les dimensions de τ,

$$[\tau] = [L]^{-1}[M][T]^{-2}.$$

Le monôme des dimensions est le carré de celui des dimensions de la densité, comme on pouvait le prévoir puisque $\tau = 2\pi\mu^2$.

Énergie électrique. — L'énergie électrique étant un forme de l'énergie, ses dimensions sont celles d'un travail

$$[W] = [L]^2[M][T]^{-2}$$

On peut d'ailleurs vérifier que l'expression $\frac{1}{2}\sum mV$ de l'énergie électrique conduit au même monôme des dimensions.

Capacité. — La charge m d'un corps de capacité C placé

dans une enceinte fermée sur laquelle il présente un excès de potentiel V est donnée par

$$m = CV.$$

On en déduit pour les dimensions de C

$$[C] = [L].$$

On aurait pu prévoir que le monôme des dimensions d'une capacité se réduit à une longueur, puisqu'on a vu qu'une sphère placée dans une enceinte infinie a une capacité égale à son rayon

Intensité d'un courant. — D'après la définition de l'intensité d'un courant, la quantité m d'électricité qui pendant le temps T traverse une section d'un circuit parcouru par un courant d'intensité i, est donnée par

$$m = iT$$

on en déduit

$$[i] = [L]^{\frac{3}{2}}[M]^{\frac{1}{2}}[T]^{-2}.$$

Résistance électrique. — D'après la formule d'Ohm

$$V = ir\,;$$

on a donc pour les dimensions de r

$$[r] = [L]^{-1}[T].$$

Les dimensions d'une résistance sont donc celles de l'inverse d'une vitesse.

FIN

TABLE DES MATIÈRES

FLUX DE FORCE. — APPLICATIONS

DISTRIBUTION DE L'ÉLECTRICITÉ

CONSERVATION DE L'ÉLECTRICITÉ

INFLUENCE ÉLECTRIQUE. — CAPACITÉ

DÉCHARGE ÉLECTRIQUE

ÉNERGIE ÉLECTRIQUE

COURANTS ÉLECTRIQUES

ÉLECTRICITÉ ATMOSPHÉRIQUE

I. — MÉTHODES EXPÉRIMENTALES

II. — Résultats des expériences

III. — Conséquences

Tours. — Imprimerie Deslis Frères.

www.ingramcontent.com/pod-product-compliance
Ingram Content Group UK Ltd.
Pitfield, Milton Keynes, MK11 3LW, UK
UKHW020258230726
13925UKWH00001B/105

9 782016 121405